"十二五"国家重点图书出版规划项目
21世纪先进制造技术丛书

高速/超高速磨削工艺

盛晓敏　谢桂芝　尚振涛　著

U0296630

科 学 出 版 社
北 京

内 容 简 介

　　本书深入开展高速/超高速磨削工艺试验研究,旨在为建立高速/超高速磨削技术体系、推进该技术的工程应用提供技术支撑。书中阐述了高速/超高速磨削的技术内涵、性能特点与重要意义,分析了高速/超高速磨削技术的国内外研究现状与发展趋势,提出了实现高速/超高速磨削工程化需要解决的关键技术问题,介绍了高速/超高速磨削加工性能评价体系与性能参数检测方法;同时,系统研究了各种不同材料的高速/超高速磨削工艺,揭示了不同材料在高速/超高速磨削条件下工艺参数对磨削力、磨削温度、表面粗糙度、比磨削能、表面硬度、残余应力与亚表面裂纹的影响规律,论述了高速/超高速磨削方法、试验过程、参数优化、研究结果与质量评价体系,探讨了常用材料、硬脆性材料、强韧性材料与喷涂涂层材料在高速/超高速磨削条件下的性能与特点,提出了针对材料与零件高效低损伤加工的高速/超高速磨削工艺参数。

　　本书可作为高等院校相关专业研究生与科技人员、科研院所科研人员,以及机械制造行业技术人员的技术参考书。

图书在版编目(CIP)数据

高速/超高速磨削工艺/盛晓敏,谢桂芝,尚振涛著. —北京:科学出版社,2015
("十二五"国家重点图书出版规划项目:21世纪先进制造技术丛书)
ISBN 978-7-03-045937-4

Ⅰ.①高… Ⅱ.①盛… ②谢… ③尚… Ⅲ.①高速磨削 Ⅳ.①TG580.61

中国版本图书馆 CIP 数据核字(2015)第 240191 号

责任编辑:裴　育 / 责任校对:桂伟利
责任印制:徐晓晨 / 封面设计:蓝正设计

科 学 出 版 社 出版
北京东黄城根北街 16 号
邮政编码:100717
http://www.sciencep.com

北京凌奇印刷有限责任公司 印刷
科学出版社发行　各地新华书店经销
*
2015 年 10 月第　一　版　　　开本:720×1000 1/16
2021 年 2 月第二次印刷　　　印张:22 1/2
字数:431 000
定价:**158. 00** 元
(如有印装质量问题,我社负责调换)

《21世纪先进制造技术丛书》编委会

主　编：熊有伦（华中科技大学）

编　委：（按姓氏笔画排序）

丁　汉（上海交通大学/华中科技大学）　　张宪民（华南理工大学）

王　煜（香港中文大学）　　　　　　　　周仲荣（西南交通大学）

王田苗（北京航空航天大学）　　　　　　赵淳生（南京航空航天大学）

王立鼎（大连理工大学）　　　　　　　　查建中（北京交通大学）

王国彪（国家自然科学基金委员会）　　　柳百成（清华大学）

王越超（中科院沈阳自动化所）　　　　　钟志华（湖南大学）

冯　刚（香港城市大学）　　　　　　　　顾佩华（汕头大学）

冯培恩（浙江大学）　　　　　　　　　　徐滨士（解放军装甲兵工程学院）

任露泉（吉林大学）　　　　　　　　　　黄　田（天津大学）

刘洪海（朴次茅斯大学）　　　　　　　　黄　真（燕山大学）

江平宇（西安交通大学）　　　　　　　　黄　强（北京理工大学）

孙立宁（哈尔滨工业大学）　　　　　　　管晓宏（西安交通大学）

李泽湘（香港科技大学）　　　　　　　　雒建斌（清华大学）

李涤尘（西安交通大学）　　　　　　　　谭　民（中科院自动化研究所）

李涵雄（香港城市大学/中南大学）　　　谭建荣（浙江大学）

宋玉泉（吉林大学）　　　　　　　　　　熊蔡华（华中科技大学）

张玉茹（北京航空航天大学）　　　　　　翟婉明（西南交通大学）

《21世纪先进制造技术丛书》序

21世纪，先进制造技术呈现出精微化、数字化、信息化、智能化和网络化的显著特点，同时也代表了技术科学综合交叉融合的发展趋势。高技术领域如光电子、纳电子、机器视觉、控制理论、生物医学、航空航天等学科的发展，为先进制造技术提供了更多更好的新理论、新方法和新技术，出现了微纳制造、生物制造和电子制造等先进制造新领域。随着制造学科与信息科学、生命科学、材料科学、管理科学、纳米科技的交叉融合，产生了仿生机械学、纳米摩擦学、制造信息学、制造管理学等新兴交叉科学。21世纪地球资源和环境面临空前的严峻挑战，要求制造技术比以往任何时候都更重视环境保护、节能减排、循环制造和可持续发展，激发了产品的安全性和绿色度、产品的可拆卸性和再利用、机电装备的再制造等基础研究的开展。

《21世纪先进制造技术丛书》旨在展示先进制造领域的最新研究成果，促进多学科多领域的交叉融合，推动国际间的学术交流与合作，提升制造学科的学术水平。我们相信，有广大先进制造领域的专家、学者的积极参与和大力支持，以及编委们的共同努力，本丛书将为发展制造科学，推广先进制造技术，增强企业创新能力做出应有的贡献。

先进机器人和先进制造技术一样是多学科交叉融合的产物，在制造业中的应用范围很广，从喷漆、焊接到装配、抛光和修理，成为重要的先进制造装备。机器人操作是将机器人本体及其作业任务整合为一体的学科，已成为智能机器人和智能制造研究的焦点之一，并在机械装配、多指抓取、协调操作和工件夹持等方面取得显著进展，因此，本系列丛书也包含先进机器人的有关著作。

　　最后，我们衷心地感谢所有关心本丛书并为丛书出版尽力的专家们，感谢科学出版社及有关学术机构的大力支持和资助，感谢广大读者对丛书的厚爱。

熊有伦

华中科技大学

2008 年 4 月

前　言

高速/超高速磨削作为当今先进制造领域最引人关注的高效加工技术之一,从根本上颠覆了传统磨削的概念。它不仅具有高的材料磨除率,还能获得很好的工件表面粗糙度和精度,实现了低能耗加工和难磨材料的高效率低损伤磨削。

高速/超高速磨削技术是世界各国制造业竞争的焦点,其关键技术是国内外磨削界的研究前沿和重点研究方向。日本先端技术研究学会把超高速加工列为五大现代制造技术之一。国际生产工程研究学会(CIRP)将超高速磨削技术确定为面向 21 世纪的中心研究方向之一。我国《国家中长期科学和技术发展规划纲要(2006—2020 年)》将超高速加工列入国家重点支持的技术与产业领域。

近年来,作者在高速/超高速磨削技术领域承担了一批国家科技重大专项课题。本书正是通过对已完成的重大专项课题研究成果的分类、整理与凝练撰写而成。书中涉及的研究工作由国家"高档数控机床与基础制造装备"科技重大专项"难加工材料高速、超高速磨削工艺"(2009ZX04014-045)、"飞机高强结构件碳化钨高硬涂层与高速磨削成套技术研究"(2011ZX04014-021)、"MKW5231A/3-160大型龙门精密数控导轨磨床"(2011ZX04003-011)、"航空发动机盘、轴、叶片类高效精密磨削砂轮"(2012ZX04003-081)、"轿车动力总成关键零件高效精密系列砂轮"(2012ZX04003-091)等课题资助完成。在此表示衷心的感谢。

本书的科研成果凝聚了湖南大学易军、江志顺、郭宗福、刘春利、曾治、冯灿波、程敏等研究生的智慧与辛勤劳动。同时,本书得到了湖南大学郭力教授、余剑武教授、吴耀副教授等专家的大力支持,以及成都工具研究所、中国民航大学、郑州磨料磨具磨削研究所、株洲硬质合金股份有限公司、威海华东数控机床股份有限公司、湖南海捷精工有限责任公司等课题合作单位及其专家的大力支持与帮助。在此表示衷心的感谢。

由于作者水平与认识有限,书中难免存在不足与疏漏,敬请读者批评指正。

作　者

2015 年 2 月

主要符号表

a_p	磨削深度
b	砂轮宽度
C	单位面积有效磨粒数
d_c	临界切深
d_{max}	最大切屑（磨屑）厚度
d_s	砂轮直径
E	材料弹性模量
E_e	比磨削能
F_a	轴向磨削力
F_n	法向磨削力
F_n'	单位宽度法向磨削力
F_{pn}	单位面积法向磨削力
$F_{p\tau}$	单位面积切向磨削力
F_x	水平磨削力
F_x'	单位宽度水平磨削力
F_z	垂直磨削力
F_z'	单位宽度垂直磨削力
F_τ	切向磨削力
F_τ'	单位宽度切向磨削力
G	磨削比
H	材料硬度
h_{max}	最大未变形切屑厚度

j	有效磨粒系数
l_c	砂轮与工件的接触弧长
n	头架转速
P	磨削功率
q_{ch}	磨屑带走的热流
q_f	磨削液带走的热流
q_s	传入砂轮的热流
q_t	磨削区总的热流量
q_w	传入工件的热流
R_a	磨削表面粗糙度
v_s	砂轮线速度
v_w	工作台速度
Z_w	磨除率
Z'_w	比磨除率
β	未变形切屑横断截面的半角
δ	单边磨削深度
ε	传入工件的热流量占总热流量的比例
σ_ψ	残余应力

目 录

第1章 绪 论

本章阐述高速/超高速磨削的定义与技术内涵,分析高速/超高速磨削的优越性与特点,论述实现高速/超高速磨削对国民经济、社会发展与学科发展的重要意义,展望高速/超高速磨削技术的国内外研究现状与发展趋势,提出实现高速/超高速磨削工程化需要解决的关键技术问题。

1.1 内涵与特点

1.1.1 内涵

1. 定义

通常将砂轮线速度 $v_s=30\sim45\text{m/s}$ 的磨削称为传统磨削,将砂轮线速度 $v_s>45\text{m/s}$ 的磨削称为高速磨削,而将砂轮线速度 $v_s>150\text{m/s}$ 的磨削称为超高速磨削[1]。

传统磨削是一种低效率的精密加工方法,往往作为机械加工的最后一道工序,其主要作用在于保证零件所要求的尺寸和形状精度。但传统磨削效率低,在效率上与普通车削、铣削相去甚远,砂轮线速度 $v_s=30\sim40\text{m/s}$ 时,材料比磨除率不足 $10\text{mm}^3/(\text{mm}\cdot\text{s})$。同时,传统磨削在磨削过程中经常出现磨削灼伤、烧伤、硬化、微裂纹、残余应力等加工缺陷。

高速/超高速磨削是通过增加工件进给速度和进给量,使磨除率较普通磨削有较大提高,达到和车削、铣削等同甚至更高的金属切除率,以最大限度地提高加工效率、加工精度与加工表面质量为目标的先进制造技术。它不仅是一种精密加工方法,而且可以实现材料高效去除加工与高表面质量磨削。

2. 内涵

高速/超高速磨削除引起了切屑几何参数的变化外,还导致了磨削机制的重大变化,如磨粒与工件的接触变形、摩擦机制和磨削区的传热机制等都发生了很大变化。采用高速/超高速磨削加工,材料变形区域明显变小,消耗的能量更集中于磨屑的形成,磨削力和比磨削能减小,工件变形小;单颗磨粒受力减小,磨损减少,砂轮寿命延长;磨削热量集中在磨屑和工件表面,受力受热变质层薄,加工质量高;变形区材料应变率高,材料更易于磨除,实现对硬脆材料延性域磨削;增加了黏性材料在弹性小变形阶段被去除的比率。

1.1.2 技术特点

1. 高速/超高速磨削的力学效应

1) 磨削区域磨削力呈现大幅度降低趋势

高速/超高速磨削中的许多现象可通过引入最大未变形切屑厚度 h_{max} 这一参数来解释。在保持其他参数不变的条件下,随着 v_s 的大幅度提高,单位时间内参与切削的磨粒数增加,每个磨粒切下的 h_{max} 变小,切屑变得非常细薄。试验表明,其截面积仅为普通磨削条件下的几十分之一,这导致每个磨粒承受的磨削力大大变小,总磨削力降低。若通过调整参数使磨屑厚度保持不变,由于单位时间内参与切削的磨粒数增加,磨除的磨屑增多,磨削效率会大大提高。

图 1.1 和图 1.2 是磨削碳化钨涂层材料时,磨削力随砂轮线速度的变化关系。由图可以看出,磨削力基本上随砂轮线速度的增加而降低;另外,随着砂轮线速度的提高,不同砂轮、不同磨削液对磨削力的影响越来越小。

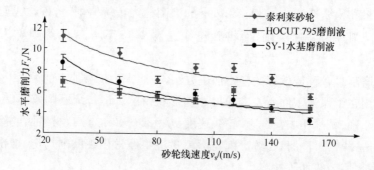

图 1.1 碳化钨涂层材料砂轮线速度对水平磨削力的影响

($v_w = 3.6 \text{m/min}, a_p = 0.01 \text{mm}$)

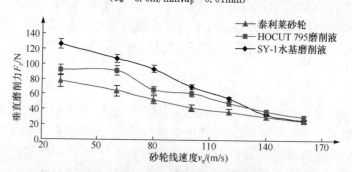

图 1.2 碳化钨涂层材料砂轮线速度对垂直磨削力的影响

($v_w = 3.6 \text{m/min}, a_p = 0.01 \text{mm}$)

2) 磨削区域温度呈现回落趋势

在磨削温度试验中,采用平面磨削方式且不采用冷却液(即干磨方式),被磨工件材料为 45♯钢、40Cr 合金钢,工件磨削长度为 32mm。工作台速度分别为 4m/s、2m/s;磨削深度分别为 0.03mm、0.05mm;砂轮线速度分别为 90m/s、120m/s、150m/s、1800m/s、210m/s。在其他磨削参数不变的条件下,砂轮线速度 v_s 对表面磨削温度的影响规律如图 1.3 所示。

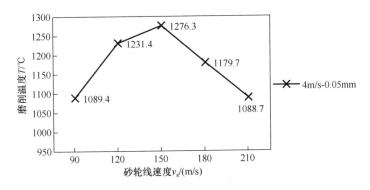

图 1.3　45♯钢砂轮线速度对磨削温度的影响

对于 45♯钢,砂轮线速度变化对工件表面磨削温度的影响规律较为明显,基本上呈现先上升后下降的趋势,磨削温度的转折点在 120m/s 和 150m/s 之间,与超高速切削中的萨洛蒙曲线类似(图 1.4)。德国切削物理学家萨洛蒙(Carl Salomon)提出,与普通切削速度范围内切削温度随切削速度的增大而升高不同,当切削速度增大至与工件材料的种类有关的某一临界速度后,随着切削速度的增大,切削温度与切削力反而降低。

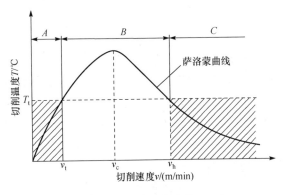

图 1.4　萨洛蒙曲线

从试验中发现,在低速区段,磨削温度随着砂轮线速度的升高而升高,在一个特定的砂轮线速度时达到最大值;之后,磨削温度随着砂轮线速度的升高而降低。并且在一定速度区段内,磨削温度很高,导致工件烧伤,称之为烧伤区。当砂轮线速度超过这个区段之后,磨削温度就会降低到不致使工件产生烧伤的数值,而在砂轮线速度超过烧伤区域的区段进行磨削,比磨除率大大提高,从而可以大大提高磨削效率。

产生这个结果的主要原因有以下几个方面:

(1) 当砂轮线速度提高后,在工作台速度 v_w 不变的条件下,砂轮单个磨粒的最大切削厚度下降,砂轮的磨削力显著下降,导致磨削能和比磨削能基本保持不变或略有升高,但去除磨屑所需的时间减少。在这段时间内,热量来不及传入工件内部,或者说是磨屑被去除的速度远远大于热渗透的速度,使得传入工件内部的热量减少,磨削温度降低。

(2) 砂轮线速度 v_s 提高,磨削热功率增大,温度本应该增高,但在磨削温度达到其相变温度时,将产生相变,需消耗一部分热能,因此在较高的速度区段,温度随速度的增长幅度低于不发生相变的区段。

(3) 若改变砂轮的磨削速度,则砂轮的磨削力和热量分配比例也会发生相应的变化,使得热流密度发生变化,当砂轮线速度增大后,散热条件变好,有利于降低工件表面的温度。

(4) 在较高的砂轮线速度下,热量和剪切应变率会急剧增加,这将导致温升变成绝热方式,进一步使金属材料发生因摩擦接触面间极高速的局部剪切和局部温升引起的软化等物理变化,最终突破可能存在的产生热量的自然极限,使得局部的摩擦降低,温度下降。

另外,磨削深度增加时,会大大增大磨削热,导致工件表面温度升高。所以,在超高速精密磨削时,要减少磨削深度,应特别注意的是,磨削时切勿突然增加磨削深度。

综合三个磨削参数对磨削温度的影响规律可以发现,当工作台速度提高、磨削深度降低时,磨削温度降低;这表明在提高工作台速度的同时,适当减少磨削深度可以降低磨削区的温度。砂轮线速度与工作台速度对磨削热的影响程度比磨削深度要弱,特别是在超高速磨削时,呈现为"负贡献",这是因为砂轮线速度及工作台速度越高,磨削时与砂轮接触时间越短,此时磨削区域内产生的热量大部分将被切屑和磨削液带走,而来不及传到工件内部,从而使磨削温度下降。

3) 对硬脆材料实现延性域磨削

在超高速磨削条件下,可以对硬脆材料实现延性域磨削。超高速磨削陶瓷、玻璃、硬质合金等硬脆难加工材料时,由于磨粒切深极小,可以使这些材料以塑性变形的形式产生磨屑,避免磨削裂纹的产生,实现硬脆材料的延性域磨削。

对于硬脆难加工材料,砂轮线速度提高,磨削力和磨削力比下降,比磨削能增大,表面质量有所改善,材料塑性去除的趋势增加;工作台速度提高或者磨削深度增加,磨削力和磨削力比增大,比磨削能减小,表面质量恶化,材料脆性去除的趋势增加,但是磨削参数对表面粗糙度的影响并不太大。

图 1.5 给出硬质合金材料以不同砂轮线速度磨削时的工件表面微观形貌。由图可知,砂轮线速度为 120m/s 时,工件表面有一些较大的崩碎凹坑,与砂轮线速度为 160m/s 时的情况相比较,表现出了更显著的脆性断裂去除的趋势。这表明砂轮线速度的提高使最大未变形切屑厚度减小,进而使脆性材料的去除由"以脆性为主"向"以塑性为主"转换。

(a) v_s=120m/s　　　　　　　　　　(b) v_s=160m/s

图 1.5　硬质合金材料砂轮线速度对工件表面微观形貌的影响

4) 对强韧性材料以塑性方式去除

由于强韧性材料韧性大、导热系数小、弹性模量小,砂轮磨粒的磨削刃具有较大的负前角。普通磨削时,由于金属活性高、热导率低等因素的影响,使镍基耐热合金、钛合金、铝及铝合金等材料的磨削加工性很差,在普通磨削下难以进行磨削加工。

强韧性材料在磨削过程中磨屑不易被切离,切削阻力大,磨粒的挤压、摩擦剧烈;单位面积磨削力很大,磨削温度可达 1000～1500℃。同时,在高温高压的环境下,磨屑易黏附在砂轮上,填满磨粒间的空隙,使磨粒失去切削作用。因此,在磨削加工中常存在如下问题:

(1) 砂轮易黏附堵塞;

(2) 加工表面易烧伤;

(3) 加工硬化现象严重;

(4) 工件易变形。

通过开展 TC4 钛合金材料特性分析和钛合金超高速磨削工艺试验,得出砂轮线速度对磨削性能的影响。图 1.6 与图 1.7 是单位面积法向磨削力 F_{pn} 和单位面积切向磨削力 F_{pr} 随砂轮线速度 v_s 的变化情况。由图可知,TC4 钛合金单位面积法向磨削力 F_{pn} 和单位面积切向磨削力 F_{pr} 随砂轮线速度的增大,都呈现出比较明显的下降趋势。在磨削深度 a_p 及工作台速度 v_w 一定的情况下,TC4 钛合金的单位面积法向磨削力 F_{pn} 对砂轮线速度 v_s 的变化显得比较敏感,其下降幅度比较大。磨削力源于工件与砂轮接触后引起的弹塑性变形、切屑形成以及磨粒和结合剂与工件表面之间的摩擦作用,由于磨屑形成时间极短,材料的应变率已经接近塑性变形应力波的传播速度,相当于材料的塑性减小,材料以塑性方式去除。

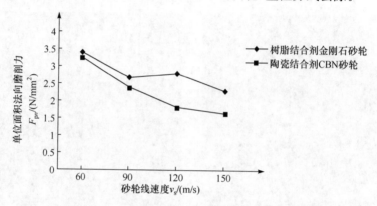

图 1.6　砂轮线速度对单位面积法向磨削力的影响

$(a_p = 0.1\text{mm}, v_w = 2\text{m/min})$

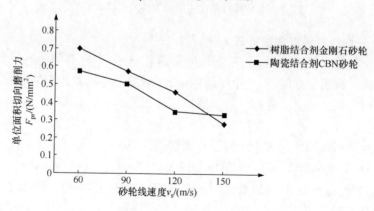

图 1.7　砂轮线速度对单位面积切向磨削力的影响

$(a_p = 0.1\text{mm}, v_w = 2\text{m/min})$

单位面积法向、切向磨削力与最大未变形切屑厚度 h_{max} 有良好的对应关系,h_{max} 是表征磨削条件对单位面积磨削力影响的基本参数。

图 1.8 和图 1.9 显示了最大未变形切屑厚度 h_{max} 对单位面积法向磨削力 F_{pn}、

单位面积切向磨削力 F_{pr} 的影响情况及其趋势线。随 h_{max} 的增大，F_{pn}、F_{pr} 呈上升的趋势。而且在 h_{max} 较小时，F_{pn}、F_{pr} 上升的趋势较缓慢，随着 h_{max} 的进一步增大，F_{pn}、F_{pr} 上升的趋势加快。这说明当 h_{max} 较小时，材料的大部分以成屑的方式被去除；随着 h_{max} 的增大，成屑去除在材料去除中所占的比例减小很快；当 h_{max} 较大时，材料将主要以滑擦和耕犁的方式被去除。

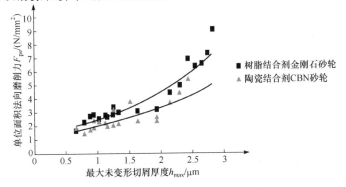

图 1.8　单位面积法向磨削力 F_{pn} 随 h_{max} 的变化情况

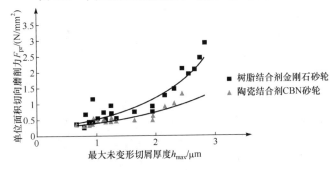

图 1.9　单位面积切向磨削力 F_{pr} 随 h_{max} 的变化情况

从图 1.10 中可以看出，h_{max} 较大时工件表面的 SEM 观测结果也显示出磨削表面以塑性去除沟槽和滑擦痕迹为主。

图 1.10　h_{max} 分别为 $1\mu m$ 和 $2.5\mu m$ 时工件表面 SEM 照片

将高效深磨技术应用于钛合金材料的加工当中,所获得的金属比磨除率 Z'_w 达到 180mm³/(mm·s),比传统磨削提高 10 倍以上。

2. 高速/超高速磨削的工程效应

1) 更高的加工效率

试验表明,200m/s 超高速磨削的金属磨除率在磨削力不变的情况下比 80m/s 磨削提高 150%,而 340m/s 时比 180m/s 时提高 200%。采用 CBN 砂轮进行超高速磨削,砂轮线速度由 80m/s 提高至 300m/s 时,金属比磨除率由 50mm³/(mm·s) 提高至 1000mm³/(mm·s),因而可使磨削效率显著提高。在保持磨削表面质量不降低的条件下,随着砂轮线速度的提高,单位时间内砂轮的材料比磨除率 Z'_w 可以实现数量级的提高,由普通磨削速度时的 10mm³/(mm·s) 提高到 1000mm³/(mm·s) 以上[至少也能达到 60～200mm³/(mm·s)]。这种提高对大批量生产过程带来极大的效益,如汽车工业、工具行业、模具行业等,超高速磨削有着极其广阔的应用前景,在有些场合甚至可以取代车、铣、刨等传统工艺,将工件由坯件直接磨削至成品。

2) 更高的加工精度

当主要目的不是提高生产率时,超高速磨削可以显著地提高加工精度,这一点在日本的丰田工机、三菱重工、冈本机械制作所的超高速磨床中表现得尤为出色。在高速磨削条件下,磨粒的未变形切屑厚度减小,磨削厚度变薄,在磨削效率不变时,法向磨削力随磨削速度的增大而减少,砂轮-工件系统受力变形减小,从而提高了工件的加工精度。此外,随着磨床主轴转速的提高,激振频率远离"机床-工件-磨具"工艺系统的固有频率,从而减小系统的振动,也有利于提高加工精度。

3) 更低的表面粗糙度

随着磨削速度的提高,磨削厚度变薄,磨粒在磨削区上的移动速度和工作台速度均大大加快,磨削区迅速离开工件表面,磨削变形减小,磨粒残留切深减小,因而能明显降低磨削表面粗糙度。从动力学的角度,高速磨削加工过程中,随磨削速度的提高,磨削力降低,而磨削力正是磨削过程中产生振动的主要激励源;转速的提高使磨削系统的工作频率远离机床的低阶固有频率,而工件的加工表面粗糙度对低阶固有频率最敏感,因此高速磨削加工可大大降低加工表面粗糙度。即高速磨削的磨削力及其变化幅度小,使得与主轴转速有关的激振频率也远远高于磨削工艺系统的高阶固有频率,因此磨削振动对加工质量的影响很小。另外,高速磨削即使采用较小的进给量,仍能获得很高的加工效率,而表面粗糙度却得到极大的改善。试验表明,在其他条件一定时将磨削速度由 33m/s 提高至 200m/s,磨削表面粗糙度由 $R_a = 2.0\mu m$ 降低至 $R_a = 1.1\mu m$。表 1.1 是采用高速/超高速磨削工艺加工高硬度涂层材料时不同砂轮线速度条件下零件的表面粗糙度。

表 1.1 高硬度涂层材料不同砂轮线速度条件下的表面粗糙度

序号	砂轮线速度 /(m/s)	头架转速 /(r/min)	磨削深度 /mm	砂轮架移动速度 /(mm/min)	表面粗糙度 R_a /μm
1	90				0.203
2	105				0.202
3	120	250	0.01	150	0.191
4	135				0.181
5	150				0.175

4）更好的加工表面完整性

在高速/超高速磨削条件下，磨削工件的表面质量将有更优秀的表现：能相对稳定地控制磨削表面质量，包括磨削时产生的裂纹、波纹、残余应力、加工硬化层、烧伤等。

在超高速磨削条件下，材料的塑性变形区变浅，磨粒对材料的耕犁过程极短，加工表面的形貌得以改善，表面粗糙度减小，磨削力呈现下降趋势。同时，由于超高速磨削可以越过容易产生磨削烧伤的区域（热沟），磨削过程中大量磨削热将被磨屑带走，传入工件的比例很小，工件表面的热损伤减小，避免了一般高速磨削时容易产生的工件表面烧伤现象，而且表面残余应力层的深度、表面微裂纹等也随之变小，因而有利于获得良好的表面物理性能和机械性能，使工件加工质量得以提高。

图 1.11 是 40Cr 材料在 $v_w = 2m/min$、$a_p = 1.1mm$、$v_s = 90m/s$ 时工件表面 SEM 照片，此时工件表面磨粒划痕较深且不均匀，其表面容易产生二次淬火，表面有轻微裂痕产生；图 1.12 为 $v_w = 2m/min$、$a_p = 1.1mm$、$v_s = 210m/s$ 时工件表面 SEM 照片，此时工件表面良好，磨粒划痕较浅且均匀，表面裂纹较少。

图 1.11 $v_s = 90m/s$ 工件表面 SEM 照片

图 1.12 $v_s = 210m/s$ 工件表面 SEM 照片

5）高效率与高表面质量的完美结合

如果将高速/超高速磨削工艺配以高性能 CNC 系统、高精度微进给机构、精密修整微细磨料磨具，既能保证良好的表面质量与高的加工精度，又可获得高的加工效率，即高速磨削可以实现高效率与高表面质量的完美结合，该技术是当今磨削技术最重要的发展方向之一。

6）磨具耐用度与寿命的增加

由于超高速磨削时单个磨粒上所承受的磨削力大为减少，可减少砂轮磨损，大幅度延长砂轮寿命。试验表明，当磨削力不变时，砂轮线速度 v_s 从 40m/s 提高至 160m/s，磨削效率提高了 2.5 倍，CBN 砂轮的寿命也延长了 1 倍，见图 1.13。

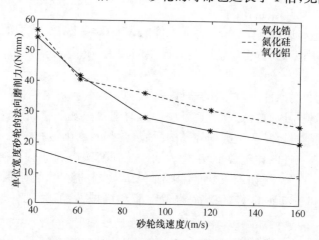

图 1.13　砂轮线速度对法向磨削力的影响
（$a_p=2mm, v_w=2mm/s$）

7）更低的能耗

高速磨削时，单位功率所切削的切削层材料体积明显增大，由于磨除率高、能耗低，提高了能源与设备的利用率，降低了磨削加工在制造系统资源总量中的比例。在高速磨削区，随着砂轮线速度和工作台速度的提高，工件表面温度迅速降低，使冷却液的需求量减少，降低了冷却液的污染。

8）实现难加工材料的高效精密磨削

在超高速磨削条件下，变形区材料应变率高，相当于在高速绝热冲击条件下完成磨削，使材料更易于磨除，并使难磨材料的磨削性能得到改善。可以对硬脆材料实现延性域磨削，同时也增加了韧性材料在弹性小变形阶段被去除的比率。

1.2 高速/超高速磨削的科学依据

高速/超高速磨削加工是一个多因素多场耦合强作用的复杂过程,参与加工的各因素(如工件材料、高速高效磨削用砂轮性能、机床状态、磨削条件等)在加工过程中的行为显现出很大的不确定性。影响磨削加工过程的因素很多,使得对磨削机理的研究比对切削机理的研究更加困难和复杂。磨削过程包括接触、摩擦、磨损等作用过程,这些过程的综合效应对磨削过程产生强烈影响[2],见表1.2。

表 1.2 磨削作用过程、对象及效果的相互关系

作用过程	作用对象	作用结果	学科范畴
接触	接触区域	明显及真实区域	力学
	接触压力	明显及真实压力	
	吸收	弹性与塑性变形	物理
	化学吸附	物理化学接触过程	物理化学
	化学反应	化学过程	化学
	摩擦磨损	摩擦化学过程	
摩擦	磨粒、工件	摩擦化学、声学、电化学	摩擦磨削
	粘连剂、工件		
	磨削液、砂轮		
磨损	磨料磨损	砂轮工件的滑擦、耕犁和切屑成型、磨粒磨损的微处理	摩擦磨削
	黏附磨损		
	腐蚀磨损		
	表面疲劳磨损		
润滑	湿磨	砂轮工件在冷却液条件下的不同摩擦化学反应	摩擦学
	干磨		

为了实现磨削工艺过程的最优控制,研究磨削加工中输入参数和输出参数之间的相互关系,研究如何实现磨削效率最高、质量最优的工艺与方法,如何兼顾效率与质量关系,满足各种不同材料、不同应用工况、不同行业对磨削的需求,如何从理论与实践的角度提出有针对性的磨削加工工艺方法,是一项重要的任务。

1.2.1 高效率与高表面质量的科学依据

磨削材料磨除率 Z_w 等于工作台速度 v_w 和磨削深度 a_p 二者的乘积,即

$$Z_w = a_p v_w \tag{1-1}$$

由式(1-1)可知,如仅提高砂轮线速度 v_s,不提高工作台速度 v_w 和磨削深度 a_p,则

材料磨除率 Z_w 不变,即高速并不高效[2]。

最大未变形切屑厚度 h_{max},也称为磨粒切深,是磨粒磨削工件模型中重要的物理量,它不仅影响作用在磨粒上力的大小,同时影响比磨削能的大小以及磨削区的温度,从而造成对砂轮的磨损以及对加工表面完整性的影响。h_{max} 取决于磨削条件和连续磨削微刃间距等参数,是磨削参数和砂轮表面形貌参数相关的复杂函数[1]:

$$h_{max} = \left[\frac{6}{Cr} \left(\frac{v_w}{v_s} \right) \left(\frac{a_p}{d_s} \right)^{1/2} \right]^{1/2} \tag{1-2}$$

其中,C 为平均单位面积有效磨粒数;r 为截面上宽度和厚度的比值,$r = 2\tan\varphi$,φ 为磨粒顶角的一半。

研究者一般是用最大切屑(磨屑)厚度 d_{max} 来解释高速磨削中诸多磨削现象:在保持其他参数不变,仅增大工作台速度 v_s 的情况下,随着 d_{max} 减小,单个磨削刃上的磨削力减小,同时也能改善表面粗糙度 R_a 和减缓磨削力对砂轮磨损的影响;另外,总磨削力随 v_s 增大而减小。在保持 d_{max} 不变,即增大 v_s 的同时相应地提高工作台速度 v_w 的情况下,每个磨削刃上的磨削力并没有改变,但 v_w 提高,使材料磨除率也随之提高。

1.2.2 工艺方法

由式(1-1)与式(1-2)可知,与传统磨削相比,砂轮线速度的提高,使磨削厚度降低,因此导致每个磨削刃的磨削力降低,可有效减少磨削加工过程中由于法向力引起的表面/亚表面微裂纹,由此改善和提高表面完整性,有利于提高机床刚度较低时部件的尺寸和形状精度。因此,高速磨削可以在提高磨削效率的同时,进一步提高磨削精度及其表面完整性。由此可得出如下磨削工艺方法以供探讨,见表1.3。

表 1.3 高速/超高速磨削工艺与方法

序号	主要目标	工艺方法	工艺范围
1	高表面质量	高速/超高速精密磨削	砂轮线速度 $v_s = 60 \sim 200\text{m/s}$,高工作台速度 $v_w = 0 \sim 100\text{m/min}$ 和磨削深度 $a_p = 0.01 \sim 1\text{mm}$
2	较高效率	深切缓进给磨削	砂轮线速度 $v_s = 10 \sim 50\text{m/s}$,工作台速度 $v_w = 10 \sim 300\text{mm/min}$ 和大磨削深度 $a_p = 0.5 \sim 30\text{mm}$
3	高效率	高效深磨磨削	高砂轮线速度 $v_s = 100 \sim 250\text{m/s}$,高工作台速度 $v_w = 0.5 \sim 10\text{m/min}$ 和大磨削深度 $a_p = 0.1 \sim 30\text{mm}$
4	高效率、高表面质量	高速/超高速精密磨削与高效深磨的复合磨削	上述工艺方法的复合

1. 提高质量为主,兼顾效率的高速/超高速精密磨削工艺

以提高质量为主,兼顾效率的高速/超高速精密磨削工艺,称为超高速/高效磨削精密工艺。通过高速/超高速磨削获得较高的磨削线速度,有效减少磨削加工过程中由于法向力引起的表面/亚表面微裂纹,由此改善和提高表面完整性,获得较好的表面质量。

2. 提高效率为主,允许一定损伤产生的深切缓进给磨削工艺

由式(1-1)可知,随着磨削深度大幅增加,即使磨削进给速度降低,也可大幅度提高磨削效率。这种工艺称为深切缓进给磨削工艺,是高效磨削的方法之一。磨削深度一般在 $0.5\sim30$mm,工作台速度为 $10\sim300$mm/min,加工精度达 $2\sim5\mu$m,表面粗糙度 R_a 为 $0.1\sim0.4\mu$m,磨削加工的效率是传统磨削的 $2\sim5$ 倍。但由于不在适合于磨削的区域工作,随着法向力的增加,可能引起工件表面/亚表面微裂纹与损伤比较大。

3. 提高效率为主,兼顾表面质量的高效深磨工艺

由式(1-2)可知,高的砂轮线速度可提高工作台速度和磨削深度,而不会改变最大未变形切屑厚度,因此单个磨削刃的磨削力不变,而磨削加工效率却得到大幅度地提高,即采用高速深磨的方式。

高效深磨磨削工艺以大磨削深度、高砂轮线速度、高工作台速度为主要工艺特征:高砂轮线速度 $100\sim250$m/s、高工作台速度 $0.5\sim10$m/min 和大磨削深度 $0.1\sim30$mm,既能实现高的磨除率,又能保证高的加工表面质量,还能够在工具磨损、比磨削能消耗和工件表面质量等方面改善加工过程。

该工艺也可看做缓进给磨削和超高速磨削的结合,与普通磨削不同,高效深磨可以通过一个磨削行程,完成过去由车、铣、磨等多个工序组成的粗精加工过程,获得远高于普通磨削加工的金属磨除率(磨除率比普通磨削高 $100\sim1000$ 倍)和较高的表面质量。由于使用比缓进给磨削快得多的工作台速度,生产效率大幅度提高。主要特点如下:

(1) 机床工作台速度相对缓进给磨削要快得多,完全避开工作台的爬行速度区;

(2) 磨削砂轮选用高强度性能的树脂结合剂超硬磨料砂轮或具有良好容屑能力的陶瓷结合剂 CBN 砂轮;

(3) 砂轮线速度不宜低于 45m/s,砂轮线速度越高,对改善加工条件越有利;

(4) 在粗磨工序中的磨削加工效率很高,是传统普通砂轮磨削效率的 $50\sim1000$ 倍;

（5）砂轮磨损极小，磨削比很大，一般 $G>200$，有的甚至达 $G>2000$；

（6）不仅适宜于粗磨加工，而且可作为精磨加工。

4. 以效率与质量为主的磨削复合工艺链方法

对于一些高表面质量要求的零件，需要同时获得很高的加工效率和加工精度。按传统方法，通常先经过车削、铣削或者粗磨等粗加工，然后进行半精磨加工，最后精磨达到零件最终的加工精度和表面质量要求。这样的加工过程往往要在多台机床上经过多次装夹定位才能完成。这无疑增加了设备、夹具的消耗和加工周期，且在不同装夹过程中加工精度也受到影响。

针对现有技术存在的缺陷，基于对各种磨削条件下磨削材料最大去除率和磨削表面/亚表面质量的分析，得出效率和质量最优化的磨削加工工艺路线，提出在同一台磨床上一次装夹定位完成工件的粗加工与精加工方法，即一种实现磨削加工效率和质量最优化的工艺链方法，可极大提高磨削加工效率与质量，实现以磨削替代切削的复合工艺方法（图 1.14）[3]。

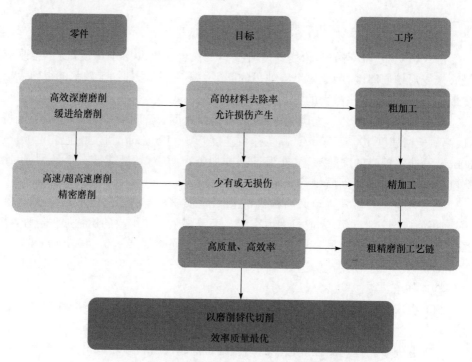

图 1.14　以磨削替代切削的复合工艺链示意图

图 1.15 是优化工艺链示意图。其中，零件总的去除余量深度为 H，分 n 次进给对其进行去除，每次的磨削深度为 $a_{pi}(i=1,2,3,\cdots,n)$，产生的损伤层深度为 h_i

$(i=1,2,3,\cdots,n)$,其中最后一次是进给为零的光磨。

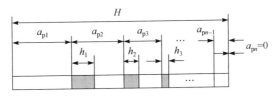

图 1.15　优化工艺链示意图

1.2.3　实效举例

作者课题组针对不同材料,采用不同的磨削方法,取得了较好的效果,见表 1.4。

表 1.4　不同材料的磨削方法与工艺举例

材料与零件	砂轮类型	磨削方法	磨削参数
PA30 硬质合金轧辊	电镀金刚石砂轮	高效深磨磨削工艺	$v_s=150\text{m/s}$;$a_p=0.5\sim1\text{mm}$;$Z'_w=980\text{mm}^3/(\text{mm}\cdot\text{s})$;无损伤
GN20 硬质合金刀片	电镀金刚石砂轮	高效深磨磨削工艺与超高速精密磨削工艺组合	$v_s=160\text{m/s}$;$Z'_w=120\text{mm}^3/(\text{mm}\cdot\text{min})$;$G=792$;无表面与亚表面裂纹
GN20 金属陶瓷刀片	电镀金刚石砂轮	高效深磨磨削工艺与超高速精密磨削工艺组合	$v_s=160\text{m/s}$;$Z'_w=120\text{mm}^3/(\text{mm}\cdot\text{min})$;$G=600$;无表面与亚表面裂纹
WC-10Co-4Cr 套筒	电镀金刚石砂轮	超高速精密磨削工艺	$v_s=160\text{m/s}$;$Z'_w=12.6\text{mm}^3/(\text{mm}\cdot\text{min})$;$R_a=0.117\mu\text{m}$
不锈钢轴	CBN 砂轮	超高速精密磨削工艺	$v_s=150\sim200\text{m/s}$;$a_p=0.1\text{mm}$;$R_a=0.126\mu\text{m}$;加工效率提高 130%
淬硬 45# 钢凸轮轴	CBN 砂轮	超高速精密磨削工艺	$v_s=150\text{m/s}$;$a_p=0.15\text{mm}$;加工效率提高 80%

注:以上工艺方法与条件见第 2、3、4、5 章。

1) 硬质合金轧辊高效深磨与高速/超高速精密磨削复合工艺

采用高效深磨工艺技术,针对 PA30 硬质合金轧辊进行磨削加工,在砂轮线速度为 150m/s、磨削深度为 0.5~1mm 的条件下,通过优化该零件加工的工艺链,减少磨削加工工序。在保证表面粗糙度 $R_a=0.227\mu\text{m}$ 的条件下,国内现有工艺最大材料比磨除率为 180mm³/(mm·min),本项目工艺最大材料比磨除率为 980mm³/(mm·min),材料比磨除率提高 444%,零件加工效率提高 270%,砂轮耐用度提高 365%。

2) 硬质合金刀片高效深磨与高速/超高速精密磨削复合工艺

针对硬质合金刀片的周边与两大面,开发了超高速精密磨削工艺;针对硬质合金刀片的刃口,开发了高效深磨工艺;将两者结合构成了硬质合金刀片磨削加工的完整工艺链,不仅获得了较好的表面质量,解决了磨削时的崩边、裂纹现象,还使加工效率和砂轮耐用度大大提高,从而使加工成本大幅降低。与国内现有工艺(42.78min/件)相比,本项目工艺水平为 1.02min/件,刀片单件加工时间降低97.6%,最大材料磨除率提高 97.9%,砂轮耐用度提高 62%,改善了精磨时的加工质量,解决了刀片的裂纹和崩边问题,降低了产品的废品率,加工成本可降低89.12%左右。

3) 金属陶瓷刀片高效深磨与高速/超高速精密磨削复合工艺

针对金属陶瓷刀片的周边与两大面,开发了超高速精密磨削工艺;针对金属陶瓷刀片的刃口,开发了高效深磨工艺;将两者结合构成了金属陶瓷刀片磨削加工的完整工艺链,不仅获得了较好的表面质量,解决了磨削时的崩边、裂纹现象,还使加工效率和砂轮耐用度大大提高,从而使加工成本大幅降低。刀片单件加工时间减少 96.95%,砂轮耐用度提高 40.3%。考虑到空行程及辅助加工时间,其磨削加工效率可提高 317% 以上,改善了精磨时的加工质量,解决了刀片的裂纹和崩边问题,降低了产品的废品率,加工成本可降低 89.68% 左右。

4) 超声速火焰喷涂碳化钨涂层套筒超高速精密磨削工艺

针对起落架套件基体(高合金超高强钢)对温度敏感及表面涂层材料(超声速火焰喷涂碳化钨涂层)高硬度、高耐磨性的特殊性能,采用高速/超高速精密磨削方法,获得了加工效率和加工质量高、砂轮耐用度高、加工成本低的完整的加工工艺链。与国内现有水平相比,表面粗糙度由原来的 $0.133\mu m$ 降低到 $0.117\mu m$,基体温度有效地控制在 150℃ 以下,加工成本降低 20%,加工效率也大幅度提高。与国内现有工艺相比,本项目工艺的最大材料比磨除率由现有工艺的 $1.85mm^3/(mm\cdot min)$ 提高到 $12.6mm^3/(mm\cdot min)$、单件加工时间由现有工艺的 42.5min/件降低到 8.75min/件。

5) 不锈钢轴超高速精密磨削工艺

砂轮线速度为 $150\sim200m/s$,磨削深度为 0.1mm,表面粗糙度 R_a 可达 $0.126\mu m$,与普通磨削工艺相比,材料比磨除率提高 108%,零件加工效率提高 130%。与国内现有工艺(加工时间 46min/件)相比,本项目工艺的加工时间为 20min/件,单件加工时间降低 56.5%。与传统外圆磨削在砂轮线速度为 $20\sim30m/s$ 时相比,材料磨除率提高 8 倍,无烧伤,砂轮堵塞与黏附现象得到改善,耐用度增加。

6) 汽车淬硬钢凸轮轴超高速精密磨削工艺

对于淬硬 45♯钢凸轮轴的高速/超高速磨削,采用 CBN 砂轮,通过优化实现该零件效率和质量最优化的工艺链,实现了粗磨和精磨工序的合并,减少了零件加工过程中装夹次数。在砂轮线速度为 150m/s、磨削深度为 0.15mm 的条件下,粗磨单边磨削深度为 0.1mm,表面粗糙度 R_a 为 0.2μm。国内现有工艺下,单件加工时间为 18min/件,而本项目工艺的单件加工时间为 10min/件,零件加工效率提高 80%。同时,有效地改善了淬硬 45♯钢的磨削加工性能,避免了回火烧伤和二次淬火的产生,提高了磨削质量和效率。

1.3 目的与意义

1. 高速/超高速磨削工艺被国际生产工程学会定为 21 世纪的主要研究方向

由于高速/超高速磨削具有众多的优越性,国际生产工程学会(CIRP)预测,"25%以上的切削加工将会被高效磨削所代替,许多机器零件,可不经过切削加工而直接采用磨削来完成,由毛坯一次加工成成品,使制造业的生产方式、产业结构和制造模式发生深刻变化,其关联效应和辐射能力难以估量。磨削在机械加工领域中占有越来越重要的地位"。德国著名磨削专家 Tawakoli 博士将高速/超高速磨削誉为"现代磨削技术的最高峰"。日本先端技术研究学会也把高速/超高速加工列为五大现代制造技术之一。由于超高速磨削具有普通磨削无法比拟的优越性,其研究和应用已引起越来越多的关注。

2. 高效精密磨削工艺与装备是提高我国高档数控装备国际竞争力的需要

由于高速高效磨削工艺与先进制造技术的快速发展,技术制高点不断上移,使高速高效数控磨削装备具有更高技术含量、更高技术附加值,因此技术竞争十分激烈。我国高档数控机床与基础制造装备市场份额的大半已被国外占有。据统计,2000 年进口数控磨床 912 台,进口额 0.85 亿美元,是切削机床的 2 倍以上。2001 年进口数控磨床 1315 台,进口额 1.51 亿美元,比 2000 年分别增加 44.2% 及 77.6%。1998~2001 年磨床进口量平均增长率为 19.1%。2000 年进口量和进口额分别比 1999 年增加 23.2% 和 15.2%,2001 年的进口量近 10000 台,进口额 3.06 亿美元。在进口磨床中,数控磨床份额大幅度上升,2001 年磨床进口量和进口额的数控化率分别为 13.2% 和 49.3%。如果在技术上长期受制于人,后果实堪忧虑。

3. 高效精密磨削工艺是提高关键工件生产效率与质量的重要保障

制造业对于高速高效加工机床格外青睐,市场需求旺盛,技术开发竞争激烈。日本大力推动高速高效加工技术的应用,其汽车业的加工效率平均每五年提高

28%,这直接推动了其国际市场竞争力的提高。我国制造业拥有近 300 万台设备,而日本只有不到 90 万台设备,其创造的产值却是我国的 8~9 倍,其中加工效率的差距是一个重要原因。日益竞争激烈的汽车行业和磨具工业需要通过高速高效加工实现生产效率提高和生产成本降低的目标。在工业发达国家,高速高效加工已在航空航天、汽车、国防、高速机车、能源装备、模具生物医学、光学工程和通用机械等行业广泛应用,成为磨削加工的发展趋势和主流;高速精密数控磨削装备成为提高关键工件生产效率与质量的关键工艺装备。

4. 高速/超高速磨削工艺将为高效磨削装备制造提供技术支撑

随着现代工业技术和高性能科技产品对机械零件的加工精度、表面粗糙度、表面完整性、加工效率和批量化质量稳定性的要求越来越高,高速磨削加工未来的研究内容呈现出多学科交叉融合的趋势。高速加工技术是由诸多单元技术集成的综合技术,已成为提高切削和磨削效果、提高加工质量和加工精度以及降低加工成本的重要手段。面对新的挑战,建立新方法、新原理、新工艺,通过探索与实践,建立成熟的高效高质量的完整的包括"材料-工件-磨床-工艺-磨具-磨削液-磨床"的磨削技术体系。高速/超高速磨削工艺将为高效磨削装备制造提供有力的技术支撑。同时,高速/超高速磨削技术的发展也将为材料、力学、信息、控制、检测等领域的发展不断提出新的科学问题,拓展新的研究领域与视野,形成多学科交叉为一体的磨床产品制造系统。

1.4　行 业 需 求

1.4.1　汽车工业

近年来,汽车工业对大批量生产零件的加工效率和质量要求大幅度提高,对批量化生产的质量稳定性与零件的可靠性要求也越来越高。以大批量生产为特征的汽车关键零部件的加工,其突出的技术特点是,高生产节拍、高生产效率与低加工成本。汽车业的发展,对生产效率提出了更高的要求。许多机器零件在大批量、高节拍、低成本的工业化国际竞争环境中,对零件加工精度和表面完整性、加工效率和质量一致性的要求越来越高。例如,在汽车发动机凸轮轴的加工中,采用柔性生产线,需要满足多品种、高轮廓精度、大批量及复杂曲面的磨削加工,而磨削加工的可靠性成为影响磨削效率和加工成本的重要因素。

关键零部件生产方式的变化,需要高效加工及装配柔性自动化成套设备。发动机曲轴、连杆、凸轮轴、油泵油嘴及变速箱、传动轴等零部件需要采用以高速磨削装备为主体的生产线。例如,发动机曲轴磨削加工采用 CNC 曲轴磨床(节拍 0.5~1.5min)或无芯磨曲轴机床,并采用 CBN 砂轮;凸轮轴粗加工与半精加工轴颈采用柔性凸轮轴双刀盘 CNC 车床,轴颈磨削加工采用多砂轮无芯磨床;凸轮磨削加工采用凸轮轴 CNC 高速点磨削外圆磨床或凸轮轴 CNC 主轴颈磨床(节拍0.5~1.5min)。关键零部件生产方式的变化,迫切需要高效、高精度加工设备。

1.4.2　国防工业

现代国防装备,如兵器、舰艇、飞机、火箭、卫星、飞船装置中许多关键零件(如发动机的叶片、导航系统中的反射镜等)的材料、结构、加工工艺都有一定的特殊性和加工难度,特别是这些关键零件需要用到许多难加工材料,用传统加工方法无法达到要求,需采用高速、高精度的数控机床才能满足加工要求。

例如,坦克和装甲车发动机五大零部件、变速箱和驱动轴等的加工,与大型汽车零部件的加工相似,需要大量不同种类的高档数控机床。高新技术武器装备,包括精确打击、两栖突击、远程压制、防空反导、信息夜视、高效毁伤等武器,大多需要高效率高精度的工艺与数控机床。此外,根据武器特点,还要求加工硬材料、高精度的零件及特殊材质的零件,仍需要大量不同种类的高速机床以及大批量高生产效率、高自动化程度的工艺与机床。

1.4.3　航空航天工业

在航空航天工业中对关键零件的加工要求主要体现在零部件的高性能、轻量化、整体化、大型化、精密化。如何提高难加工材料的加工效率、降低加工成本、提高零件的精度与表面完整性和改善零件的使用性能,对磨削加工提出了新的挑战。

航空航天产品工作环境极端,具有耐高温、超低温、高压、高速和高负荷等特点。所需的主体结构大部分由高温合金、钛合金等材料制成,加工过程中金属磨除率较大,特别是航空发动机与动力系统零件精度高,结构复杂,大部分由超高强度钢、镍基合金、钛合金、不锈钢、铜合金等材料制成,加工工艺复杂。这些材料的特点是韧性好、热传导率低,这就意味着磨削区的热量难以传导出去,有可能导致工件的烧伤,磨削表面完整性差,容易堵塞砂轮气隙,影响加工质量。利用超高速磨削可以降低温度这一特征,可实现对这些耐热合金的低温加工。特别是在许多场合,一些零件除尺寸精度要达到微米级和纳米级要求外,还要求加工表面无损伤或极低的损伤,以确保零件的可靠性与质量。超高速精密磨削技术与装备在该领域中的应用为这类高精度零件的加工提供了一种有效的手段。

1.4.4　船舶制造工业

我国造船企业的设备条件比较落后,需要超重型五轴联动龙门铣床等大功率、大扭矩、高效率、重型、超重型金属加工设备,如大型曲轴、连杆、凸轮轴等高效精密磨削装备,目前这些设备大都依赖进口。

1.4.5　光学/模具/工具制造工业

在刀具、工具、模具、光学透镜加工等行业中,需要用到大量的硬脆难加工材料,并要对其进行加工,包括刀具、工具行业的工程陶瓷、金属陶瓷、硬质合金,光学行业的玻璃、多晶硅等硬脆材料。对这些材料进行加工时,由于磨粒切深极小,高速/超高速磨削可以对硬脆材料实现延性域磨削,从而使这些材料以塑性变形的形式产生磨屑,避免磨削裂纹的产生,实现硬脆材料的延性域磨削,因此高速/超高速磨削是降低磨削力,提高砂轮寿命,提高加工表面质量,防止微裂纹产生的有效精加工手段。用于这方面的机床主要有超高速平面磨床、深沟磨床、坐标磨床等。

1.5　研究现状与发展趋势

1.5.1　高速/超高速磨削理论的创立与发展

高速/超高速磨削机理研究在欧洲发展较早。高速磨削加工的理念从 20 世纪初被提出以来,不断发展取得了新的进展。20 世纪 60 年代初,日本京都大学冈村健二郎教授提出了高速磨削理论,当时砂轮线速度曾一度达到 90m/s,但更多的还是在 45~60m/s。之后,德国亚琛工业大学的 Opitz 等对高速磨削机理进行了更深入的研究,创建了高速磨削理论模型,肯定了提高砂轮线速度可以减小磨削力和砂轮磨损,获得更低的表面粗糙度,并可提高磨削效率。最近 20 多年来,高速磨削加工理论基础研究取得了新的进展,主要是高速磨削加工时锯齿状切屑的形成机理,机床结构动态特性及切削颤振的避免,刀具前刀面、后刀面和加工表面的温度以及高速磨削时切屑、刀具和工件切削热量的分配,进一步证实大部分切削热被切屑所带走。切削温度的研究表明,现有的刀具材料在高速切削加工时,连续及断续切削均未出现 Salomon 理论中的"死区"。Kassen 借助数字计算机提出了磨削过程的仿真方法,通过对重要位置参数和过程参数进行仿真研究,发现随着砂轮线速度的提高、砂轮与工件的速比增加,不仅平均切屑厚度减小,而且动态磨刃数也减少,因此在实际磨削接触弧长上的磨削力也减小,由此推动了高速磨削的理论研究。1969 年,由美国通用电气公司研制的高效磨具 CBN(立方氮化硼)砂轮为高速磨削在工业领域的应用提供了决定性的基础;随后,高速新型电主轴、高速磨削用金刚石的出现与使用,标志着高速高效磨削加工技术已从理论研究开始进入工业应用阶段。

1979 年,德国的 Wener 博士通过研究与实践发现,只要采用适当的磨削条件,即使在高速和大磨除率的情况下,工件表面温度也可以控制在 200~400℃,由此,提出了高效深磨的概念,并预言了高效深磨区存在的合理性。采用相对较粗的钢基金刚石砂轮(每颗磨粒 120μm)来进行表面磨削试验,砂轮线速度 v_s 为 178m/s,材料

比磨除率 Z'_w 达 11mm³/(mm·s),可发现随磨削速度的增大或材料比磨除率的减小,磨削力大幅度减小,表面质量有改善趋势。有关学者通过比较各种磨削速度(250m/s、135m/s、20m/s)下的理论分析结果,发现柔性黏结剂 CBN 砂轮相对于刚性黏结剂砂轮具有更大的材料比磨除率,特别是在较小的磨削深度和高的工件旋转速度下。

美国的 Kocach、Malkin 等对先进陶瓷的高速低损伤磨削方法进行研究,发现随磨削速度的增大或材料比磨除率的减小,磨削力大幅度减小,表面质量有改善趋势;而且,即使在普通砂轮速度下进行磨削加工,在高材料比磨除率下,表面质量也有改善。研究发现,在相对低的材料比磨除率下,提高 v_s 能大大降低表面破裂,通过增大 v_s 或 Z'_w 可使磨削方式从"脆性破碎"向"延性磨削"的方式过渡。

1992 年,在德国阿亨工业大学,实验室磨削速度已达到 500m/s。日本也进行了 500m/s 的超高速磨削试验,这一速度已突破了当前机床与砂轮的工作极限。Shinizu 等为了获得更高的磨削速度,通过改制磨床和采用外圆逆磨方式,使砂轮与工件的实际相对磨削线速度达到近 1000m/s。这是迄今为止公开报道的最高磨削速度。

1.5.2 高速/超高速磨削技术的现状与发展趋势

1. 呈现出多学科交叉融合的趋势

近 20 年来,随着材料、信息、微电子、计算机等现代科学技术的迅速发展,高速磨削加工技术在德、美、日等工业发达国家迅速发展。超高速磨削加工方法的出现,将磨粒加工这一古老的加工工艺技术迅速推向新高度,呈现出多学科交叉融合的趋势。

关于未来磨削技术的发展方向,国外研究热点集中在磨削技术与材料科学、摩擦学等领域的交叉研究;高效磨削工艺、高速磨具技术,与计算机技术、信息技术、智能技术等的交叉研究;磨削工艺与设计的过程建模、仿真及智能数据库,与信息技术、控制技术、测试技术等的交叉研究;磨削过程监控技术,与磨削工艺技术、自动化技术、数控技术等的交叉研究;磨削过程的智能化技术,与制造技术、检测技术等的交叉研究。

2. 高效率高精密磨削是制造技术的主流

高效率、高精密既是当前先进磨粒加工工艺技术的主要发展趋势,也是先进加工制造工艺与装备的重要学科前沿。

20 世纪 60 年代开始,欧洲开始了高速磨削工艺的相关应用研究,试验可达到的磨削速度为 210~500m/s。实际应用中,高速磨削和精密磨削的最大磨削速度在 200~250m/s。德国 CBN 砂轮高速磨削的应用实例是加工齿轮轮齿,在 155m/s

的速度下,以 811mm³/(mm·s)的比磨除率,实现了对 16MCr5 钢齿轮的高效加工。另一个实例是,采用电镀 CBN 砂轮,在 300m/s 的速度下,以 140mm³/(mm·s)的比磨除率,实现了对 100Cr6 高硬度(HRC 60)滚动轴承钢水泵回转窄槽的高效加工。在球轴承加工中,滚动沟槽磨削加工的砂轮线速度实现了从 80m/s 到 100m/s。当磨削速度从 $v_c = 30m/s$ 提高到 $v_c = 80m/s$ 时,材料磨除率相应提高 10 倍;再次提高到 $v_c = 100m/s$ 时,Z'_w 相应增加 30%～45%,Z_w 由此可以达到 4 倍,砂轮耐用时间提高 300%,在两次修整之间可磨削的工件数量可以提高 8 倍。对硬度为 HRC 62～64、材料为 100Cr6 的滚动轴承内圈粗磨削时,使用传统砂轮磨削速度已经可以达到 120m/s。磨削速度从 60m/s 提高到 120m/s 时,刀具寿命提高 10～12 倍。同时,Z'_w 提高约 270%,由此加工成本降低约 50%。美国的高效磨削磨床很普遍,主要应用 CBN 砂轮,可实现以 160m/s 的速度、75mm³/(mm·s)的比磨除率,对高温合金 Inconel 718 进行高效磨削,加工后可实现 $R_a = 1～2\mu m$,尺寸公差 $\pm 13\mu m$。另外,采用直径 400mm 的陶瓷 CBN 砂轮,以 150～200m/s 的速度磨削,可实现 $R_a = 0.8\mu m$,尺寸公差 $\pm(2.5～5)\mu m$。

湖南大学国家高效磨削工程技术研究中心、东北大学、南京航空航天大学、天津大学在 20 世纪 70 年代开展了高速/超高速的工艺试验。湖南大学国家高效磨削工程技术研究中心在磨削工艺、机理、数据采集方法等方面开展了研究,进行了砂轮线速度为 80m/s、120m/s、150m/s、250m/s、300m/s 的不同类别材料的高速/超高速工艺试验研究。1980～1985 年,在国内首次提出了冷激铸铁的以磨代车的高效磨削工艺,实现了对冷激铸铁轴的以磨代车的一次性磨削加工,加工效率比传统磨削提高 3～8 倍。在东风汽车公司、一汽集团、南汽集团等国内数百家汽车发动机企业大批量推广应用。1995 年用高速强力磨削工艺实现了对汽车凸轮轴的高效强力磨削。2000 年将切点跟踪高速磨削曲轴工艺应用至汽车凸轮轴、曲拐类零件的加工。2004 年,深入研究了超高速磨削的特殊性和规律,对 45♯钢、40Cr 等金属材料进行了 CBN 砂轮在 90～250m/s 不同磨削工艺参数下的超高速磨削工艺研究,获得了不同材料的最佳磨削参数。2004 年实现了硬脆陶瓷材料平面、薄壁深沟槽的高质量低成本加工,使工程陶瓷一次性进给磨削深度达 6mm,材料比磨除率大于 120mm³/(mm·s),磨削比大于 1670,被磨削工件微裂纹深度小于 10μm 和无微裂纹。

3. 对工件优良表面的追求成为磨削技术新的发展趋势

近年来,磨削技术的发展主要体现在继续向高效率与高精度发展的同时,如何兼顾提高零件加工表面质量与表面完整性。实现低损伤磨削是当今国际上的主要发展方向。

磨削加工形成的磨削纹理、表面与亚表面裂纹,都会成为表面初始微点蚀源。

经过机械运动的反复接触、摩擦,在应力下进行若干次循环后,微坑与裂纹从高点逐步扩散,直到原有表面被完全去除,最后导致零件产生接触疲劳失效和变形。零件失效发生的过程,如图 1.16~图 1.19 所示。

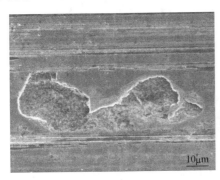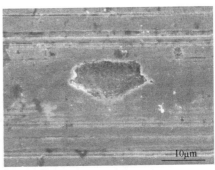

图 1.16 磨削加工缺陷形成的表面微坑

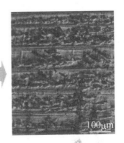

图 1.17 在应力循环下微坑的扩散

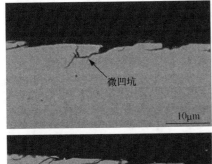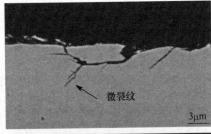

图 1.18 在应力循环下裂纹的扩散

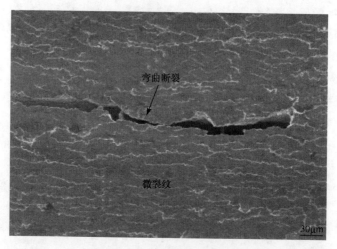

图 1.19　接触疲劳失效和变形

美国 Newcastle 大学深入开展了齿轮零件的磨削加工表面质量研究,对磨削加工出现的表面损伤,包括残余应力、工件划伤、烧伤等加工缺陷进行磨削方式的对比研究,经过大量试验,得出在高效深磨成型磨削条件下,齿轮零件的表面损伤最低,零件的使用寿命提高 50％以上。英国采用超精密磨削、高速磨削工艺以及多轴数控抛光(及等离子体表面处理)和误差测量与补偿技术等,组成大型光学镜面高效低损伤成套工艺技术链,使大型光学镜面的加工效率比原有水平提高 10 倍以上。

在航空发动机的高精度曲轴、叶片/叶轮和轴类等难加工材料复杂零件加工中,对工件表面与亚表面的微裂纹、残余应力和烧伤等加工损伤程度的要求特别苛刻,传统的加工方法难以实现这些零件的加工要求。在卫星遥感、天文望远镜、激光核聚变等产业的大口径光学反射镜等超精密、高效率的零件制造过程中,控制磨削时工件的亚表面损伤,提高面形精度,可大大减少后续数控抛光和能量束表面整理加工所需的时间,极大提高大型光学表面的加工效率,降低成本。

4. 新材料的应用使高速磨削工艺得到进一步的拓展

由于黏性材料(钛合金、不锈钢等)和硬脆材料(工程陶瓷、硬质合金及淬硬钢等)在航空航天、汽车、工具、模具等领域的应用日益广泛,对加工制造这些产品的机床装备提出了更高的要求。然而,这些难加工材料在磨削加工中,零件加工精度、表面完整性、加工效率,以及产品的使用性能和寿命均会受到较大的影响。据统计,这些难加工材料在磨削加工时,砂轮的损耗占磨削成本的 40％～70％,磨削成本是总加工成本的 40％～90％;磨削比为 30～50,而普通钢的磨削比在 60～200。因此,制约了这些材料在工业界的大批量应用。高速/超高速磨削工艺的开发,为解决难加工材料的技术瓶颈提供了有效途径与方法。由于这些材料的特性不同,使得加工工艺、机床结构、磨具等要适应各种新变化。

5. 高速/超高速磨削工艺促进高速磨床的快速发展

1990 年,日本开始开发 160m/s 以上的超高速磨床,并推出了 120m/s 和 250m/s 的高速磨床,并广泛采用 CBN 砂轮取代一般砂轮。此后,日本研制了 400m/s 的超高速平面磨床,该磨床主轴最大转速 3000r/min,最大功率 22kW,采用直径 250mm 的砂轮,最高线速度达 395m/s;并在 30~300m/s 速度范围内研究了速度对铸铁可加工性的影响。日本实际生产过程使用的砂轮磨削线速度已达到 200m/s。典型的超高速磨床包括日本三菱重工的 CA32-U50A 型超高速磨床、日本丰田工机的 G250P 超高速数控外圆磨床和实用化的超高速凸轮磨床。其中,日本三菱重工的 CA32-U50A 型超高速磨床,采用陶瓷结合剂 CBN 砂轮,砂轮线速度达到了 200m/s;日本丰田工机的 G250P 超高速数控外圆磨床,砂轮最高线速度可达 200m/s,其使用陶瓷结合剂 CBN 砂轮,基于 160m/s 的砂轮线速度磨削减速器零件(材料为 HRC 58 的淬硬钢)时,工件转速为 1000r/min,加工余量为 0.125mm,其实际磨削时间为 72s,工件圆度 1.2μm,表面粗糙度 R_a=1.9μm。

德国 Guehring Automation 公司 FD613 超高速平面磨床,以 150m/s 及 CBN 砂轮磨削宽 1~10mm、深 30mm 的转子槽时,工作台速度可达 3000mm/min。在 125m/s 的沟槽磨床上,磨削深 20mm 的钻头沟槽可一次完成,金属比磨除率可达 500mm^3/(mm・s)。德国 Guehring Automation 公司 RB625 超高速外圆磨床,使用 CBN 砂轮,也可将毛坯一次磨成主轴,每分钟可磨除 2kg 金属。在 2011 年汉诺威国际机床展览会上,德国斯来福临集团、瑞士温特图尔集团、德国埃马克 (EMAG)公司等展出了一系列创新型产品和砂轮线速度不超过 120m/s 的工程实用性磨床,德国 WENDT 公司展出了线速度为 120m/s 的砂轮。

瑞士 Studer 公司 S40 高速 CBN 砂轮磨床,在 125m/s 时高速磨削性能发挥得最为充分,在 500m/s 时也能正常工作。此外,Kapp 公司、Schandt 公司、Naxa Union公司、Song Machinery 公司等也相继推出了各类高速磨床。

1993 年,美国 Edgetek Machine 公司首次推出的超高速磨床,采用单层 CBN 砂轮,线速度达到了 203m/s,用以加工淬硬的锯齿,可以达到很高的金属磨除率。美国 Connecticut 大学研制的无心外圆磨床,最高磨削速度为 250m/s,其主轴转速达到 10000r/min,磨削主轴功率为 30kW。高速磨床采用开环结构控制、砂轮自动平衡装置、高压高流量冷却液供液系统、改善机床热变形措施和零件自动装卸方式等,获得了较好的磨削尺寸一致性。通过采用双支承砂轮装夹及大的液体静压轴承系统,提高磨床刚性。采用有限元技术设计直径为 400mm 的双曲线砂轮,采用电镀和可修整的 CBN 黏结剂结构,可允许支承主轴转速达 15000r/min。

在我国,湖大海捷工程技术有限公司、上海机床厂有限责任公司等单位研制完成 80m/s、120m/s、150m/s、200m/s 高速/超高速数控磨床,包括 120m/s 高速精密数控凸轮轴磨床、120m/s 高速端面外圆磨床、150m/s 高速数控平面磨床、200m/s 高速数控外圆磨床系列、314m/s 超高速数控平面磨床,其中 120m/s 高速精密数控凸轮轴磨床与外圆磨床已实现大批量工程化应用。上海机床厂有限责任公司目前已开发出 150m/s 超高速数控磨床产业化样机,最高砂轮线速度可达 150m/s,最大磨削直径为 320mm,圆度误差小于 $0.5\mu m$,表面粗糙度 $R_a = 0.2\mu m$。北京第二机床厂也研制出 120m/s 高速精密数控凸轮轴磨床。

6. 将高速/超高速磨削工艺融合集成磨床数控系统

将用户需求及积淀的加工工艺知识迅速融合在机床设计、制造以及数控系统中,是实现机床产品自主创新、保证机床持续增长的有效方式。在国外知名机床企业的快速发展历程中,将核心工艺融合于数控系统来改变增长方式的模式屡见不鲜。

要实现核心工艺与数控系统的集成,必须要有一个开放的、具有工艺融合能力的数控系统平台。国外知名数控系统如 Siemens、Fanuc 等公司提供了良好的工艺集成能力,可以适应不同种类、不同用户工艺需求的应用,在开发类似机床产品时,已成为国内外机床厂的首选。例如,Mazak 公司将 80 余年积淀的生产工艺经验融合在三菱的数控系统中,形成具有自主品牌的 Mazatrol Fusion 640 数控系统,深受用户好评,带来了高额的利润回报。大隈公司将独特的热补偿技术融入自主的数控系统 SP-p200 中,在大型、高精的机床产品中占据了不可撼动的地位。在轧辊磨床行业,德国 Herkules 等公司在 Siemens 840D 系统上开发了全新的操作界面,增加了自己特殊的磨削工艺及生产数据管理功能,形成自主品牌,不仅提升了产品的档次,而且使用户可以高效、快速地进行轧辊的磨削。瑞士 Studer、德国 Kellenberger、德国 Junker 等几家公司研制的高档专用磨床中,都开发了相关的磨削软件。其中,德国 Junker 开发的数控凸轮轴磨床与数控曲轴磨床,都配备了成组粗、精磨削加工工艺软件与砂轮在线修整软件。用户只需输入加工参数要求,就能自动生成优化的磨削加工程序。瑞士 Studer 开发的 S31 和 S41 内外圆复合磨床的磨削软件主要由 StuderWIN 和 StuderGRIND 两部分构成:StuderWIN 提供了一种易操作、高效率、透明化、多功能的可视化编程环境,可完全集成在线检测技术、传感器技术及砂轮自动平衡系统,通过内置的加载系统可为不同控制系统选配最佳的驱动原件;StuderGRIND 主要用于各种复杂外形轮廓工件的磨削加工及数据存储,其集成了以下几个软件模块:磨削加工软件、磨削技术支持软件、砂轮在线修整软件、纵向轮廓磨削软件、螺纹磨削软件、非圆磨削软件、冲头磨削软件。此外,快速调整模块还大大缩短了加工准备、辅助调整的时间。

我国先后开发了曲轴、凸轮轴、转位刀片等零件的专用高速磨削工艺,但对于磨削加工工艺及参数优化专家系统、磨床加工质量的自动控制方法及专用的磨削控制参数化编程软件、具有工艺融合能力的数控系统平台的产业化应用正在实施过程中,与国外先进水平相比,在软件的通用性、功能性、模块化、集成化和图形化等方面,还有一定的差距。

1.6　磨削工艺对加工效率与质量的影响

磨削加工是一个多因素多场耦合强作用的复杂过程,机理与材料科学、高速切削摩擦、磨损、润滑、动力学等各因素的特点及影响密切相关,这使得对磨削机理的研究比对切削机理的研究变得更加困难和复杂。参与磨削加工工艺的诸多因素,如工件材料、工作台速度、磨削深度、砂轮性能、机床状态、冷却液、磨削条件等在加工过程中的行为显现出很大的不确定性。磨削工艺参数优化后的主要特征表现在高效率、大的砂轮磨削比、良好的加工表面完整性,包括表面粗糙度、表面烧伤、表面氧化、表面裂纹、表面残余应力、表面硬化与波纹度等。

在磨削参数众多、影响因素异常复杂的情况下,综合提出磨削工艺对工件效率与质量的影响,是一个复杂的技术难题,一般情况下可能出现的工艺影响因素如下。

1.6.1　影响工件表面质量的工艺因素

工件表面质量包括表面粗糙度、表面烧伤、表面氧化、表面裂纹、表面残余应力、表面硬化与波纹度等。

影响工件表面质量的因素与产生原因如图 1.20 所示。

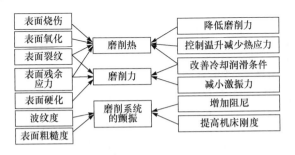

图 1.20　影响磨削加工表面质量的因素

1.6.2　影响工件加工效率的工艺因素

工件加工效率直接关系到零件加工的周期与成本。影响工件加工效率的因素如图 1.21 所示。

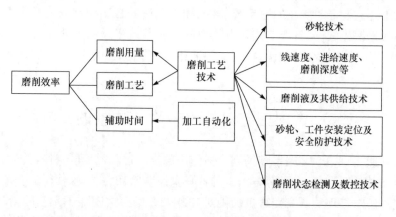

图 1.21　影响工件加工效率的因素

1.6.3　影响工件加工精度的工艺因素

工件加工精度与机床制造精度、几何误差、夹具的制造误差、砂轮的制造误差和磨损、工艺系统受力与受热变形直接相关,如图 1.22 所示。

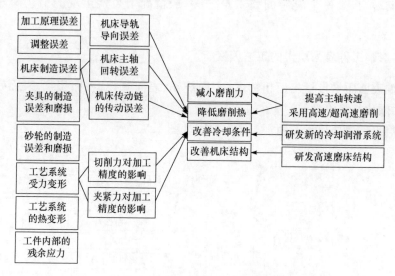

图 1.22　影响工件加工精度的因素

影响工件磨削精度的因素除加工原理误差、调整误差、机床制造误差、夹具的制造误差和磨损、砂轮的制造误差和磨损等因素外,就工艺而言,主要是表现在以下几个方面。

（1）工艺系统受力变形。

工艺系统在磨削力、夹紧力、重力和惯性力等作用下会产生变形，从而破坏了已调整好的工艺系统各组成部分之间的相互位置关系，导致加工误差的产生，并影响加工过程的稳定性。

（2）工艺系统的热变形。

在加工过程中，内部热源（磨削热、摩擦热）或外部热源（环境温度、热辐射）使工艺系统受热而发生变形，从而影响加工精度。在大型工件加工和精密加工中，工艺系统热变形引起的加工误差占加工总误差的 40%～70%。工件热变形对加工的影响包括工件均匀受热和工件不均匀受热两种。

（3）工件内部的残余应力。

残余应力包括：毛坯制造和热处理过程中产生的残余应力；冷校直带来的残余应力；磨削加工带来的残余应力。

1.7　关键技术问题

1.7.1　预期解决的技术问题

围绕高速/超高速磨削、高效深磨磨削和高效精密磨削，系统研究材料、工艺、磨床、砂轮、软件与系统优化配置，形成常用材料、难磨材料与典型零件磨削的成套技术链和核心技术，预期解决的重大技术问题如下。

1. 不同材料的磨削工艺规律如何取值

从微观来看（图 1.23），磨削的过程实际上就是材料与砂轮之间的滑擦、耕犁与摩擦磨损过程。

在磨削过程中三个阶段所产生的能量、磨削力、磨削热等都与磨削速度、工件材料物理机械性能、磨刃状态等密切相关。德国切削物理学家 Saloman 提出，当磨削速度增大至与工件材料的种类有关的某一临界速度后，随着磨削速度的增大，磨削温度与磨削力反而降低。这一观点从整体上描述了速度与材料的力学关系，但对于每一种特定材料的规

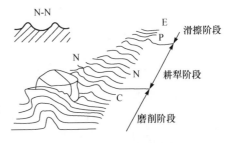

图 1.23　单颗磨粒磨削模型

律与趋势如何，是有待于进一步研究与探讨的问题。因此，如何恰当地把握其他相关工艺参数的取值，需要针对不同材料进行大量的试验，需要对机理进行进一步的深化。

2. 高效与高质量如何完美统一

磨削作为精加工的重要手段,是保证高质量的关键,特别是对一些重点行业关键零件的加工。高质量磨削的技术指标包括加工精度和表面完整性两大方面。表面完整性除表面粗糙度之外,还涉及磨削表面波纹、振纹、残余应力、加工硬化层、磨削烧伤及微裂纹等相关评价指标。高的等级通常是指 4 级或更高的加工精度,$R_a = 0.2\mu m$、$R_z = 0.4\mu m$ 或数值更小的表面粗糙度,数值适当且均匀的残余应力或符合要求的工件残变量,无表面烧伤及微裂纹等。

高速/超高速磨削工艺在解决效率问题上基本已得到认可,但如何兼顾精度和表面质量,在磨削参数众多、影响因素异常复杂的情况下,是需要解决的一个重要技术难题。

3. 工艺与数字化加工如何无缝连接

我国现有的磨床更多地注重机床的结构设计与制造,以满足机床的几何精度为主要目标。因此,通常以磨床主机的设计制造为主,而磨床的设计开发多采用经验类比,磨削加工工艺参数的试验、优化与积累则基本上为空白。磨床加工能力的开发、加工工件的精度与表面质量过多地依靠工人的操作技能,导致我国现有磨床的技术水平与潜力难以发挥,造成生产效率低、加工成本高、加工周期长。

我国汽车、船舶等工业的快速发展,对汽车发动机关键零件的加工提出了更高的要求。为实现零件高效率、高精密与高自动化的加工,在关键零件的专用高档磨床加工中,需要加强磨削工艺的优化,集成二次开发参数优化软件,与磨床数控系统结合,为磨床产品的高质量加工提供新的方法与软件,进而形成高效、高质、低耗的磨削加工系统,以改善零件加工工艺合理性、提高零件加工精度和加工效率、提升磨削加工过程的自动化水平、充分发挥数控磨床技术与经济效益。

4. 材料-工艺-砂轮-磨床之间的性能如何匹配

工艺技术的应用,需要工艺数控软件开发与高速磨床的协同。对具体零件产品而言,单纯研究工艺,而没有与砂轮、软件、磨床等有机集成起来进行系统配套,会导致技术系统性不强,难以形成成套的技术体系,使得为用户提供全面技术方案的推广应用受到阻碍。因此,实现工艺与材料、工艺与砂轮、工艺与数控系统、工艺与冷却系统、工艺与磨床的集成是确保高速/超高速磨削实现高效率、高质量的有效保证,其技术路线见图 1.24。

1) 材料特性引导工艺开发

高速/超高速磨削机理与工艺的研究,应依据材料特性,提出合理的粗、精磨削工艺方案。

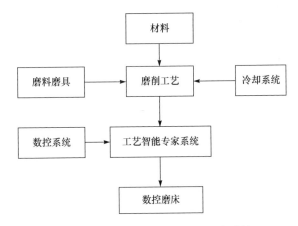

图 1.24 工艺技术开发与应用技术路线

2）工艺特性引导砂轮的研制

对砂轮的线速度、粒度、结合剂强度等进行优化配置,研制能满足工艺要求的高速砂轮,基于零件材料性能和加工要求,选择合适的砂轮参数和修整参数。

3）工艺特性引导磨床的研制

在大量的工艺试验基础上,获得磨削力、温度、振动等参数,提出指导磨床设计的主要技术参数,包括机床功率、主轴转速、进给速度、机床刚度、磨床动刚度,以及高阻尼、高安全性的要求等,使工件-砂轮-机床实现综合匹配与高度优化;了解机床和砂轮系统的动态特性,选择合适的磨削参数范围,使机床处于最佳的工作状态。

4）磨床需求引导工艺软件的开发

建立用户工艺知识集成数控系统平台,为开发用户工艺知识集成数控系统提供规范、工具与技术支持,满足不同层次用户的需求。

1.7.2 实现高效磨削的主要技术途径

根据磨屑去除机理,材料磨除率可以表示成磨屑平均断面积、磨屑平均长度和单位时间内参与磨削的磨粒数三者的乘积。因此,要提高磨削效率采取的技术措施包括:①提高砂轮线速度来增加单位时间作用的磨粒数;②采用缓进给深磨、立轴平磨来增大磨屑平均长度;③采用重负荷等强力磨削方式以增大磨屑平均断面积。从超高速磨削的角度来看,实现超高速磨削的主要技术途径从以下五方面着手。

1. 提高砂轮线速度

提高砂轮线速度是实现高速高效磨削的先决条件。提高砂轮线速度,可以减小磨削力,降低比磨削能,同时改善切屑的形成机理。当砂轮线速度超过某一临界值后,根据"热沟"理论,工件表面的温度将随着砂轮线速度的提高而降低。

2. 提高工作台速度

提高工作台速度或者提高金属磨除率,可避开临界温度,进入高速高效磨削区后,工件表面的温度将急剧下降。实现高速高效磨削,提高工作台速度是必要的,而且更大地提高工作台速度可以避免工件表面出现热破坏温度。更高的工作台速度,可以使作为热源看待的砂轮能很快地离开已磨削的磨削表面,而使大部分的热量进入磨屑和冷却液中,且很快离开磨削区。

3. 提高砂轮进给深度

通过提高砂轮进给深度,增加金属比磨除率 Z'_w 和磨除率 Z_w,使单位材料磨除率较普通磨削有较大提高,达到和车削、铣削等同甚至更高的金属磨除率,从而最大限度地提高工件加工效率、加工精度和加工表面质量。

4. 合理选择砂轮

CBN 磨料具有高的硬度、极大的抗磨损能力、高的热和化学稳定性,是高速高效磨削最理想的磨料。使用较大浓度的砂轮是实现较高的材料磨除率的基本条件,因为较大的浓度意味着有较多的动态磨削刃和较薄的磨屑,这就使得在大的材料磨除率时磨削力减小。电镀砂轮既具有大的浓度又具有最大的容屑空间,因此在高速高效磨削中,电镀 CBN 砂轮是最优的选择。

5. 优化零件加工工序

通过对被加工材料的大量工艺试验,合理选择材料磨削参数,优化材料工艺条件,在此基础上对典型零件的工艺进行分析,结合材料磨削优化参数,针对用户工艺,打破常规工艺路线,优化新的工艺技术路径,对减少典型零件的加工工序,增加工序的集中度,提高典型零件的加工效率,是一种有效的方法。

1.7.3 研究范围

1. 高速/超高速磨削机理

由磨削机理可知,砂轮线速度的提升将减小磨削力,从而可以加大磨削深度、提高工作台速度,以达到高效,进而实现磨削质量、磨削效率和成本的完美统一。但在不同的工件材料,尤其是难加工材料的加工中,要获得质量、效率和成本的统一,磨削参数会有较大差异。因此,必须深入系统地研究不同类别材料的高速/超高速磨削机理。研究范围包括：

（1）材料的微结构和材料性能分析；

（2）高速/超高速磨削条件下材料的微结构和材料性能对其去除机理的影响；

（3）在高速/超高速磨削状态下，材料的去除机理及其对工件加工质量的影响；

（4）高速/超高速磨削工况下，磨削力、磨削热的形成机理及分配，磨屑在磨削力、磨削热的复合作用下的成屑机理及其对工件加工质量的影响；

（5）材料在超高速磨削下表面残余应力、表面/亚表面损伤、表面/亚表面裂纹和损伤的形成与加工条件对破坏层的影响规律；

（6）砂轮、工件及机床各部件的受力及振动情况对工件加工质量的影响；

（7）冷却液的应用对磨削加工质量和砂轮性能的影响；

（8）硬金属材料在磨削加工时白层的形成机理及抑制技术。

2. 磨削工艺与方法

（1）高效深磨粗加工磨削工艺；

（2）超高速浅磨精加工磨削工艺；

（3）高速/超高速精密磨削工艺；

（4）高效深磨成型磨削工艺；

（5）高效精密复合磨削工艺。

3. 磨削区域的温度模型建立与热损伤的监测

在磨削过程中，要监测实际的磨削温度是非常困难的。然而，磨削温度可以通过 Outwater 与 Shaw、Malkin，以及 Lavine 与 Jen 等提出的温度模型进行计算。许多用于计算温度升高的温度模型都是基于 Jaeger 所提出的移动热源的热传导分析理论。磨削温度的计算仍基于 Jaeger 的工作。然而，现有的温度计算模型仍存在一些问题有待深入研究。为计算磨削区的温度，需分析单位时间内磨削区域产生的总热量、传入工件的热量以及传入砂轮和磨削液的热量，并分别建立它们的数学模型，以便计算出各种磨削条件下工件的温升。

寻求合适的方法以提高高速磨削的材料磨除率，同时又不造成工件的热损伤。如果加工区温度很高，就会出现"成膜沸腾"现象。可将成膜沸腾现象作为界定工件烧伤和金相组织变化的标准。如果磨削温度在薄膜沸点内，工件将不发生热损伤和金相组织的变化。也就是说，如果将磨削温度控制在液态成膜沸点以下，就可以尽可能提高材料磨除率。利用薄膜沸腾标准，通过在损伤之前实现自动中断磨削加工，就完全可能对磨削过程中的热损伤实现自适应控制。主要研究内容有：

（1）磨削区域的温度建模与仿真；

（2）磨削温度试验与建模结果比较分析；

（3）高速/超高速磨削过程中成膜沸腾现象及其条件研究；

（4）成膜沸腾标准的制定；

（5）成膜沸腾的监测方法与措施研究。

4. 高速/超高速磨削工艺试验

为探讨不同材料性能、机理与工艺参数的关系，科学合理地制订零件加工工艺方案，提出了工艺对加工质量与效率的影响规律参数。因此，开展了不同材料高速/超高速磨削工艺试验研究。试验包括下列主要内容：

（1）磨削力、磨削温度试验；

（2）热损伤的观察与监测；

（3）工艺参数对磨削质量、表面完整性的影响试验：①表面轮廓，②表面粗糙度，③变质层，④残余应力，⑤磨削损伤（如工件烧伤和磨削裂纹）等；

（4）工艺参数对材料磨除率与比磨削能的影响试验；

（5）CBN 砂轮性能对磨削质量、表面完整性的影响试验；

（6）CBN 砂轮修整与耐用度试验；

（7）磨削工艺参数的优化；

（8）磨削表面质量检测分析；

（9）数据分析与处理。

5. 磨削工艺参数选择与路径优化

通过大量的工艺与零件工艺试验，将优化的结果进行分析研究，得到各种材料的工艺参数。在同一工艺条件下，有些结果可能只适应于粗加工，而有些参数以加工精度为目标，如果选择同一工艺条件，则难以实现效率与质量的共优。因此，提出一种实现磨削加工效率和质量最优化的工艺链方法，能够将切削加工和磨削加工的工序合并，实现以磨代车，减少了零件加工过程中装夹次数，提高了加工精度，加工效率相应提高。研究内容如下：

（1）用户工艺与需求的研究；

（2）粗加工工艺参数试验与优化研究，进行获得较高磨削效率而允许损伤产生的试验，获得粗磨优化参数；

（3）精加工工艺参数试验与优化研究，进行获得较优表面质量但效率较低的精磨试验，获得精磨优化参数；

（4）磨削加工效率和质量最优化的工艺链开发，将不同条件下的精磨参数与粗磨参数进行优化后组合，确定最优组合型的工艺路线，开发在同一台磨床上一次装夹定位完成工件的粗加工与精加工工艺链。

6. 高速/超高速 CBN 砂轮-工件-机床的匹配技术

在掌握砂轮和机床系统的动态特性、去除机理和工艺规律的基础上,以高速/超高速磨削工艺为指导,提出了对高速砂轮的结构优化设计方案,并依据工艺条件制订专用磨床的结构设计方案,包括磨床功能部件主轴功率的选择,转速的确定,磨床动刚度、高阻尼和高安全性的要求。在此基础上,进行砂轮与磨床的设计制造,使工件-砂轮-机床实现综合匹配与高度优化,有效提高加工效率与质量。

7. 高速/超高速磨削工艺智能数据库与工艺智能化系统

随着技术的进步,机床品种的增多,机床的柔性化和复合化,机床操作的复杂化,越来越多的用户要求将加工工艺知识与数控系统集成,以简化数控机床的编程、操作与调整过程,提高零件的加工精度和效率。机床厂商面对日益激烈的竞争,希望能以更低的成本快速将用户的特殊需求以及自己独特的工艺积累融入数控系统中,以提高机床产品的竞争力。数控系统厂商面对数控产品应用领域的不断扩大,也急迫希望将数控系统产品向不同数控机床产品扩展。因此,建立用户工艺知识集成数控系统平台,为开发用户工艺知识集成数控系统提供规范、工具与技术支持,满足不同层次用户的需求:

(1) 建立材料与零件高速/超高速磨削数据库。包括磨削工艺库、材料库、零件库、机床库、砂轮库和冷却液库等。针对难加工材料的磨削加工,录入相应的工艺数据。

(2) 建立高速/超高速磨削材料与磨削工艺参数优化系统。利用遗传算法对数据库中的数据以不同实际要求进行优化。针对如何在浩瀚的磨削数据中得出一个最符合用户需求的磨削工艺参数的问题,建立一套磨削参数优化系统。其优点在于能迅速从数以万计的数据中筛选出表面质量最优、效率最优或成本最优的数据,而且能根据实际需求,通过确定表面质量、效率和成本的权重,选出最符合加工要求的数据。

(3) 建立磨削加工工艺过程中的决策、监测与智能型磨床数控系统。包括高速磨削温度预测系统、工艺预测软件的开发,以实现在磨削过程中的智能化控制。

(4) 研发典型零件软件与数控系统优化配置技术。为了更好地实现对磨削加工过程的控制,将优化后的磨削加工参数传送到数控系统中,输出多组典型零件的粗磨与精磨的优化组合磨削参数,并能方便地调用上述数据库中的工艺参数进行磨削加工。

8. 高速/超高速磨削配套技术

(1) CBN 砂轮的设计制造技术；

(2) 超细微粉高速砂轮制造工艺技术；

(3) 高速砂轮磨料有序化排列优化设计与制造技术；

(4) 高速/超高速磨削机械安全设计技术与装置；

(5) 高速/超高速砂轮在线修锐与修整技术；

(6) 高速砂轮在线动平衡技术；

(7) 高速高效磨削冷却液的注入技术与装置。

9. 高速/超高速磨削工艺技术质量检测体系与技术标准

(1) 脆性光学材料亚表面损伤的无损探伤机理及方法；

(2) 高强韧材料低损伤磨削及工件表面完整性的预测方法；

(3) 硬脆材料亚表面损伤测量及评估方法；

(4) 高效磨削数据采集与检测方法；

(5) 高速/超高速磨床工艺技术标准研究。

参 考 文 献

[1] 盛晓敏,等.超高速磨削技术.北京:机械工业出版社,2011

[2] 李蓓智.高速高质量磨削理论.工艺与装备.上海:上海科学技术出版社,2012

[3] 谢桂芝.一种实现磨削加工效率和质量最优化的工艺链方法.中国:201010591019.X,2011

第 2 章　加工性能评价与性能参数检测

本章概述高速/超高速磨削加工磨削力、磨削温度、表面粗糙度、比磨削能、表面硬度、残余应力与亚表面裂纹的性能评价指标,并介绍这些性能参数的检测方法与性能参数采集设备与系统。

2.1　磨削加工性能评价

磨削加工性能评价是研究各类材料加工工艺性的基础性核心技术。根据各类材料的磨削加工性,可以选择合理的加工工艺条件,实现材料的高效精密加工。材料的性能参数是影响其磨削加工性的决定性因素,而加工输出参数则是磨削加工性的表现形式。输出参数能够表现材料的磨削加工性能,但由于磨削加工性能是一项综合性能,它是由多种影响因素相互作用的结果,不是应用某一个输出参数就能够准确衡量的,而是各个输出参数综合作用的结果。因此,材料磨削加工性能的评价可通过多个输出参数来综合评价,这些输出参数主要包括磨削力、磨削温度、表面粗糙度、比磨削能、表面硬度、残余应力、表面/亚表面裂纹等。

2.1.1　磨削力

磨削力起源于工件与砂轮接触时产生的弹性变形、塑性变形以及磨料和结合剂与工件表面间的摩擦作用,可分解为相互垂直的三个分力,即沿砂轮径向的法向磨削力 F_n、沿砂轮切向的切向磨削力 F_τ 以及沿砂轮回转轴线方向的轴向磨削力 F_a。其中,对于轴向分力 F_a 来说,虽然从单颗磨粒的角度来看,这个分力很大,但由于各磨粒具有随机分布的正负倾角,使各分力相互抵消,与切向和法向磨削分力相比要小得多,可忽略不计。

磨削力是描述磨削过程、分析磨削机理最重要的物理量之一,它反映了磨削区内砂轮与工件的相互作用,直接关系着磨削过程中材料的去除机理、工件的磨削质量以及表面/亚表面损伤情况。磨削力是评价材料磨削加工性能的一项重要指标,它与材料机械性能和显微结构、磨削用量、砂轮特性、材料去除机理乃至机床设计等都有着密切的关系,而且是磨削过程中磨削热产生和磨削振动的主要原因。因此,对磨削力进行测量分析是研究磨削过程的一种重要手段。

2.1.2　磨削温度

磨削温度可区分为砂轮磨削区温度和磨粒磨削点温度。砂轮磨削区温度是指磨削时砂轮与工件接触弧面上的温度,也称为弧区内试件表面的平均温度,但再进一步考虑,就会发现只有磨粒和工件接触点的温度才是真正的磨削点温度。每颗磨粒对工件的磨削都可以看作一个瞬时热源,在这无数个瞬时热源周围形成温度场。磨粒经过磨削区的时间极短,一般在 $0.01 \sim 0.1ms$,在这期间以极大的加热速度使工件表面局部温度迅速上升,形成瞬时热聚集现象,影响工件表层材料的性能和砂轮的磨损。磨削点的瞬间温度远远高于磨削区温度。由于与可能出现的烧伤、裂纹等磨削缺陷密切相关,砂轮磨削区温度历来是磨削工艺上最受关注的温度。

磨削加工实质上是一种由大量无规则的离散分布在砂轮工作面上的磨粒所完成的滑擦、耕犁和切削作用的随机综合。磨削时,砂轮表面上的大量磨粒以极高的速度在被加工工件表面掠过,在去除材料的同时发生强烈的摩擦,加上磨粒是在负前角条件下工作,无论是产生切削作用,还是发生摩擦作用,都将使工件表面产生很大的塑性变形,所消耗的机械能量绝大部分转变为磨削热。试验研究表明,根据磨削条件的不同,磨削热有 $60\% \sim 85\%$ 进入工件,$10\% \sim 30\%$ 进入砂轮,$0.5\% \sim 30\%$ 进入磨屑,另有少部分以传导、对流和辐射形式散出。大量的磨削热将会软化工件表面,使其塑性增加,有利于磨屑的形成,但对被磨工件表面质量、机床等也有不利的影响。

磨削温度对工件的影响主要表现在工件表面质量和加工精度两方面。磨削的高温会使工件表面层金相组织发生变化。当磨削温度未超过工件的相变临界温度时,工件表面层的变化主要取决于金属塑性变形所产生的强化和因磨削热作用所产生的恢复这两个过程的综合作用,磨削温度可以促使工件表面层冷作硬化的恢复;如果磨削温度超过了工件的相变临界温度,则在金属塑性变形的同时,还可能产生金属组织的相变。磨削的瞬间温度过高而且集中于工件表面层的局部部位,将造成工件表面层金相组织的局部变化,这种变化称为磨削烧伤。烧伤现象将引起工件表面层机械性能下降,主要是降低工件硬度和耐磨性。磨削烧伤可分为两类:第一类是指工件磨削温度尚未达到工件材料的临界温度,在通过磨削区时由于急速冷却而产生二次淬火现象,此时表面层的金相组织由回火层和二次淬火形成的索氏状、托氏体组成。更高的瞬时磨削温度在磨削过程和冷却过程中会造成工件表面层与母体金属很大的温度差,形成很大的热应力。如果热应力超过材料的强度,就会使工件产生磨削裂纹,特别是在工件冷却过程中,如果表面层与母体金属有较大的温度差,那么表面层就会形成很大的拉应力,并保持拉伸残余应力,甚至产生表面裂纹。裂纹的存在,即使是十分细小的微裂纹,也会极大地降低工件的疲劳强度,大大缩短工件的使用寿命。因此,磨削过程中的磨削温度往往限制着磨削用量,并影响着工件表面的质量。通过测定磨削区的温度来确定的磨削用量具有重要的实际意义。

2.1.3 表面粗糙度

表面粗糙度是指加工表面具有的较小间距和微小峰谷不平度。两波峰或两波谷之间的距离(波距)很小(在 1mm 以下),属于加工表面上具有的较小间距和峰谷所组成的微观几何形状[1]。

表面粗糙度一般是由所采用的加工方法和其他因素造成的,如加工过程中刀具与零件表面间的摩擦、切屑分离时表面层金属的塑性变形以及工艺系统中的高频振动等。由于加工方法和工件材料的不同,被加工表面留下痕迹的深浅、疏密、形状和纹理都有差别,表面粗糙度越小,则表面越光滑。表面粗糙度的大小对机械零件的使用性能有很大的影响。表面粗糙度与机械零件的配合性质、耐磨性、疲劳强度、接触刚度、振动和噪声等有密切关系,对机械产品的使用寿命和可靠性有重要影响。

为研究表面粗糙度对零件性能的影响和度量表面微观不平度的需要,从 20 世纪 20 年代末至 30 年代,德国、美国和英国等国家的一些专家设计制作了轮廓记录仪、轮廓仪,同时也产生了光切式显微镜和干涉显微镜等用光学方法来测量表面微观不平度的仪器,为数值上定量评定表面粗糙度创造了条件。各国的国家标准中都将中线制作为表面粗糙度的计算制,具体参数千差万别,但其定义的主要参数是轮廓算术平均偏差 R_a,它是指在取样长度 L 内轮廓偏距绝对值的算术平均值,这也是国际交流中使用最广泛的一个参数。

2.1.4 比磨削能

比磨削能是磨削理论中的重要概念,是由磨削力与加工工艺参数推衍而来的,是指磨除单位体积工件材料所消耗的能量。比磨削能的重要意义在于它不仅可以反映磨粒与工件的干涉机理及干涉程度,还可反映出加工过程参数,对机床功率需求估计也有重要作用。其值可由式(2-1)得到:

$$E_e = \frac{P}{Z_w} \tag{2-1}$$

其中,E_e 为比磨削能(J/mm^3);P 为磨削功率(W);Z_w 为单位时间内磨除工件材料的体积(mm^3/s)。磨削功率 P 可表示为切向磨削力与砂轮和工件相对速度的乘积,即

$$P = F_\tau(v_s \pm v_w) \tag{2-2}$$

其中,"＋"号表示"逆磨",砂轮与工件在磨削区内运动方向相反;"－"号表示"顺

磨",砂轮与工件在磨削区内运动方向相同;F_τ 为切向磨削力(N);v_s 为砂轮线速度(m/s);v_w 为工作台速度(m/s)。一般情况下,v_w 比 v_s 小得多,所以式(2-2)可简化为

$$P = F_\tau v_s \tag{2-3}$$

平面磨削单位时间内去除工件材料的体积(即磨除率)Z_w 可通过式(2-4)计算得出:

$$Z_w = v_w a_p b \tag{2-4}$$

其中,a_p 为磨削深度(mm);b 为砂轮宽度(mm)。由式(2-1)、式(2-3)和式(2-4)可以得出平面磨削的比磨削能计算公式为

$$E_e = \frac{F_\tau v_s}{v_w a_p b} \tag{2-5}$$

2.1.5　表面质量

1. 表面硬度

表面硬度是评定材料力学性能最常用的指标之一。硬度的实质是材料抵抗弹塑性变形和破坏的能力,是评价材料力学性能最迅速、最经济、最简单的一种指标。虽然表示方法各有不同,但硬度值与材料的弹性极限、弹性模量、屈服极限、韧性,材料的结晶状态、分子结构和原子间键结合力,以及测量条件和测量方法等一系列因素密切相关。因此,硬度的测量对确定合理的磨削加工工艺、检验磨削烧伤和预测磨削后效果非常有意义[2]。

2. 残余应力

材料的磨削过程既有材料的弹塑性变形,也有磨削热的冲击和复杂的摩擦状况,残余应力是磨削后仍留在工件内的自相平衡的内应力。磨削加工材料表面残余应力的产生机理主要有以下三个方面:

(1) 机械应力引起的残余应力。一方面,工件装夹时的夹紧力可能使工件发生变形,从而引发残余应力;另一方面,在磨削过程中,工件材料受到磨刃前刀面的挤压,从而在磨削方向产生压缩塑性变形,在垂直磨削方向产生拉伸塑性变形,表层材料受到内层未变形材料的牵制而产生残余应力。

(2) 热应力引起的残余应力。材料磨削加工时大部分磨削能转化为磨削热,使材料表面和亚表面形成较大的温度梯度,产生热应力。当热应力超过材料的屈服极限时,将使表层材料产生压缩变形,磨削后材料冷却至室温时,表层材料体积的收缩又受到内层材料的牵制,从而产生残余应力。

(3) 相变引起的残余应力。当材料的磨削温度大于相变温度时,材料表层组织可能发生相变,由于各种晶相组织的体积不同,从而产生残余应力。

　　磨削过程中产生的机械应力和热应力是同时存在的,残余应力的状态主要表现为拉应力或压应力。涂层在磨削过程中容易出现裂纹,而残余拉应力是磨削裂纹产生的主要原因。众所周知,残余应力将直接影响零件的强度和工作可靠性,具体体现在以下几个方面:

　　(1) 磨损性能。残余拉应力在一定程度上加速陶瓷零件的磨损,而残余压应力可以减缓陶瓷零件的磨损,原因是在残余压应力作用下,材料点阵收缩,原子间力场作用使表面气孔和裂纹也都处于封闭状态,所以晶粒结合紧密,材料不易被磨损。

　　(2) 断裂强度。残余应力对零件强度的影响主要体现在断裂强度。将 WC-17Co 涂层材料喷涂在基体表面的主要作用是提高零部件的断裂强度,以抑制高强度基体材料缺口敏感性。涂层热喷涂之后的应力状态表现为压应力,压应力能有效抑制裂纹的扩张,防止裂纹延伸到基体表面。磨削加工后涂层应力状态与磨削工艺有关,残余拉应力会直接减弱零件的断裂强度。

　　(3) 疲劳强度。有文献研究了残余应力对陶瓷零件疲劳强度的影响。当压力载荷卸载之后,裂纹主要出现在残余应力集中处,并且裂纹扩展速率与残余应力呈指数函数关系,因此集中的残余应力成为裂纹扩展的驱动力。零件在集中的残余应力与动载荷的综合作用下发生疲劳现象。因此,将残余应力考虑进脆性材料的疲劳方程是近年来陶瓷材料断裂动力学的新突破。

　　(4) 腐蚀强度。应力对腐蚀性能的影响是近年来较为活跃的研究分支,主要研究成果包括裂尖应变键与介质反应模型。该模型认为,裂尖发生应变的原子键与具有特定分子轨道结构的活性介质发生反应,导致应变键的断裂,即活性介质能促进具有残余拉应力的材料的腐蚀进程。

3. 表面/亚表面裂纹

　　对于工程陶瓷、硬质合金等硬脆性材料的高效磨削加工,难以避免地会使材料产生包括裂纹层和残余应力层在内的表面/亚表面损伤,这将直接影响零件的使用性能和寿命等重要性能指标,对其性能造成很大的影响。因此,研究亚表面损伤的产生机理对有效控制加工质量、优化加工过程有着极为重要的作用。由于残余应力已在前文做过简述,下面主要对裂纹层的产生机理进行介绍。

　　在裂纹层方面大多数研究都使用了"压痕断裂力学"模型来近似处理。压痕断裂力学模型是把磨粒与工件的相互作用看作小规模的压痕现象。由普通维氏四面体压头在材料的法向方向接触下所获得的变形、裂纹及其扩展如图 2.1 所示。在压头正下方是塑性变形区,从这个塑性变形区开始形成两个主要的裂纹系统:径向裂纹和横向裂纹。材料弹塑性变形中的非均匀变形所产生的残余应力是这些裂纹产生和发展的主要影响因素。研究中,把径向裂纹扩展分解成两部分:弹性部分和

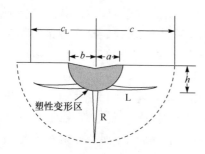

图 2.1　普通维氏四面体压头
作用变形和裂纹系统图

不可逆部分,弹性部分产生中央裂纹并使其在加载中向下扩展,而不可逆部分则在压头回撤后(卸载)过程中使裂纹继续扩展。横向裂纹的扩展导致材料的去除;径向裂纹及其所引发的位于裂纹尖端的残余应力层即为通常所认为的亚表面损伤。横向裂纹是在卸载时产生于靠近塑性变形区底部,并在与样件表面几乎平行的面上横向扩展,裂纹向自由表面的偏移导致材料的断裂去除(形成磨屑)。根据压痕断裂力学模型,只要压头(磨粒)上所受的力超过临界值,就会产生径向裂纹。

2.2　磨削性能参数检测

2.2.1　磨削力的测试方法

磨削力是研究磨削过程的一个重要参数,对磨削力进行实时监测,可以反映出磨削用量的合理性、砂轮磨削状态和机床故障等,具有重要的应用意义。因此,其测量与采集是磨削研究中极其重要的内容。

1. 磨削力测试仪

传统的磨削力测试方法是采用指针式仪表提供的示值或函数记录仪等记录的数据来了解、分析和研究磨削力,但这种测试方法存在许多缺点:一是要求停机检测,占用生产工时;二是事后需要经过大量的数据处理才能建立磨削力的经验公式,其测量结果的准确度、测试的自动化程度和效率都不能满足现代化生产的需求。测力仪是目前广泛应用的一种测量手段,按测力仪的工作原理可以分为机械式、电阻应变片式、压电式测力仪等。

本节采用的测力仪是瑞士 Kistler 公司生产的 9257BA 三向测力仪,总体可分为两大模块:测力传感模块、控制模块;采集磨削力的软件是采用美国 NI(National Instruments)公司的 LabVIEW 软件自行编制的。测力原理是把工件受力通过测力传感模块转换为电信号输出,并在相应仪器上显示、记录结果,得出工件受力三正交分量 F_x、F_y、F_z 的值。

1) 测力传感模块

测力传感模块由基座、顶盖及位于二者之间的四个传感器构成,其中基座有对称的四个槽孔,顶盖上有螺纹固定孔便于安装夹具,传感器通过信号电缆与控制模块连接,由控制模块供电。磨削力是通过顶盖及装在顶盖与基座之间的 4 个三向压电晶体传感器进行力传导从而进行测量的。其中,传感器紧夹在顶盖与基座之间,具有一定的预加负荷,以保证其能很好地传导摩擦力。传感器安装在屏蔽的环境中,并通过地线将外界的干扰信号过滤掉。顶盖中装有隔热垫,可大大减少温度对测量的影响。测力仪是利用石英晶体的压电效应来进行测量的。每个压电晶体传感器都由三对石英盘组成,分别承受 x、y、z 三个方向的压力。在石英晶体的特定方向上施加压力或拉力时,对应的表面上会分别出现正负束缚电荷,其电荷密度与力的大小成比例。石英晶体受力后产生的电荷经电荷放大器放大等处理后输出电压信号,其中负电荷输出正电压信号,正电荷输出负电压信号。该电压信号的大小反映了施加到测力仪上力的大小,根据事先标定的值得到力值;电压信号的正负反映了施加到测力仪上力的方向。

2) 控制模块

控制模块电源输入为 230V/115V 可选,在此模块上可以按开关选择合适的测力档位,每个档位有对应的 LED 指示灯。此模块通过 37 针 D 形插孔经 A/D 转换,在计算机上显示出结果。

测力仪量程:F_x、F_y:0～5kN,分四个档位:500N、1kN、2kN、5kN;F_z:0～10kN,分四个档位:1kN、2kN、5kN、10kN。

整个测力系统原理示意图如图 2.2 所示。

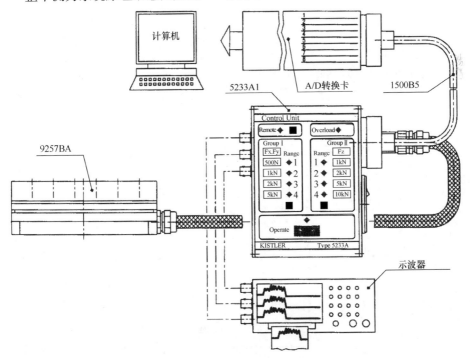

图 2.2　测力系统原理示意图

3) 采集软件模块

LabVIEW 是一种由图形取代文本行开发程序的图形化编程语言,利用传统的编程语言创建的程序执行顺序是由指令的先后确定,而利用 LabVIEW 开发的程序执行顺序是根据框图里连线中的数据流向决定。LabVIEW 有很多的控件模仿了真正的设备器具,因此也称作虚拟仪器(virtual instrument,VI)。数据的采集可以用 LabVIEW 编写的采集程序实现,采集程序采集的数据可以在前面板进行显示,可以进行数据的分析以及采集数据的存储。这些功能的实现源自 LabVIEW 中大量的函数和向导式的工具。

利用 LabVIEW 设计编写的程序主要由前面板、程序框图、图标构成。LabVIEW 前面板上有一个控件选板,里面有很多的控件,如按钮与开关控件、文本显示控件、指示灯控件、文本输入控件、图形显示控件、数值显示控件、数值输入控件,这些控件可以分为显示与输出两类。前面板就像现实仪器的操作面板,是一个图形化的用户交互界面,在前面板上创建控件会在程序框图中显示出来。程序框图里有一个函数选板,函数选板中包含众多的函数,利用这些函数可以实现各种各样的功能。在程序框图中可以进行各种函数及控件之间的连线,以实现程序的各种功能。本节开发的采集软件的程序框图与前面板如图 2.3 和图 2.4 所示。

2. 磨削力测量系统

本节所构建的磨削力测量系统原理示意图如图 2.5 所示。在磨削过程中实时测量磨削力的大小,放大器灵敏度选择为 2.5mV/N,使用高频采集磨削力信号,以避免在数据采集阶段数据失真,采集频率为 5000Hz。采集的垂直方向(机床坐标 z 方向)磨削力信号通过 MATLAB 观察,如图 2.6 所示;水平方向(机床坐标 x

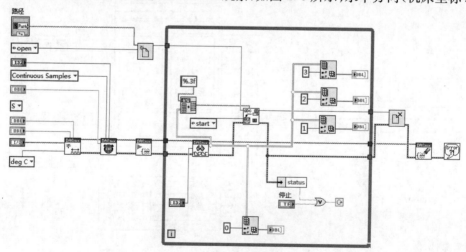

图 2.3　数据采集软件的程序框图

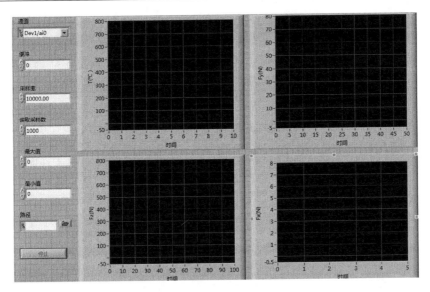

图 2.4 数据采集软件的前面板

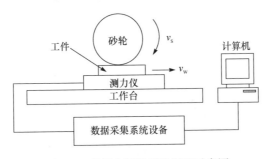

图 2.5 磨削力测量系统原理示意图

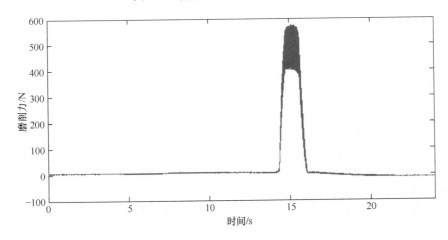

图 2.6 z 向磨削力信号示意图

方向)磨削力信号通过 MATLAB 观察,如图 2.7 所示;采集的数据通过 MATLAB 进行计算和处理。因为高频干扰信号的周期相对于信号的波动周期(砂轮旋转一周所需的时间)较大,若取信号的有效值为磨削力数据,则高频干扰的作用会正负抵消,所以在对磨削力数据信号的处理中,没有对信号进行低通滤波处理,而直接取信号的有效值,如图 2.8 所示。

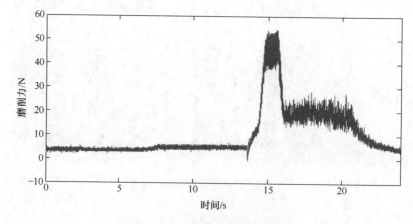

图 2.7　x 向磨削力信号示意图

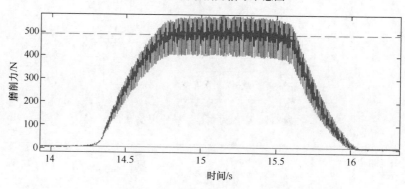

图 2.8　磨削力数据信号的有效值

　　试验中测量磨削力时磨削液对测力仪的冲击力也被计入,因此在对磨削力处理时要将这部分力除去。为了避免冷却液冲刷对磨削力大小的影响,试验中控制冷却液的流量保持一致。在一种工况条件下磨削完工件后,对此工况下磨削液对测力仪的冲击力进行测量。测量是在对应的砂轮线速度、工作台速度以及工件磨削深度为零的条件下进行,测得的冲击力信号图如图 2.9 所示。

　　通过时间对应关系找出与工件和砂轮相接触的磨削过程在相同时间内的磨削液对测力仪冲击力的大小,并从磨削力信号的读数中减去,便可得到真实磨削力的数值。

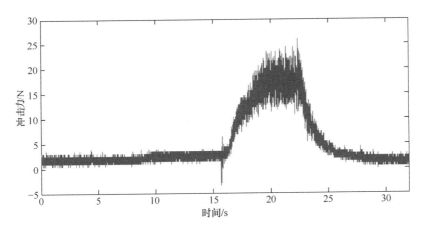

图 2.9　磨削液对测力仪冲击力信号图

　　试验测量的是垂直方向和水平方向上砂轮与工件间的相互作用力,如图 2.10 所示,这些力作用在砂轮与工件的接触弧区上。磨削力的作用点位置会影响磨削过程中的法向力和切向力,尤其在接触弧长较大时,垂直力和水平力与需要研究的对象——垂直于磨削表面的法向力和沿磨削表面的切向力相差较大。由于高效深磨条件下进给量大,接触弧长相对较长,需要将 x 方向和 z 方向的磨削力通过以下公式换算成切向力和法向力:

$$F_n = F_z\cos\theta - F_x\sin\theta$$
$$F_\tau = F_z\sin\theta + F_x\cos\theta \tag{2-6}$$

$$\theta = \frac{2}{3}\arccos\left(1 - \frac{2a_p}{d_s}\right) \tag{2-7}$$

式中,F_x 和 F_z 分别是测力仪测得的 x 向磨削力和 z 向磨削力;F_n 和 F_τ 分别是法

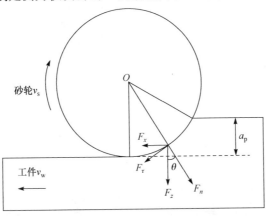

图 2.10　砂轮与工件间的作用力

向磨削力和切向磨削力;θ是法向磨削力与工作台垂直方向的夹角。通过试验可获得不同磨削条件下的磨削力数据,这为后面对磨削力、比磨削能、磨削力比等随磨削条件的变化情况的分析和磨削机理的研究提供了数据依据。

2.2.2 磨削温度的测试方法

磨削温度是磨削过程中一个极其重要的评价指标,是指磨削加工过程中因砂轮与工件产生摩擦和切削变形等相互作用而引起的工件表面温度升高的现象。磨削温度过高容易引起烧伤、裂纹、材料组织相变、残余应力变化等现象。因此,磨削温度的测量是研究磨削机理的一个重要环节,但现有的磨削温度测量手段难以准确地测量磨刃接触点的瞬态温度,通常只能测量磨削区内的平均温度,所以常将磨削区平均温度作为磨削温度[3]。

1. 磨削温度常用的测试方法

目前,磨削温度的测试方法主要有以下几种:夹置式热电偶测量法、顶置式热电偶测量法、热成像技术测量法和光纤红外测温仪测量法。

1) 夹置式热电偶测量法

夹置式热电偶测量法的磨削测温传感器结构如图 2.11 所示。该方法利用三片云母片将热电偶两极和工件之间相互绝缘,当磨削区经过热电偶顶部时热电偶两极连通形成热结点,产生与温度高低相关的热电势,再通过测量电势高低得出对应的温度值。该方法应用较多,但破坏了工件的完整性,所测的磨削温度接近工件边缘的磨削温度,所以存在一定的误差。

2) 顶置式热电偶测量法

顶置式热电偶测量法结构如图 2.12 所示,该方法首先在工件磨削区域下方加工一个盲孔,然后将热结点焊接在盲孔顶部。顶置式热电偶能够测量距离磨削区以下不同深度的湿磨和干磨热电势,然后通过计算反求磨削区的温度。

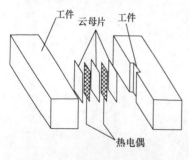

图 2.11　夹置式热电偶磨削
测温传感器结构图

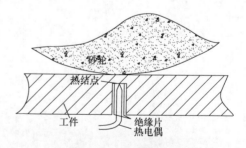

图 2.12　顶置式热电偶
测温法结构图

3）热成像技术测量法及光纤红外测温仪测量法

热成像技术测量法和光纤红外测温仪测量法结构分别如图 2.13 和图 2.14 所示。两种方法都是通过测量红外辐射功率信号来推测磨削区的温度。热成像技术测量法采用红外热像仪测量工件表面二维温度场,然后通过计算机后续处理得出磨削区温度。由于磨削过程中磨削区受到砂轮遮挡,这种方法无法测得磨削区内工件表面的温度分布,只能测得离开磨削区一段时间后工件表面的温度或砂轮两侧的温度,其测量精度受被测物体发射率、测量距离以及环境干扰等因素的影响比较大,只适用于测量干磨时的磨削温度。双色光纤红外测温系统有两个红外辐射感应单元,即 InSb 和 MCT。该方法由安装在磨削区以下一定深度的硫化物光纤将待测部位的红外辐射传送给这两个感应元件,再通过信号转换和调理传输给计算机,通过对比这两个感应元件所测信号,计算出被测物体的温度和发射率。该方法不受被测物体发射率影响,抗干扰能力强,适用于湿磨环境,系统响应速度快,精度和分辨率都比较高。

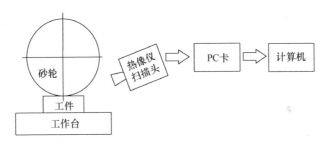

图 2.13　热成像技术测量法结构图

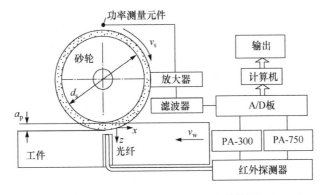

图 2.14　双色红外光纤测温法结构图

2. 人工夹置式热电偶测温法测量系统

磨削温度的测量方法会直接影响测量结果的可靠性和准确性。红外测温法响应速度快、系统误差较低，但需要专用的测量设备；热电偶测温法设备简单，可将热电势信号调理后接入测力仪的信号采集通道中，进行模数转换和实时数据采集，兼容性较好，因此这里研究采用人工夹置式热电偶测温法测量磨削温度。

热电偶产生的信号电势在几毫伏到几十毫伏级别，容易受到电气噪声的干扰，所以需要经过调理才能接入 ADC 信号采样通道。由于部分电偶线及引线暴露在电磁环境中，容易产生天线作用拾取电磁噪声信号，其中共模噪声能够被共模放大电路抑制，而差模噪声则可能会被整流，并导致温度波动，所以热电偶在强度高的电磁噪声环境中工作时需在放大电路中设置前置滤波器。热电偶冷端的参考温度是 0℃，当冷端环境温度不是 0℃ 时需对热电偶的输出电压进行补偿，即冷端补偿。因此，信号调理电路功能应包括滤波、增益和冷端补偿等功能。

（1）适用于热电偶的前置滤波器电路如图 2.15 所示，该滤波器差模截止频率 f_{diff} 为

$$f_{\text{diff}} = \frac{1}{2R(2C_{\text{D}} + C_{\text{C}})} \tag{2-8}$$

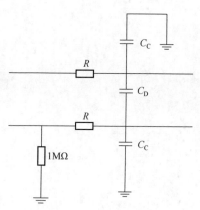

图 2.15　前置滤波器

磨削过程中砂轮存在一定的圆跳动，砂轮外圆面可能没有全部参与磨削，因此可将砂轮的旋转频率作为热电偶测温系统的激励频率 f_{j}，即

$$f_{\text{j}} = \frac{v_{\text{s}}}{\pi d_{\text{s}}} \tag{2-9}$$

取砂轮最高线速度 $v_{\text{max}} = 160\text{m/s}$，并将砂轮直径 $d_{\text{s}} = 0.35\text{m}$ 代入式（2-9）计算得

$$f_{\text{j}} = 146\text{Hz}$$

将热电偶连接至采集系统，并置于工作环境下，以 50kHz 的采样频率采集一段未经滤波的白噪声，如图 2.16 所示，该信号的频谱如图 2.17 所示。可见，该信号是一个以 500Hz 为基频的幅频调制信号，因此滤波器的差模截止频率应该设定在 146～500Hz，才能抑制电气噪声中的差模信号，而保留热电偶的电势信号。拟取 $R = 1.6\text{k}\Omega$，$C_{\text{D}} = 1\mu\text{F}$，$C_{\text{C}} = 0.01\mu\text{F}$，代入式（2-8），得该滤波器的截止频率：

$$f_{\text{diff}} = 156\text{Hz}$$

低通滤波器衰减系数：

$$\alpha = 20\lg \left| \frac{1}{1 + j\omega 2RC_D} \right| \tag{2-10}$$

其中，ω 为输入频率。将噪声频率 $\omega = 500Hz$ 代入式(2-10)计算得出低通滤波器对电器噪声的衰减系数 $\alpha = -5.51dB$。

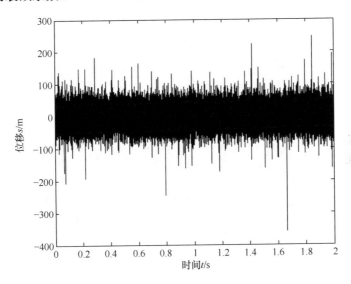

图 2.16　电气噪声信号

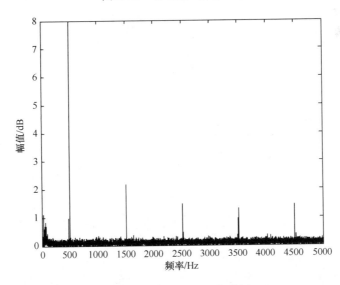

图 2.17　电气噪声信号频谱图

（2）本测温试验中热电偶信号调理器采用集成冷端温度补偿的热电偶放大

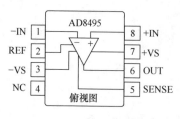

图 2.18　AD8495 管脚配置

器。AD8495 芯片实现热电偶输出的放大增益和冷端补偿。该芯片是由 Analog 公司针对 K 型热电偶温度测量而设计的,它集成了冰点基准与预校准放大器,能够直接把 K 型热电偶信号放大为高电平(5mV/℃)输出,具有较高的可靠性。AD8495 各管脚配置如图 2.18 所示,各管脚功能如表 2.1 所示。

表 2.1　AD8495 管脚功能

管脚编码	管脚名称	功能描述
1	−IN	负输入
2	REF	基准电压(此管脚必须以低阻驱动)
3	−VS	负电源
4	NC	不连接
5	SENSE	检测管脚(在测量模式下,连接到输出;在设定点模式下,连接到设定点电压)
6	OUT	输出
7	+VS	正电源
8	+IN	正输入

图 2.19 为 AD8495 电路的功能框图。AD8495 内置一个固定增益的仪表放大器,能够针对 K 型热电偶产生 5mV/℃的输出。该放大器具有高共模抑制性能,能够抑制热电偶长引线拾取的共模噪声;此外,还内置一个温度传感器,此温度传感器用于测量热电偶的冷端温度,并用于冷端补偿。

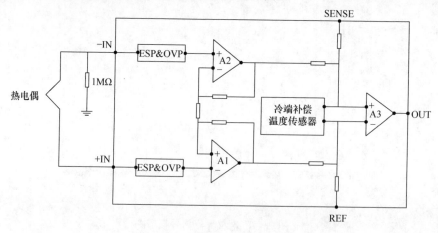

图 2.19　AD8495 功能框图

热电偶信号调理电路原理如图 2.20 所示,热电偶结点与参考端温度存在差异 T_{MJ},产生热电势信号,经 R_C 低通滤波器滤波后输入芯片 AD8495 处理器,处理器内含冷端补偿元件,产生冷端补偿电压 V_{REF},温度信号经增益放大后形成输出电压 V_{OUT}。该系统的传递函数为

$$V_{OUT} = (T_{MJ} \times 5mV/℃) + V_{REF} \tag{2-11}$$

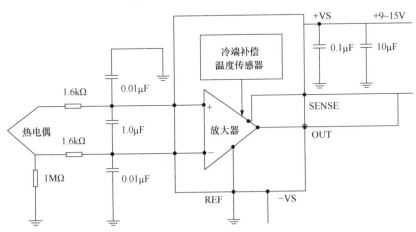

图 2.20　热电偶信号调理电路

制作完成的热电偶信号调理器如图 2.21(a)所示,采用铝制屏蔽盒封装后如图 2.21(b)所示。

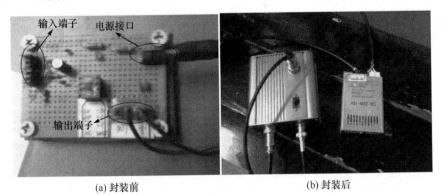

(a) 封装前　　　　　　　　　　　　　　　　(b) 封装后

图 2.21　热电偶信号调理器

3. 人工夹置式热电偶温度传感器制作流程

人工夹置式热电偶温度传感器结构如图 2.22 所示,其具体制作流程如下:

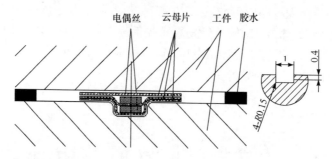

图 2.22　人工夹置式热电偶温度传感器结构图(单位:mm)

（1）使用平面磨床和抛光机将两工件结合面磨平、抛光,使得结合面平整光滑、无锈迹,表面粗糙度 $R_a < 0.32\mu m$,结合面棱边去毛刺,无须倒角。

（2）用线切割机在某一工件结合面上切割出如图 2.22 所示宽 1mm、深 0.4mm、圆角 0.15mm 左右的沟槽,用锉刀将沟槽修整平滑,并将结合面和沟槽先后用煤油和酒精棉清洗干净。

（3）将云母片分离成厚度为 $10\sim20\mu m$ 薄片,然后将其裁剪成宽度为 $5\sim8mm$、长度比工件高度长 10mm 的薄片,取三片云母片用酒精棉擦拭干净,风干待用。

（4）取直径为 $0.3\sim0.4mm$、长度为 $100\sim150mm$ 的镍铬、镍硅电偶丝各一段,分别将电偶丝一端长约 40mm 的部分拉直,然后将拉直部分冷加工成宽 $0.8\sim0.9mm$、厚 $0.1\sim0.2mm$ 的扁平直带状,用酒精棉擦拭干净,风干待用。

（5）如图 2.22 所示,将工件结合面两端涂上树脂黏结剂,将两电偶丝的扁平段和三片裁剪好的云母片交替重叠在一起,并将结合面黏结,使两根电偶丝置于沟槽中。

（6）将黏结好的试件固定在夹具内加压,保持黏结面不松动,放置一段时间待黏结剂固化。

（7）将热电偶连接端套上热缩管并加热套紧,涂上防水胶隔离两根电偶丝。

（8）用万用表检测电偶丝两极和工件两两之间是否导通,若都不导通,则传感器制作合格。

制作完成的热电偶如图 2.23 所示,磨削后的温度传感器表面显微照片如图 2.24所示,部分传感器因磨削时未形成热结点而测温失败,分析其原因在于结合面间隙过大或者两电偶丝之间的云母片太厚,导致磨削时两电偶丝间距太大或者间距不稳定,无法形成热结点。因此,制作传感器时应当掌握确保结合面平整光滑、沟槽加工尺寸精确、胶水使用适量、云母片厚度适当等技术要领。

图 2.23　人工夹置式热电偶试件

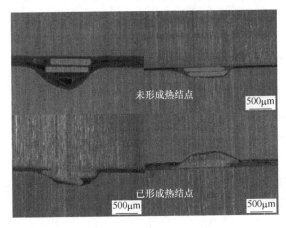

图 2.24　磨削后的温度传感器表面显微照片（200 倍）

2.2.3　表面粗糙度的测试方法

1. 测试方法

　　表面粗糙度的测量方法基本上可分为接触式测量和非接触式测量两类。在接触式测量中主要有比较法、印模法、触针法等；在非接触式测量中常用的有光切法、实时全息法、散斑法、像散测定法、光外差法、AFM、光学传感器法等。这里主要介绍接触式测量。接触式测量即使测量装置的探测部分直接接触被测表面，能够直观反映被测表面的信息，但是这类方法不适于那些易磨损刚性强度高的表面。

1）比较法

　　比较法是车间常用的方法。将被测表面对照粗糙度样板，用手摸靠感觉来判断被加工表面的粗糙度；也可用肉眼或借助于放大镜、比较显微镜进行比较。比较法一般只用于表面粗糙度评定参数值较大的情况,而且容易产生较大的误差。

2) 印模法

利用某些塑性材料作块状印模,贴合在被测表面上,取下后在印模上存有被测表面的轮廓形状,然后对印模的表面进行测量,得出原来零件的表面粗糙度。对于某些大型零件的内表面不便使用仪器测量,可用印模法来间接测量,但这种方法的测量精度不高且过程繁琐。

3) 触针法

触针法又称针描法,因其具有测量迅速方便、测量精度较高、使用成本较低等良好特性而得到广泛使用。触针法是将一个很尖的触针(如半径可以做到微米量级的金刚石针尖)垂直安置在被测表面上做横向移动。由于被测表面不可能绝对光滑,必然存在轮廓峰谷的起伏,触针将随着被测表面轮廓形状做垂直起伏运动。这种移动量虽然非常细微,但足以被敏感的电子装置捕捉并加以放大。放大之后的信息则通过指示表或其他输出装置以数据或图形的方式输出,即可得到工作表面粗糙度参数值。

按其传感器类型,触针法主要分为电感式、压电式、感应式、光电式等;按其指示方式又可分为积分式、连续移动式。如图 2.25 所示的表面粗糙度测量仪是上海泰明光学仪器有限公司所生产的触针式精密表面粗糙度仪(JB-4C),该测量仪由传感器、驱动箱、指示表、记录器和工作台等主要部件组成。由图 2.25 可知,传感器测杆一端装有触针(由于金刚石耐磨、硬度高的特点,触针多选用金刚石材质),触针的尖端曲率半径很小,以便于全面地反映表面情况。测量时将触针尖端搭在加工件的被测表面上,并使针尖与被测表面保持垂直接触,利用驱动装置以缓慢、均匀的速度拖动传感器。由于被测表面是一个有峰谷起伏的轮廓,当触针在被测表面拖动滑行时,将随着被测面的峰谷起伏而产生上下移动。此运动过程又运用杠杆原理经过支点传递给磁芯,使它同步地在电感线圈中做反向上下运动,并将运动幅度放大,从而使包围在磁芯外面的两个差动电感线圈的电感量发生变化,并将触针微小的垂直位移转换为同步成比例的电信号。主要工作原理如下:传感器的线圈与测量线路直接接入平衡电桥,线圈电感量的变化使电桥失去了平衡,于是激发输出一个和触针上下位移量大小成比例的电量,此时这一电量比较微弱,不易被察觉,需要用电子装置将这一微弱电量的变化放大,再经相敏检波后,获得能表示触针位移量大小和方向的信号。信号又可分为三路:一路加载在指示表上,以表示触针的位置;一路输送至直流功率放大器,放大后推动记录器进行记录;一路经滤波和平均表放大器放大之后,进入积分计算器,进行积分计算,由指示表直接读出表面粗糙度参数值。

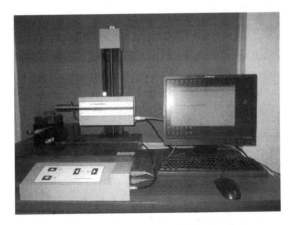

图 2.25　触针式精密表面粗糙度仪(JB-4C)

2. 表面粗糙度测量仪

精密表面粗糙度仪 JB-4C 可对平面、斜面、外圆柱面、内孔表面、深槽表面、圆弧面和球面等各种零件的表面粗糙度进行测试,并实现表面粗糙度的形状、轮廓的波峰波谷等参数测量,还能测量工件的 TP 台阶。为了充分反映加工表面轮廓的特征,通常选择轮廓算术平均偏差 R_a(取样长度内,被测实际轮廓上各点至轮廓中线距离绝对值的平均值)作为表面粗糙度评价指标,并在垂直于磨削方向上测量。检测中的取样长度 $L = 0.8mm$,评定长度 $L_n = 5L$,仪器示值误差 $\leqslant \pm 5\%$($\pm 4nm$),传感器探针半径为 $2\mu m$,静态测力为 $0.65mN$。测量范围 $R_a = 0.01 \sim 10\mu m$;传感器垂直移动范围为 $0 \sim 0.6mm$,采样速度为 $0.5mm/s$。测量前对其进行标定,每次试验在试件三个不同位置各测量 1 次,取 R_a 的平均值和公差作为评价指标。

2.2.4　残余应力的测试方法

残余应力对零件的使用性能有着显著的影响,分析磨削参数对残余应力的影响规律要求定量检测残余应力的大小和状态。残余应力的检测从 20 世纪 30 年代发展至今已经形成了数十种检测方法,按照对试件损坏与否可分为有损测试和无损测试。

有损测试法的主要原理是破坏性地释放应力,使构件产生相应的应变,然后测量出这些位移和应变,经换算得到构件原有的应力。常用的方法有钻孔法、取条法、切槽法、剥层法等,在钻孔法中为了降低构件因钻孔而受损伤的程度,可用盲孔法、浅盲孔法。这些方法理论相对完善、技术成熟,目前仍在广泛使用,尤其是损伤最小的浅盲孔法,但由于涂层材料硬度高,机械钻孔比较困难,应用这种方法会受到局限。

目前无损测试的方法有 X 射线衍射法、中子衍射法、超声波法、磁性法、压痕法等,其中比较成熟的 X 射线衍射法已经被美国汽车工程师学会和日本材料学会作为测量材料应力的标准使用,其他方法仍处于发展和完善中。X 射线衍射法属于一种无损性的测试方法,早在 20 世纪初,人们就已经开始利用 X 射线来测定晶体的内应力。后来日本学者成功设计出 X 射线应力测定仪,对于残余应力测试技术的发展作出了非常大的贡献。1961 年德国学者 Mchearauch 提出了 X 射线应力测定的 $\sin2\psi$ 法,使应力测定的实际应用向前迈进了一大步。X 射线衍射测量残余内应力的基本原理是:当试样中存在残余应力时,晶面间距将发生应变,当发生布拉格衍射时,不同入射角产生的衍射峰也将随之移动,而且移动距离的大小与应力大小相关。用波长为 λ 的 X 射线先后数次以不同的入射角照射到试样上,测出相应的衍射角 2θ,拟合出 2θ 对 $\sin2\psi$ 的斜率 M,再通过胡克定律由残余应变计算得到残余应力 σ_ψ。

本试验测量残余应力采用德国 Siemens D5000 型 X 射线衍射仪,如图 2.26 所示。该仪器的重复精度达到 0.001°,测量时使用铜靶 Cu-Kα 射器,X 射线入射波长为 1.54056nm。衍射晶面为 WC(101)晶面,通过查阅 PDF 卡可知,无应力衍射角 $2\theta_0=48.266°$,测量垂直于磨削方向的 $2\theta_i$,试验时所选取的峰位 φ_i 分别为 0°、10°、15°、20°。

图 2.26　X 射线衍射仪

2.2.5　表面硬度的测试方法

硬度检测主要有两类试验方法。一类是静态试验法,这类方法试验力的施加是缓慢而无冲击的。硬度的测定主要取决于压痕深度、压痕投影面积或压痕凹印面积的大小。静态试验法包括布氏、洛氏（Rockwell Hardness）、维氏（Vickers Hardness）、努氏、韦氏、巴氏等试验方法。其中，布氏、洛氏、维氏三种试验方法是应用最广的，它们是金属硬度检测的主要试验方法，而洛氏硬度试验又是应用最多的，它被广泛用于产品的检验。据统计，目前应用中的硬度计 70% 是洛氏硬度计。另一类是动态试验法，这类方法试验力的施加是动态的、冲击性的。动态试验法包括肖氏（Shore Hardness）和里氏硬度试验法。动态试验法主要用于大型的、不可移动工件的硬度检测。

结合现有基础与所研究的对象，这里采用显微硬度作为评价材料硬度的一个指标。"显微硬度"是相对于"宏观硬度"而言的一种人为的划分。目前，这一概念是参照国际标准 ISO 6507/1-82《金属材料维氏硬度试验》中规定的"负荷小于 0.2kgf[①]（1.961N）显微维氏硬度试验方法"及我国国家标准 GB 4342—84《金属显微维氏硬度试验方法》中规定的"显微维氏硬度负荷范围为 0.01～0.2kgf"而确定的。以实施显微硬度试验为主，负荷在 0.01～1kgf 范围内的硬度计称为显微硬度计。显微硬度的测试原理是采用具有一定锥体形状的金刚石压头，施以几克到几百克质量所产生的重力压入试验材料表面，然后测量其压痕的两对角线长度。由于压痕尺度极小，必须在显微镜中测量。

本试验采用美国 Wilson 公司的显微硬度计（402MVA）对材料表面硬度进行测量。如图 2.27 所示，该仪器带有 1 个自动转塔并配备高清晰的光学元件，总放大倍数为 100 和 400。系统带有从 10g 至 2kg 共 8 个级别的主试验力选择手轮。为了便于安装试样，产品还配置了 100mm×100mm 高精度的 XY 试台，XY 每个

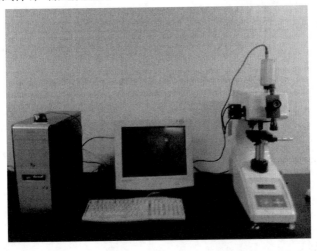

图 2.27　显微硬度计（Wilson 402MVA）

①　1kgf=9.80665N。

方向上均可移动 25mm。本试验测量显微硬度时采用的加载力为 0.5kgf，试验力自动加载卸载，测量范围 200μm。显微硬度测量的准确程度与材料样品的表面质量有关，需经过磨光、抛光、浸蚀，以显示欲评定的组织。

2.2.6　表面形貌分析方法

用于表面形貌分析的方法主要是各种显微分析技术，如透射电子显微镜、扫描隧道显微镜、原子力显微镜、场离子显微镜、扫描电子显微镜、三维超景深显微系统等[4]。

1）透射电子显微分析

简单地说，透射电子显微镜（transmission electron microscope，TEM）就是一种用高能电子束做光源、用电磁透镜做放大镜的大型电子光学仪器。目前影响电镜分辨本领的电磁透镜球差已减小到接近于零，使电子显微镜的分辨率得到了很大提高，TEM 的分辨率达到了 0.1～0.2nm。例如，采用横截面（cross section）样品的 TEM 观察（明场像或暗场像），可以得到清晰的生长方向上金刚石晶体的亚结构及缺陷类型，以及膜厚度、界面反应产物（或物相）、膜/基界面等微观结构的图像。若配用选区电子衍射（SAED）可以得到不同物相（尤其是界面物相）的晶体结构、组织结构及其位向关系。而通过平面样品的 TEM 观察，可以很清晰地显示金刚石晶粒的大小、晶粒内的亚结构及缺陷类型、晶粒间界的微结构信息。

由于受限于电子束穿透固体样品的能力，要求把样品制成薄膜，对于常规 TEM，如电子束加速电压在 50～100kV，样品厚度控制在 1000～2000Å 为宜，因此样品的制备比较复杂。

2）扫描探针显微分析

以扫描隧道显微镜（scanning tunneling microscope，STM）和原子力显微镜（atomic force microscope，AFM）为代表的扫描探针显微镜（scanning probe microscope，SPM），是继高分辨透射电镜之后的一种以原子尺寸观察物质表面结构的显微镜，其分辨率水平方向可达 0.1nm，垂直方向达 0.01nm。由于 STM 是以量子隧道效应为基础，以针尖与样品间的距离和产生的隧道电流为指数性的依赖关系而成像的，要求样品须为导体或半导体。AFM 是通过极细的悬臂下针尖接近样品表面时，检测样品与针尖之间的作用力（原子力）来观察表面形态的装置。因此，对非导体同样适用，弥补了 STM 的不足。SPM 的优点是可以在大气中高倍率地观察材料表面的形貌；逐渐缩小扫描范围，可由宏观的形貌观察过渡到表面原子分子的排列分析。STM 和 AFM 出现之后，又陆续发展了一系列新型的扫描探针显微镜，如激光力显微镜（LFM）、磁力显微镜（MFM）、弹道电子发射显微镜（BEEM）、扫描离子电导显微镜（SICM）、扫描热显微镜和扫描隧道电位仪（STP）、光子扫描隧道显微镜（PSTM）及扫描近场光学显微镜（SNOM）等。

目前，扫描探针显微技术主要应用于微电子技术、生物技术、基因工程、生命科学、表面技术、信息技术和纳米技术等各种尖端科学领域。随着纳米器件的发展和扫描隧道显微理论的不断完善,人类将可以用特定的原子制造特殊功能的产品。

3) 场离子显微镜

场离子显微镜(field ion microscope,FIM)是另一种直接对原子成像的方法。其原理是将试样作成曲率半径为 20～50nm 的极细针尖,在超高真空中施加数千伏正电压时针尖表面原子会被逸出,并呈正离子态,在电场作用下,以放射状飞至荧光屏,形成场离子像,其最大分辨率为 0.3nm。在此基础上,又发展了原子探针-场离子显微镜,即利用原子探针鉴定样品表面单个原子的元素类别。场离子显微镜的特点是参与成像的原子数量有限,实际分析体积仅约 $10^{-21}\,\mathrm{m}^3$,因而其只能研究大块样品内分布均匀和密度较高的结构细节,从而限制了应用。例如,若位错密度为 $10^8\,\mathrm{cm}^{-1}$,则在 $10^{-10}\,\mathrm{cm}^2$ 的成像表面内将很难被发现。

4) 扫描电子显微分析

扫描电子显微镜(scanning electron microscope,SEM)是利用极细电子束在样品表面做光栅状扫描时产生的二次电子或背散射电子量来调制同步扫描的成像显像管电子枪的栅极而成像的,反映的是样品表面形貌或元素分布。近年来,由于高亮度场发射电子枪[以 ZrO/W(100)单晶作肖特基式阴极的圆锥阳极型电子枪]及电子能量过滤器等的普遍应用,"冷场"扫描电镜的分辨率已达到 0.6nm(加速电压 30kV)和 2.5nm(加速电压 1kV) 。SEM 的优点是景深大,样品制备简单。对于导电材料,可直接放入样品室进行分析;对于导电性差或绝缘的样品,则需要喷镀导电层。

本试验采用荷兰 FEI 公司生产的型号为 FEI Quanta 200 的扫描电子显微镜进行材料表面微观形貌的观察分析。如图 2.28 所示,该仪器配置有 EDAX Genesis

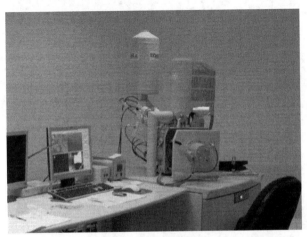

图 2.28　扫描电子显微镜(FEI Quanta 200)

2000X射线能谱仪(EDS),可测量的最大样品尺寸为200mm,被广泛应用于各种导电材料、绝缘材料、生物材料及含水材料等固体材料的形貌观察和元素(5B-92U)分析。非导电样品不需要表面导电处理,可直接在低真空和环境真空模式下进行成像及成分分析。在本试验中,针对每个试件,在观察之前需放置在超声波清洗机中清洗,然后对试件涂层表面的不同位置进行多次观察拍照。根据观察位置微观形貌的特点,兼顾观察面积与突出观察重点,将放大倍数定为2000和5000。

　　5) 三维超景深显微系统

　　采用日本基恩士公司的三维超景深显微系统(VHX-1000)进行表面三维微观形貌观察。如图2.29所示,该仪器能够从多视角观察物体,整个系统具有观察、保存、测量一体化设计;具有高分辨率尺寸测量功能,可测量距离、角度等几何参数;具有自动校正、边缘检测、计数、对焦以及自动识别当前的放大倍数和标尺自动更新等功能;可支持三维建模与测量、截面轮廓测量、三维体积测量等,具有三维照明模拟功能;可实现最快24000帧/s的高速录像功能,支持定时拍摄和长时间录制,最长时间能达到50h以上。该设备放大倍数为20~5000,其纵向测量范围为60~100μm。根据观察部分的微观形貌特点,兼顾清晰度与表面三维形貌的代表性,本试验采用的放大倍数为2000。

图2.29　三维超景深显微系统(VHX-1000)

2.2.7　亚表面损伤的测试方法

　　目前,亚表面损伤的测试方法主要包括破坏性检测方法和非破坏性检测方法。破坏性检测方法包括恒定化学蚀刻速率法、截面显微法、角度抛光法、磁流变抛光法等;非破坏性检测方法包括白光干涉法、超声显微成像法、散射扫描层析法、X射线检测法等[5]。

恒定化学蚀刻速率法原理是:光学材料浸入蚀刻液后,保持温度和浓度恒定,蚀刻速率只受蚀刻用化学试剂和工件的接触面积、光学材料表面化学势的影响。蚀刻开始时,表面与蚀刻化学试剂接触面积较大,表面化学势大,蚀刻速率较大;蚀刻继续进行,接触面积和表面化学势变小,蚀刻速率随之减小;最后蚀刻达到基体部分,化学蚀刻速率保持恒定。化学蚀刻速率法属于破坏性检测方法,其优点是直观、容易操作、成本低,在亚表面损伤测量中应用广泛。但是,该方法受外界条件影响较大,而且蚀刻反应过程不容易控制,导致测量结果误差较大、精度不高,因此具体试验条件对蚀刻结果的影响是目前研究的重点。

磁流变抛光法利用磁流变抛光液在磁场中的流变性对工件进行抛光,其理论基础涉及电磁学、流体动力学、分析化学等几个方面。磁流变抛光液由抛光轮带入抛光区域,在高强度梯度磁场的作用下,原本磁矩随机排列的磁敏颗粒被磁化而排列成链,形成柔性抛光膜。非磁性抛光颗粒在磁力作用下析出,分布在柔性抛光膜表面,在抛光轮的带动下抛光颗粒随抛光膜一起高速切过工件从而实现剪切去除。磁流变抛光法是目前应用最为广泛的亚表面损伤破坏性检测方法,在国外已经有很重要的应用,其检测结构较为精确,而且可以完整地表征损伤特性。

结合具体的试验条件,这里介绍利用截面显微法对磨削后亚表面损伤产生的裂纹进行检测,以获取相关信息,从而得到亚表面微裂纹构形以及亚表面损伤深度。截面显微法是获取亚表面损伤最直接的方法,属于常用的破坏性检测方法,具有样品制备简单、容易实现的优点;但其检测精度不高,反映的信息局域性较强,而且很难对损伤较小的情况进行检测。截面显微法的步骤主要包括取样/切割—镶嵌—磨制—抛光—腐蚀—观察。

取样/切割是从待检测的试件上切取适当大小的具有一定代表性的试件材料来制作观察试样。由于试件材料基本上为导电性材料,这里选用快走丝线切割机床沿着垂直于试件磨削平面的方向对其进行切割。

镶嵌可以保护观察试样免受破坏,并在磨制和抛光工序时提供边缘保护,也有利于在金相显微镜下进行显微组织测定。金相镶嵌可分为两类,即加压成型和可浇注环氧树脂,后者已经成为优先考虑的镶嵌方法。这种方法不会由于高压和高温给试样带来损伤。环氧化物适于进行正确的镶嵌。试样应放在真空浸渗系统中,容器内应抽真空至 26in Hg[①](约 88kPa),然后将环氧树脂浇入每一个试样中并保持 5~10min 以使其充分浸渗到试样的表面。

磨制这一阶段是为随后关键的试样无损伤阶段做准备。由于其不仅产生平坦的表面,还去除因切割而产生的变形层,对于整个试样制备过程的成功与否有重大的影响。一旦这一阶段顺利完成,随后的工序就简单了。每一道工序产生的损伤必须要在随后的工序中去除。使用粗碳化硅砂纸(粒度为 120 或 180)或固定的

---

① 　1in Hg=3.3863882kPa。

45μm金刚石磨盘可将热喷涂涂层试样磨成平面。每一种磨料都可以在短时间内产生平坦的表面。固定的金刚石磨盘能产生较高的材料去除速率,而碳化硅砂纸的作用则没有这么大。正确地选择磨制表面很重要,它可以使涂层避免产生严重的损伤。在进入下一阶段以前,试样必须彻底清洗和干燥。超声波清洗并没有普遍被采用,因此使用时间应尽可能短,以避免损伤。

抛光阶段可分为试样无损伤阶段与最终抛光阶段两个部分。抛光过程最终是否成功取决于试样无损伤阶段将磨制阶段产生的变形去除并使表面损伤大大减少的能力。当这一制备阶段完成后,涂层和基底应当没有损伤。采用碳化硅砂纸或半固定的多晶金刚石悬浮液均可达到试样无损伤的结果。使用粒度越来越细的碳化硅砂纸是有效的,但成本较高。在硬的聚酯织物上有效地使用半固定的多晶(PC)金刚石悬浮液(9μm)可以保持磨制阶段已建立的平面度并去除该阶段产生的表面变形。

最终的抛光阶段使用非常细的磨料(<1μm)且只去除很少量的材料,因此无法去除以前各工序没有除去的、相当大的表面损伤或变形。旋转的、带绒毛的织物会产生有选择性的磨削作用,如果抛光时间过长,就会在硬涂层上产生显微组织浮凸和边缘圆角。如果磨制阶段和试样无损伤阶段都能正确地完成,则最终抛光阶段所需时间较短,且能非常有效地产生没有浮凸和边缘圆角的、干净且无损伤的显微组织。

择优蚀刻法是常用的腐蚀方法之一,它是基于缺陷引起的局部应力场会促使蚀刻速率加快而出现速率差,因而需在显微镜下使缺陷处于完美处形成明暗对比。其步骤是首先对检测表面进行化学机械抛光,然后用化学腐蚀液对待检测部位进行腐蚀,最后用显微镜观察缺陷的类型和分布,进一步对抛光后的试件亚表面损伤情况进行分析。择优蚀刻法的关键在于腐蚀液的选择及腐蚀时间。本书采用冰醋酸和水(体积比 2:1)混合配制的腐蚀液,腐蚀时间在 10min 能获得最佳效果。

参 考 文 献

[1] 吴建昌. 表面粗糙度测量技术综述. 高等职业教育——天津职业大学学报,2008,17(5): 76-78

[2] 虞伟良. 硬度测试技术的新动态与发展趋势. 理化检验——物理分册,2003,39(8):401-435

[3] 江志顺. 超声速火焰喷涂碳化钨/钴涂层高速超高速磨削机理研究. 长沙:湖南大学硕士学位论文,2014

[4] 钟世德,王书运. 材料表面分析技术综述. 山东轻工业学院学报,2008,22(2):59-64

[5] 张银霞. 单晶硅片超精密磨削加工表面层损伤的研究. 大连:大连理工大学硕士学位论文,2006

第3章　常用材料高速/超高速磨削工艺

本章针对常用的 HT300、QT600-3、20CrMnTi、9SiCr 和 GCr15 等材料,开展超高速磨削与高效深磨工艺试验研究,寻求不同磨削工艺参数对磨削力、磨削热、表面粗糙度、表面微观形貌与材料磨除率的影响规律,探讨高速/超高速磨削去除机理,提出优化的工艺参数,为高速/超高速磨削工艺技术体系的建立与工程应用提供技术支撑。

3.1　HT300 与 QT600-3 铸铁高效磨削工艺

本节以 HT300 和 QT600-3 两种材料为研究对象,采用超高速磨削与高效深磨工艺方法,通过改变磨削工艺参数进行磨削试验,评估试件加工后的表面完整性与加工效率,探讨不同工艺参数对磨削力、磨削热、比磨削能、表面形貌和表面粗糙度的影响。

3.1.1　材料的力学性能

本节研究对象为灰铸铁 HT300 和球墨铸铁 QT600-3 以及淬火灰铸铁 HT300 和淬火球墨铸铁 QT600-3。

灰铸铁的抗拉强度和弹性模量均比钢低得多,通常 σ_b 约为 $120\sim250\text{MPa}$,抗拉强度与钢接近,一般可达 $600\sim800\text{MPa}$,塑性和韧度近于零,属于脆性材料。灰铸铁中石墨片的数量越多、尺寸越大、分布越不均匀,对力学性能的影响就越大。但石墨的存在对灰铸铁的抗压强度影响不大,因为抗压强度主要取决于灰铸铁的基体组织,所以灰铸铁的抗压强度与钢接近。灰铸铁的硬度取决于基体,这是由于硬度的测定方法是用钢球压在试块上,钢球的尺寸相对于石墨裂缝而言是相当大的,所以外力主要承受在基体上,因此随着基体内珠光体数量的增加,分散变大,硬度就相应得到提高,当金属基体中出现了坚硬的组成相时(如自由渗碳体、磷共晶等),硬度就相应增加。金属基体是灰铸铁具有一系列力学性能的基础,如铁素体较软,强度较低;珠光体有较高的强度和硬度,而塑性和韧性较铁素体低。并且,基体的强度随珠光体的含量和分散度的增加而提高,化合碳在 $0.7\%\sim0.9\%$ 范围内的珠光体灰铸铁具有最高的基体强度。但是,灰铸铁内由于片状石墨的存在,基体的强度得不到充分发挥,塑性和韧性几乎表现不出来。普通灰铸铁的力学性能实质上是被石墨削弱了的金属基体的性能,从这个意义上说,灰铸铁的力学性能取决于石墨。

球墨铸铁硬度取决于材料的基体组织,而且抗拉强度与硬度、伸长率等静载荷性能之间有相应关系。铁素体-珠光体球墨铸铁的硬度在 HBS 170~207。球墨铸铁的韧性和强度主要取决于基体组织,下贝氏体和马氏体回火组织球墨铸铁的强度高,其次是上贝氏体和索氏体以及珠光体球墨铸铁。由于铁素体量的增多,造成强度下降、伸长率增加。奥氏体和铁素体球墨铸铁强度较低,塑性较好。和珠光体球墨铸铁比较,在相同硬度下,马氏体回火组织球墨铸铁具有较高强度;贝氏体球墨铸铁虽然也具有较高强度,但伸长率低于马氏体回火组织球墨铸铁。球墨铸铁在有应力应变时不发生明显变形,用发生 0.2%塑性变形时的应力计算屈服强度[1]。球磨铸铁含有较多的石墨,起切削润滑作用,因而切削阻力小于钢,切削速度较高。珠光体增多使切削性能下降,贝氏体球墨铸铁切削性能较差。球墨铸铁中的石墨彼此分离,与灰铸铁相比阻碍了高温下氧的扩散,因此球磨铸铁的抗氧化性和抗生长性优于灰铸铁,也优于可锻铸铁。球墨铸铁是良好的耐磨和减磨材料,耐磨性优于同样基体的灰铸铁、碳钢以至低合金钢。

表 3.1 为 HT300 和 QT600-3 以及淬火 HT300 和淬火 QT600-3 材料特性参数。

表 3.1　试验材料力学特性

牌号	化学成分/%			硬度	抗拉强度/MPa	密度/(g/cm³)
	C	Si	Mn			
HT300	2.9~3.4	1.4~1.7	1	291	300	7.2
QT600-3	3.5~3.7	2~2.5	0.7	243	600	7.3
淬火 HT300	2.9~3.4	1.4~1.7	1	394	300	7.2
淬火 QT600-3	3.5~3.7	2~2.5	0.7	681	600	7.3

3.1.2　材料去除机理

HT300 和 QT600-3 磨削过程中的材料去除一般都有塑性变形、脆性去除等方式。

1. 塑性变形

铸铁的去除方式是剪切变形,一般包括滑擦、耕犁和成屑这三个过程。在磨削过程中,载荷的大小低于材料产生横向裂纹的临界载荷时,试件以塑性变形为主要去除方式。

研究表明,在磨削过程中,相比其他材料去除方式,会优先发生塑性变形。定义 d_c 为临界切深,这个值的大小和材料自身的力学特性有关,可以用式(3-1)计算:

$$d_c = \beta \left(\frac{E}{H} \right) \left(\frac{K_{LC}}{H} \right)^2 \tag{3-1}$$

其中,β 为常数。

由塑性变形发生的条件可知,磨削是否出现在材料延性域中,可以根据脆性/延性加工区分的临界切深 d_c 和最大未变形切屑厚度 h_{max} 两者之间的关系来评议。当 $h_{max} \leqslant d_c$ 时,磨削时工件表面材料主要以塑性变形为主要去除方式,在特定加工材料下,减小工作台速度、减小磨削深度或者增大砂轮线速度都可以使最大未变形切屑厚度 h_{max} 减小。为保证加工的效率,使用增大砂轮线速度的方法,就可以在不降低材料磨除率的同时使材料被塑性去除,并且获得相对较好的表面质量[2~4]。

2. 脆性去除

当 $h_{max} > d_c$ 时,材料会以剥落、脆性断裂、晶粒去除和晶界破碎等方式为主要去除方式。材料的剥落就是材料在被磨削过程中形成的横向裂纹和径向裂纹经过扩展造成的局部块状剥落,是脆性去除时主要的去除方式,但这种去除方式造成的裂纹扩展会大大降低工件的机械强度。晶粒去除是指整个晶粒从磨削材料表面脱落[5~7]。

3.1.3　工艺试验条件

1. 超高速磨削试验台

试验在 314m/s 超高速平面磨削试验台上进行。图 3.1 为试验用超高速平面磨削试验台,电主轴可以实现的最高转速为 24000r/min,额定功率为 40kW,额定转矩为 71.7N·m,静刚度为:径向 340N·m、轴向 305N·m。砂轮采用 CBN 砂轮,纵向、横向和垂直方向进给机构都采用交流伺服电机-滚珠丝杠副系统,三向导轨都采用含有预加载荷的直线滚动导轨副,可以实现超高速磨削以及自动磨削循环,还可以自动补偿砂轮的修整量,实现砂轮线速度恒定控制。

图 3.1　超高速平面磨削试验台

2. 砂轮的选用及修整

砂轮选用进口 WINTER1 砂轮与国产陶瓷结合剂 CBN 砂轮,如图 3.2 与图 3.3 所示。砂轮参数如表 3.2,砂轮修整参数如表 3.3,砂轮修锐参数如表 3.4 所示。

图 3.2　进口 WINTER1 砂轮

图 3.3　国产陶瓷结合剂 CBN 砂轮

表 3.2　试验用砂轮参数

编号	磨料号	结合剂	磨粒粒度 (#)	浓度 /%	砂轮宽度 /mm	砂轮直径 /mm	最高线速度 /(m/s)	标注	类别
1	CBN	陶瓷结合剂	80	100	10	350	200	WINTER1	进口
2	CBN	陶瓷结合剂	120	100	10	350	200	WINTER2	进口
3	CBN	陶瓷结合剂	120	100	10	350	160	ZKS	国产

表 3.3　砂轮修整参数

修整工具	砂轮线速度 /(m/s)	修整器滚轮转速 /(r/min)	修整器滚轮直径 /mm	工作台速度 /(mm/min)	进给量 /μm	进给次数
金刚石滚轮	30	190	75	70	2	20

表 3.4　砂轮修锐参数

修整工具	砂轮线速度/(m/s)	工作台速度/(mm/min)	进给量/μm	进给次数
油石	30	1200	100	20

3. 冷却液

本试验采用 HOCUT 795 乳化型磨削液,采用 Y 型喷嘴进行磨削液注入。

4. 试验方案

为了研究 HT300 和 QT600-3 以及淬火 HT300 和淬火 QT600-3 在高速磨削条件下磨削力、表面质量随磨削参数的变化情况,进行分别改变砂轮线速度(60～160m/s)、工作台速度(1～10m/min)和磨削深度(0.005～6mm)的试验,获得各种磨削条件下的磨削力和表面粗糙度,同时对不同材料分别进行了粗磨与精磨试验。工艺试验方案如表 3.5 所示。

表 3.5　工艺试验方案

编号	砂轮线速度 v_s /(m/s)	工作台速度 v_w /(m/min)	磨削深度 a_p /mm	类别
1	60,100,130,160,180	1	0.1	
2	160	0.5～10	1	
3	160	1	0.5～5	
		0.5	6	
		1	3	
		2	1.5	粗磨试验
4	160	3	1	
		4	0.75	
		5	0.6	
		7	0.43	
		10	0.3	
5	60,100,130,160	1,3,5,7,10	0.005,0.01,0.03,0.05	精磨试验

3.1.4 工艺参数对材料磨除率的影响

表3.6~表3.9分别为四种材料在不同工作台速度和不同磨削深度下的材料磨除率及其比磨削能。通过分析发现,在工作台速度很低的情况下,虽然可以达到很高的磨削深度,但是材料磨除率并不是很高,并且在较低的工作台速度下,比磨削能也相对较高。随着工作台速度的提高,材料磨除率有了较大的提高,材料比磨除率达到10mm³/(mm·min)左右,相比于普通磨削,提高了10~20倍。

表3.6 HT300 的材料比磨除率和比磨削能

工作台速度 /(m/min)	磨削深度 /mm	砂轮线速度 /(m/s)	材料比磨除率 /[mm³/(mm·min)]	单位宽度切向磨削力 /(N/mm)	比磨削能 /(kW/mm³)
0.1	7	160	0.7	4.5	61.7
0.5	6	160	3	6.7	21.4
1	5	160	5	8.3	15.9
2	3	160	6	12.3	19.7
3	4	160	12	13.9	11.1
4	2	160	8	14.4	17.3
5	2	160	10	14.9	14.3
7	1	160	7	10.5	14.4
10	1	160	10	13.9	13.3

表3.7 QT600-3 的材料比磨除率和比磨削能

工作台速度 /(m/min)	磨削深度 /mm	砂轮线速度 /(m/s)	材料比磨除率 /[mm³/(mm·min)]	单位宽度切向磨削力 /(N/mm)	比磨削能 /(kW/mm³)
0.1	6	160	0.6	3.2	51.2
0.5	6	160	3	6.3	20.2
1	5	160	5	8.9	17.1
3	3	160	9	12	12.8
5	2	160	10	15	14.4
7	1	160	7	10.7	14.7
10	1	160	10	14.5	13.9

表 3.8　淬火 HT300 的材料比磨除率和比磨削能

工作台速度 /(m/min)	磨削深度 /mm	砂轮线速度 /(m/s)	材料比磨除率 /[mm³/(mm·min)]	切向磨削力 /(N/mm)	比磨削能 /(kW/mm³)
3	2	160	6	7.8	12.5
5	2	160	10	14.9	14.3
7	1	160	7	10.5	14.4
10	1	160	10	13.9	13.3

表 3.9　淬火 QT600-3 的材料比磨除率和比磨削能

工作台速度 /(m/min)	磨削深度 /mm	砂轮线速度 /(m/s)	材料比磨除率 /[mm³/(mm·min)]	切向磨削力 /(N/mm)	比磨削能 /(kW/mm³)
3	2	160	6	7.2	11.5
4	1	160	4	5	12
5	1	160	5	5.4	10.7
7	1	160	7	8.8	12.1
10	1	160	10	11.4	10.9

3.1.5　工艺参数对磨削力的影响

1. 工作台速度对磨削力的影响

随工作台速度 v_w 的变化,单位宽度法向磨削力 F'_n、单位宽度切向磨削力 F'_t 的变化如图 3.4 和图 3.5 所示。四种材料试验的 F'_n 和 F'_t 都随着 v_w 的增大保持良好的趋势单调上升,因为增大工作台速度 v_w,会使最大未变形切屑厚度 h_{max} 增大,所以磨削力会相应增大。

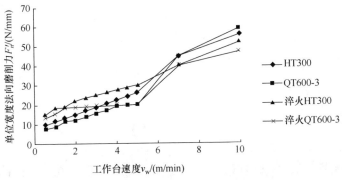

图 3.4　单位宽度法向磨削力与工作台速度的关系

$(v_s = 160\text{m/s}, a_p = 1\text{mm}, 砂轮 1)$

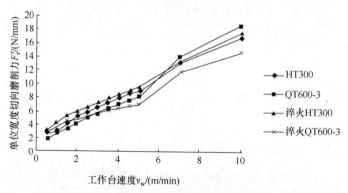

图 3.5　单位宽度切向磨削力与工作台速度的关系

(v_s＝160m/s，a_p＝1mm，砂轮 1)

图 3.6 显示了磨削力比 q 随工作台速度 v_w 的变化情况。随着 v_w 的增大，磨削力比基本呈现下降的趋势，而且下降趋势随着 v_w 的增大逐渐减缓。

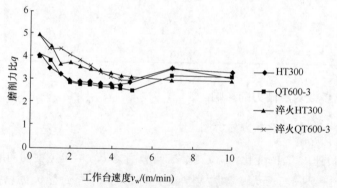

图 3.6　磨削力比与工作台速度的关系

(v_s＝160m/s，a_p＝1mm，砂轮 1)

如图 3.7 所示，比磨削能 E_e 随工作台速度 v_w 的增大单调下降，下降趋势逐渐变缓，并趋向于稳定值。随着工作台速度 v_w 的增加，越来越多的工件表面材料以脆性去除的方式被去除，以塑性变形方式去除的材料减少。脆性去除方式所需能量较小，因此比磨削能减小并变化缓慢。

2. 磨削深度对磨削力的影响

磨削深度 a_p 的变化对单位宽度磨削力的影响如图 3.8 和图 3.9 所示。由图可见，F_n' 和 F_τ' 都随着 a_p 的增大单调上升。增大磨削深度，同时会增大接触弧长和单位面积的有效磨粒数，有更多的磨粒与工件表面发生干涉。在最大磨削深度 5mm 时一般会出现一定程度的烧伤，对此采取层层剥落的方式对烧伤表面进行去除，发现烧伤层一般不超过 0.05mm，可以在后续的精磨中去除。在不同磨削深度试验中

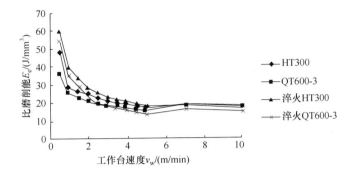

图 3.7　比磨削能与工作台速度的关系

($v_s = 160\text{m/s}, a_p = 1\text{mm},$砂轮 1)

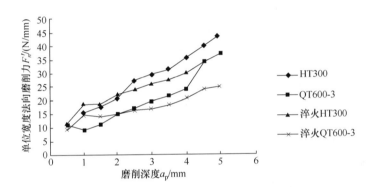

图 3.8　单位宽度法向磨削力与磨削深度的关系

($v_s = 160\text{m/s}, v_w = 1\text{m/min},$砂轮 1)

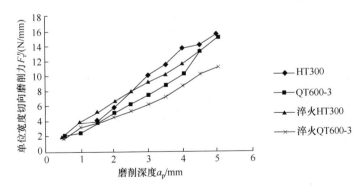

图 3.9　单位宽度切向磨削力与磨削深度的关系

($v_s = 160\text{m/s}, v_w = 1\text{m/min},$砂轮 1)

可以发现,HT300 的磨削力整体要比 QT600-3 的大,其中 HT300 与淬火 HT300 在磨削厚度超过 2mm 之后,曲线走势发生交叉,然后各自继续增加,经过切开工件对磨削深度 2mm 附近亚表面硬度进行测试,分析其原因可能是淬火 HT300 的淬火层厚度大概在 2mm,淬火造成淬火层以下部分工件材料产生回火现象使材料硬度有所下降。同样,在 QT600-3 与淬火 QT600-3 曲线中发现相同现象,在磨削深度超过 2mm 之后,QT600-3 的单位宽度法向磨削力和单位宽度切向磨削力均比淬火 QT600-3 的大,经过切开工件进行硬度分析后,发现淬火 QT600-3 工件材料在深度 2mm 之下组织硬度小于 QT600-3,工件材料淬火层在 2mm 左右。

如图 3.10 所示,随着磨削深度 a_p 的增大,四种材料的磨削力比总体呈现下降趋势,且趋势呈现缓和。

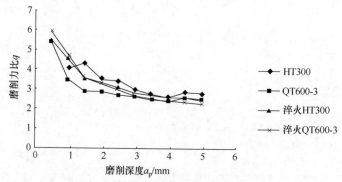

图 3.10　磨削力比与磨削深度的关系

($v_s = 160\text{m/s}, v_w = 1\text{m/min},$ 砂轮 1)

比磨削能 E_e 随磨削深度 a_p 变化的情况如图 3.11 所示。随着磨削深度的增大,比磨削能呈整体下降趋势,但是 QT600-3 在磨削深度为 4.5mm 和 5mm 时,出现了上升趋势,可能与磨削深度大、冷却条件不好而引起工件烧伤有关。

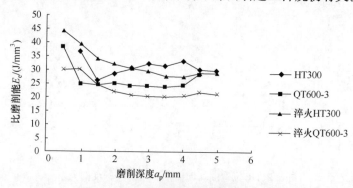

图 3.11　比磨削能与磨削深度的关系

($v_s = 160\text{m/s}, v_w = 1\text{m/min},$ 砂轮 1)

3. 砂轮线速度对磨削力的影响

图 3.12 和图 3.13 显示了随着砂轮线速度 v_s 的变化，单位宽度法向磨削力 F_n' 和单位宽度切向磨削力 F_τ' 的变化规律。观察发现，磨削四种材料时，F_n' 与 F_τ' 都随着 v_s 的增大而减小。提高砂轮线速度 v_s 会减小磨削试件表面的最大未变形切屑厚度 h_{max}，造成单颗磨粒的磨削深度减小，因此磨削力减小。

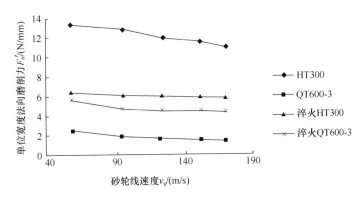

图 3.12　单位宽度法向磨削力与砂轮线速度的关系
（$v_w = 1 \text{m/min}$，$a_p = 0.1 \text{mm}$，砂轮 1）

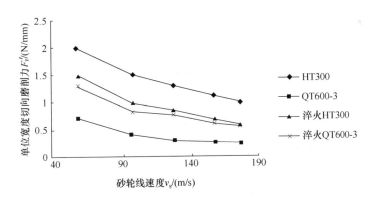

图 3.13　单位宽度切向磨削力与砂轮线速度的关系
（$v_w = 1 \text{m/min}$，$a_p = 0.1 \text{mm}$，砂轮 1）

HT300 的 F_n' 和 F_τ' 都比 QT600-3 的大，这与测得的 HT300 比 QT600-3 硬度大有关。HT300 比淬火 HT300 的 F_n' 和 F_τ' 大。对于 QT600-3 与淬火 QT600-3 两种材料，在相同磨削条件下，淬火 QT600-3 的 F_n' 和 F_τ' 要比 QT600-3 的大一些，但其走势基本相同。经过淬火之后的 QT600-3 硬度达到 HR 68，增加了磨粒切入工件的难度，因此 F_n' 与 F_τ' 均有所上升。

　　图 3.14 是磨削力比 q 随砂轮线速度 v_s 的变化规律。随着 v_s 的增大,磨削力比单调上升。其中,QT600-3 在后段上升趋势逐渐减缓,因此可以推测,随砂轮线速度增大,单位宽度法向磨削力和单位宽度切向磨削力的变化快慢程度不一致。QT600-3 的数据说明该材料随着砂轮线速度的提高,单位宽度法向磨削力减少的程度要慢于单位宽度切向磨削力减小的程度,磨削力比单调增大。其他三种材料的变化趋势斜率基本不变,只是中间略有波动。磨削力比表示了磨削过程中磨粒切入工件的难易程度。淬火 QT600-3 比 QT600-3 的硬度大,磨削过程中磨粒较难切入工件表面。HT300 的磨削力比最大可能是因为工件磨屑涂覆在砂轮表面,引起有效磨粒数减少,造成材料难以去除。通过后期观察发现,HT300 的烧伤问题比其他三种材料要严重,这也解释了 HT300 的磨削力比其他三种材料大的原因。

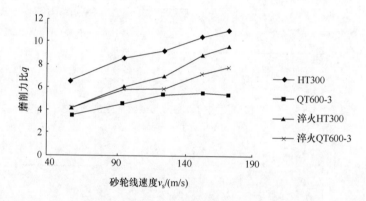

图 3.14　磨削力比与砂轮线速度的关系
($v_w = 1m/min, a_p = 0.1mm,$ 砂轮 1)

　　图 3.15 为比磨削能 E_e 随砂轮线速度 v_s 变化的情况。可以发现,随着砂轮线

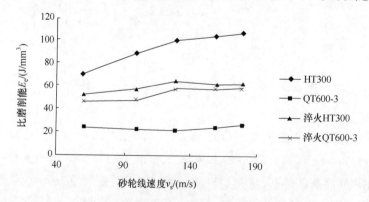

图 3.15　比磨削能与砂轮线速度的关系
($v_w = 1m/min, a_p = 0.1mm,$ 砂轮 1)

速度的增大,四种材料的比磨削能都是单调上升的。其中,QT600-3 的比磨削能随砂轮线速度的不断增大变化不明显;HT300 的比磨削能要大于 QT600-3 的比磨削能,并且随着砂轮线速度的增加而明显增大;淬火 HT300 和淬火 QT600-3 上升趋势基本保持一致,但淬火 HT300 的比磨削能要大于淬火 QT600-3,这与 HT300 和 QT600-3 的比磨削能大小保持一致。

3.1.6　工艺参数对表面质量的影响

1. 砂轮表面形貌

图 3.16 为 WINTER2 砂轮表面形貌,与 WINTER1 砂轮相比,其表面更加致密。

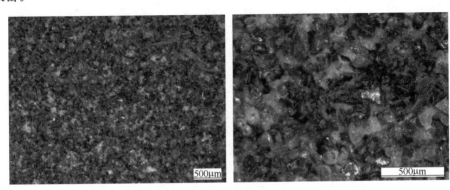

放大100倍　　　　　　　　　　　　　放大200倍

图 3.16　砂轮表面形貌

2. 工件表面形貌

图 3.17 为采用 WINTER2 砂轮磨削四种材料时得到的工件表面形貌。其中,图 3.17(a)为加工 HT300 时的表面形貌,磨削表面由塑性去除产生的滑擦、耕犁产生的沟槽和脆性去除时材料出现颗粒剥落产生的剥落凹坑组成,沟槽之间隆起不明显,磨削表面纹路规整;图 3.17(b)为加工 QT600-3 时的表面形貌,图中工件表面的塑性滑擦和耕犁作用与 HT300 类似;图 3.17(c)为加工淬火 HT300 时的表面形貌,图中被加工表面沟槽之间隆起比较明显,磨削纹路比较规整,脆性去除的剥落凹坑增多,沟槽间的光洁区域比 HT300 有所减少,材料去除方式中的脆性断裂比 HT300 有所增多;图 3.17(d)为加工淬火 QT600-3 时的表面形貌,图中塑性划痕深浅不一,光洁区域比淬火 HT300 稍多。

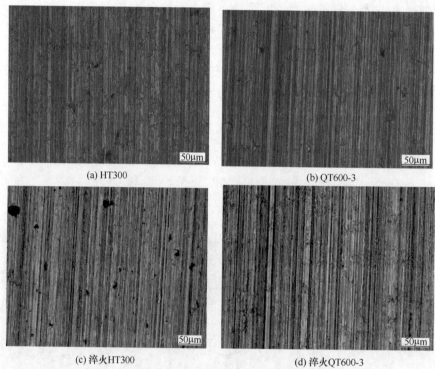

(a) HT300　　　　　　　　　　(b) QT600-3

(c) 淬火HT300　　　　　　　　　(d) 淬火QT600-3

图 3.17　WINTER2 砂轮磨削后不同材料的表面形貌

（v_s＝60m/s, v_w＝1m/min, a_p＝0.005mm）

3. 砂轮线速度对表面粗糙度的影响

图 3.18 是采用 WINTER2 砂轮加工 HT300 时不同砂轮线速度对表面形貌的影响。其中，图 3.18(a)的磨削表面主要由很多长短不一连续和不连续的划痕、划痕间的小平面、耕犁造成的隆起以及剥落凹坑组成，而且有材料脱落的痕迹；图 3.18(b)的磨削表面塑性划痕增多，切划痕迹变浅，划痕之间光滑区增加，材料隆起减少，脆性断裂造成的剥落凹坑减少；图 3.18(c)的磨削表面塑性耕犁、滑擦的痕迹更加明显，划痕也更浅，由脆性断裂造成的剥落凹坑更小。此图说明，随着砂轮线速度提高，材料去除方式中以塑性流动为主的延性去除方式不断增加，脆性断裂的去除方式减少。

图 3.19～图 3.22 显示了 HT300 和 QT600-3 两种材料在 WINTER2 砂轮的精磨试验下，工件表面粗糙度随着砂轮线速度的变化情况，其中分别显示了不同工作台速度及不同磨削深度下砂轮线速度对表面粗糙度的影响。从图中可以看出，随着试验时砂轮线速度 v_s 的增加，材料表面粗糙度 R_a 的变化并不明显。被加工材料为较软材料，去除方式以塑性变形为主。从图中可以观察到，使用 WINTER2 砂轮在相同工艺参数下磨削 HT300 获得的表面质量要比磨削 QT600-3 的好。

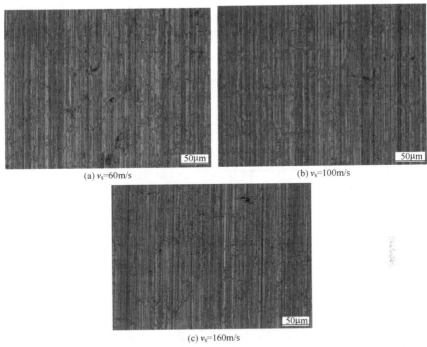

(a) v_s=60m/s　　　　　　　　　(b) v_s=100m/s

(c) v_s=160m/s

图 3.18　WINTER2 砂轮加工 HT300 时不同砂轮线速度下磨削的表面形貌

（v_w=1m/min, a_p=0.005mm）

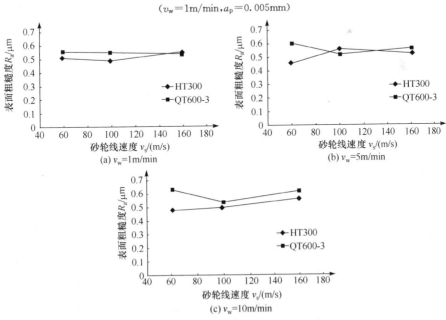

(a) v_w=1m/min　　　　　　　　　(b) v_w=5m/min

(c) v_w=10m/min

图 3.19　表面粗糙度与砂轮线速度的关系

（a_p=0.005mm）

　　图 3.19～图 3.22 显示了磨削深度分别为 0.005mm、0.01mm、0.03mm、0.05mm,工作台速度分别为 1m/min、5m/min 和 10m/min 时砂轮线速度对材料磨削后表面粗糙度值的影响。由图可见,HT300 表面粗糙度优于 QT600-3。

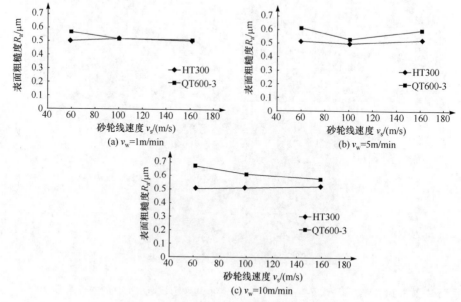

图 3.20　表面粗糙度与砂轮线速度的关系

$(a_p=0.01\text{mm})$

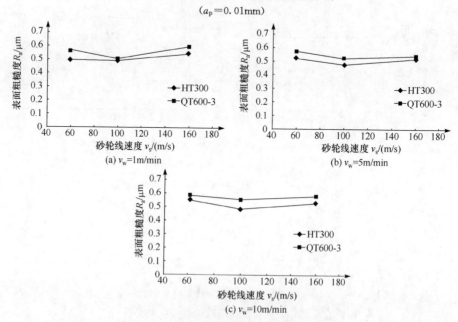

图 3.21　表面粗糙度与砂轮线速度的关系

$(a_p=0.03\text{mm})$

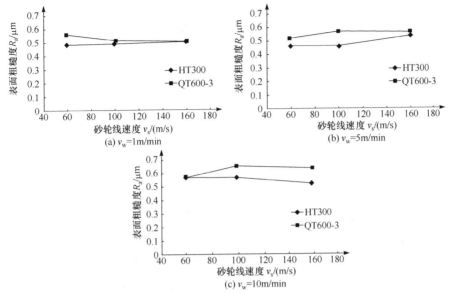

图 3.22　表面粗糙度与砂轮线速度的关系

(a_p=0.05mm)

4. 工作台速度对表面粗糙度的影响

图 3.23 为采用 WINTER2 砂轮加工 QT600-3 时不同工作台速度对表面形貌的影响。从图 3.23(a)可以看出,磨削表面主要由深浅和长短不一的塑性划痕、划痕间的光洁平面和较小的塑性剥落凹坑组成,其中塑性划痕明显,脆性断裂的凹坑很少。从图 3.23(b)可以看出,磨削表面塑性划痕还存在,另外出现了大量脆性断裂和材料颗粒剥落引起的凹坑。从图 3.23(c)可以看出,磨削表面出现的塑性划痕变短,划痕更宽更深,同时还出现许多脆性断裂引起的剥落凹坑。此图说明,随着工作台速度的提高,材料的塑性去除减少,脆性断裂去除增加。

图 3.24～图 3.26 为相同条件下不同工作台速度对表面粗糙度的影响。从图中可以看出,在工作台速度增大的情况下,工件表面粗糙度在小范围内波动,但波动范围并不明显。在工作台速度 v_w 较小时,随工作台速度 v_w 的增大,表面粗糙度 R_a 会增大,随着工作台速度 v_w 继续增大,表面粗糙度 R_a 产生不规律变化。这和材料的去除方式有关,在工作台速度 v_w 较小时,材料的塑性去除占主要部分,随着工作台速度 v_w 继续增大,材料的最大未变形切屑厚度增大,材料的去除方式以脆性断裂为主,因此材料表面粗糙度 R_a 发生不规律的波动。从图中还可以看出,使用WINTER2 砂轮加工 HT300 的表面粗糙度优于 QT600-3。

图 3.24～图 3.26 显示了砂轮线速度分别为 60m/s、100m/s、160m/s,磨削深度分别为 0.005mm、0.01mm、0.03mm、0.05mm 时,工作台速度对表面粗糙度的影响。

由图可见,在各个磨削深度下,HT300 磨削表面粗糙度均优于 QT600-3。

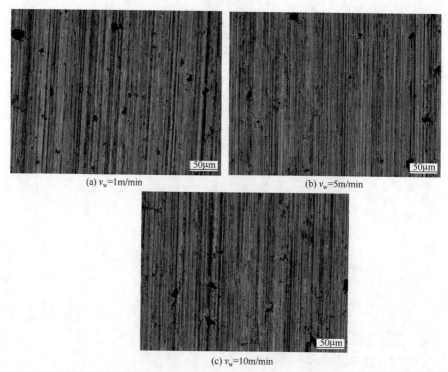

(a) v_w=1m/min　　　　　(b) v_w=5m/min

(c) v_w=10m/min

图 3.23　WINTER2 砂轮加工 QT600-3 时不同工作台速度下磨削的表面形貌

(v_s=60m/s, a_p=0.005mm)

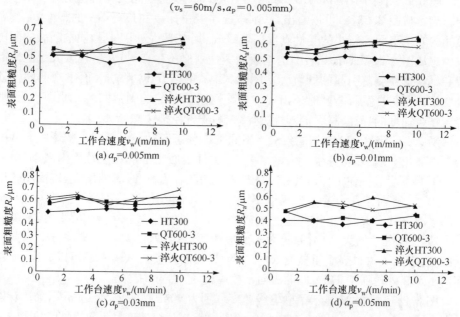

(a) a_p=0.005mm　　　　　(b) a_p=0.01mm

(c) a_p=0.03mm　　　　　(d) a_p=0.05mm

图 3.24　表面粗糙度与工作台速度的关系

(v_s=60m/s)

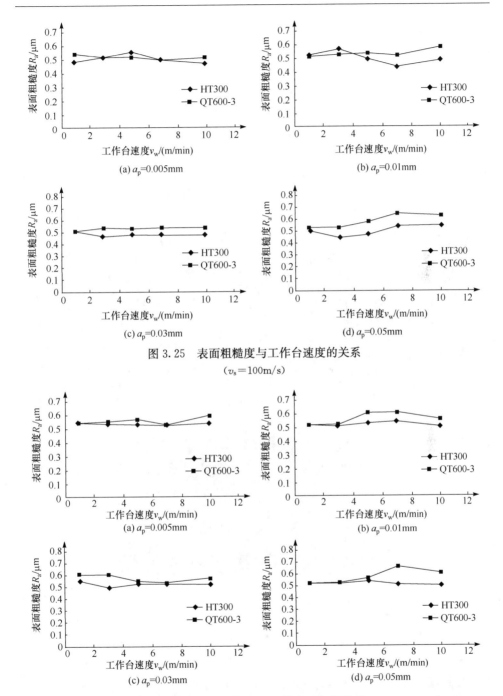

图 3.25　表面粗糙度与工作台速度的关系

(v_s＝100m/s)

图 3.26　表面粗糙度与工作台速度的关系

(v_s＝160m/s)

5. 磨削深度对表面粗糙度的影响

图 3.27 为采用 WINTER2 砂轮加工 HT300 时不同磨削深度对表面形貌的影响。从图 3.27(a)可以看出,磨削表面主要由深浅和长短不一的塑性划痕、划痕间的光洁平面和小的塑性剥落凹坑组成,其中塑性划痕明显,脆性断裂的凹坑极少。由图 3.27(b)可以看出,在强烈挤压变形的作用下,纹路不甚清晰、规整,沟槽两侧隆起严重,还出现了大面积的脆性断裂和颗粒剥落引起的凹坑。从图 3.27(c)可以看出,磨削表面的塑性加工划痕较少且很宽,有大面积的脆性断裂凹坑,HT300 在磨粒作用下因脆性断裂产生颗粒崩碎而留下破碎面。在这一工况下极少发生塑性变形,其材料去除主要是由脆性断裂的积累而成。

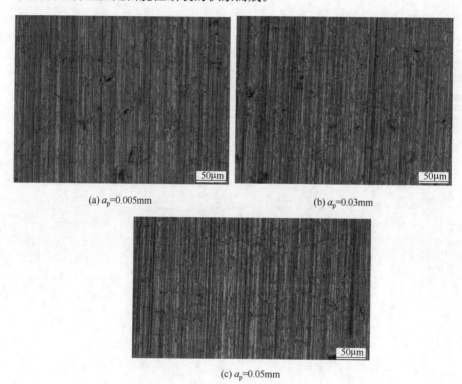

(a) a_p=0.005mm　　　　　　　　　　　(b) a_p=0.03mm

(c) a_p=0.05mm

图 3.27　WINTER2 砂轮加工 HT300 时不同磨削深度下磨削的表面形貌
$(v_s=60\text{m/s}, v_w=1\text{m/min})$

图 3.28～图 3.30 为不同磨削深度对表面粗糙度的影响。从图中可以看出,随着磨削深度 a_p 的增加,表面粗糙度 R_a 有上升趋势。在砂轮线速度为 60m/s 和 100m/s 时,表面粗糙度 R_a 随着磨削深度 a_p 的加大略有上升,但在砂轮线速度为 160m/s 时,随着磨削深度 a_p 的加大,表面粗糙度 R_a 呈现不规律变化。通过观察工件表面,发现在砂轮线速度为 160m/s、磨削深度为 0.03mm 和 0.05mm 时表面

有一定烧伤,烧伤带来的表面质量时好时坏,影响了曲线的走向。但在实际加工中作为最后一道精磨工序,烧伤是不能出现的,因此在实际加工中这一种工艺参数不能选用。通过对试验结果进行观察发现,在同样的工况条件下使用 WINTER2 砂轮加工 HT300,可以获得比其他三种材料更优的表面粗糙度。

图 3.28 显示了砂轮线速度为 60m/s,工作台速度分别为 1m/min、3m/min、5m/min、7m/min 和 10m/min 时,磨削深度对表面粗糙度的影响。HT300 和 QT600-3 在这组磨削条件下的表面粗糙度随着磨削深度的加大而减小,而淬火 HT300 和淬火 QT600-3 的表面粗糙度随着磨削深度的加大而加大。

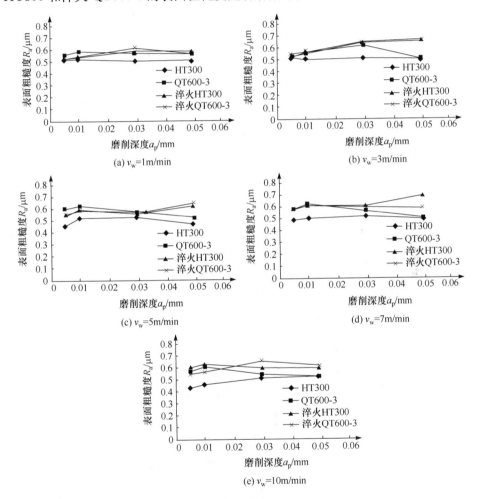

图 3.28　表面粗糙度与磨削深度的关系

($v_s = 60\text{m/s}$)

图 3.29 显示了砂轮线速度为 100m/s,工作台速度分别为 1m/min、3m/min、

5m/min、7m/min 和 10m/min 时,磨削深度对表面粗糙度的影响。在工作台速度较低时,表面粗糙度随磨削深度变化情况不是很明显,但是当工作台速度达到 7m/min 和 10m/min 时,表面粗糙度随着磨削深度加大而上升的趋势表现得十分明显。

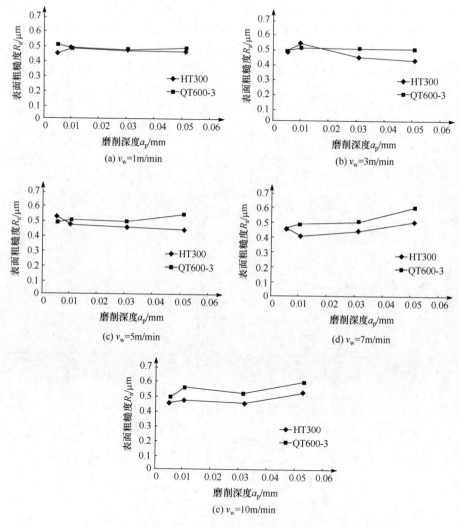

图 3.29　表面粗糙度与磨削深度的关系

($v_s=100\mathrm{m/s}$)

图 3.30 显示了砂轮线速度为 160m/s,工作台速度分别为 1m/min、3m/min、5m/min、7m/min 和 10m/min 时,磨削深度对表面粗糙度的影响。在这个工况下,工作台速度较低时,工件表面粗糙度随磨削深度变化仍不太明显,在较小范围内起

伏波动。当工作台速度达到 7m/min 和 10m/min 时，HT300 仍旧没有明显变化，但是 QT600-3 的表面粗糙度随着磨削深度加大而上升。在此工况下，HT300 表面粗糙度优于 QT600-3。

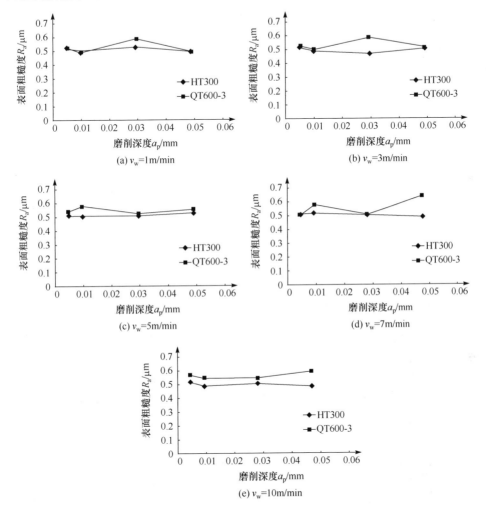

图 3.30　表面粗糙度与磨削深度的关系

（$v_s = 160$m/s）

3.1.7　结论分析

试验通过对磨削过程中磨削力、加工试件的表面形貌和表面粗糙度的研究，得到不同砂轮、磨削液和磨削工艺参数对磨削力、比磨削能、磨削表面形貌和表面粗糙度的影响规律。研究结果表明：

（1）相对于传统磨削方法,采用高速/超高速磨削方法明显提高了加工效率。采用传统磨削方法加工时,材料比磨除率一般在 $0.5\sim0.75\text{mm}^3/(\text{mm}\cdot\text{min})$。而采用超高速磨削方法加工时,材料比磨除率达到 $10\text{mm}^3/(\text{mm}\cdot\text{min})$ 左右,提高了 $10\sim20$ 倍。

（2）在高速/超高速磨削中,当工作台速度很低时,虽然可以达到很高的磨削深度,但是材料磨除率并不高,并且在较低的工作台速度下,比磨削能相对较高。随着工作台速度的提高,材料磨除率有了较大的提高,比磨削能有所降低。

（3）在高速/超高速磨削中,磨削表面某些局部会因冷却状况不好或磨削深度较大而引起烧伤,烧伤层厚度一般在 0.1mm 以下。在粗磨阶段出现的这种烧伤可以认为是可接受的,因为在后续的精磨工序中会将全部的烧伤层去除。

（4）砂轮线速度的提高,使磨削表面塑性痕迹增多,脆性断裂减少;工作台速度的提高,使磨削表面脆性断裂的凹坑增多,塑性沟槽减少,但工作台速度的增加可能会带来工件表面波纹度的增加;磨削深度的增大,使磨削表面脆性断裂痕迹增多,塑性沟槽减少。

（5）在高速/超高速磨削加工中,磨削表面的粗糙度相对于传统磨削加工的 $0.6\sim0.8\mu\text{m}$,可以降低到 $0.4\mu\text{m}$ 左右。

3.2　9SiCr 合金钢高效磨削工艺

9SiCr 合金钢可用于制造形状复杂、变形小、耐磨性高、低速切削的工具,如钻头、螺纹工具、铰刀、板牙、丝锥、搓丝板和滚丝轮等。

用传统的磨削工艺方法加工 9SiCr 合金钢,加工效率很低。为提高 9SiCr 合金钢材料的加工效率、改善磨削质量,本节通过超高速磨削的试验研究,探讨 9SiCr 合金钢在高效深磨加工中各磨削量,如磨削力、表面粗糙度、表面形貌等参数的变化规律,开发高效磨削工艺。

3.2.1　材料的力学性能

9SiCr 合金钢是低合金刀具用钢,也常常被用来制作冷作模具零件。它比铬钢（Cr2 或 9Cr2）具有更高的淬透性和淬硬性,较高的回火稳定性,较好的韧性,热处理时变形小。

该合金钢中碳化物分布均匀,不易析出碳化物网,并易于正火消除,通过正火可以消除网状及粗片碳化物组织。经正常加热淬火后,表面硬度仍可以达到 HRC $60\sim62$。

其材料性能如表 3.10 和图 3.31 所示。

表 3.10　9SiCr 合金钢材料组成及性能

牌号	主要成分		其他成分	材料性能		
	C	Si	Cr	密度/(g/cm³)	硬度	淬火深度
9SiCr	0.9%	1.2%~1.6%	1%~1.2%	7.8	HRC 60	整体淬火

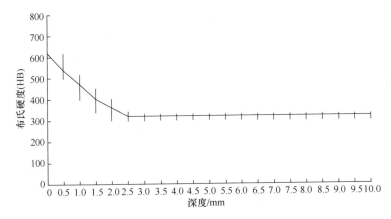

图 3.31　9SiCr 材料沿深度方向的硬度变化曲线

3.2.2　研究方案

根据最大未变形切屑厚度参数可知,在磨削参数一定的条件下,单位时间内去除材料的体积不变,砂轮线速度大幅度提高,会使单位时间内经过磨削区的磨粒数增大,从而使每一颗磨粒所切下的磨屑厚度变小,每个磨粒所承受的磨削力也随之快速变小,从而使总磨削力大大地降低。

在超高速磨削中,由于砂轮线速度很高,单颗磨粒的形成时间就会变得很短。根据材料特性,在高的材料应变率(可以看成等于砂轮线速度)下材料的脆性或塑性去除方式会发生变化,在磨削表面形貌上表现为磨削表面的弹性变形层变浅,磨削表面的塑性流动引起的隆起高度变小,磨削表面的耕犁划痕及其长度也变小,磨削表面的加工硬化和残余应力趋势变弱。在高速/超高速磨削加工中,磨削区的磨削温度会快速地在工件表面移动,所以磨削区的温度会积聚在磨削去除层材料中,随着磨屑而去除,这样就可以使磨削新形成表面的磨削温度得到降低,因而能越过容易发生磨削烧伤的区域,从而使超高速磨削的应用得以实现[8]。

根据超高速磨削的材料去除机理,结合材料的力学特性,制订试验方案如表 3.11 和表 3.12 所示。

表 3.11　粗磨磨削加工工艺参数表

编号	砂轮线速度 v_s /(m/s)	工作台速度 v_w /(m/min)	磨削深度 a_p /mm	备注
1	60,100,130,160,180	1.0	0.1	研究砂轮线速度带来的影响
2	180	0.5,1.0,1.5,3.0, 5.0,7.0,10.0	1.0	研究工作台速度对磨削加工的影响
3	180	1.0(2.0)	1.0,1.5,2.0, 2.5,3.0	研究磨削深度对磨削效果的影响
4	180	0.5,1.0,2.0	3.0,1.5,0.75	研究相同比磨除率情况下,不同工作台速度和磨削深度的影响
5	180	0.1	3.0,4.0,5.0,6.0	对比研究缓进给磨削的磨削特点

表 3.12　精磨磨削加工工艺参数表

编号	砂轮线速度 v_s /(m/s)	工作台速度 v_w /(m/min)	磨削深度 a_p /mm	备注
1	60,80,100,120,160	1.0,3.0,5.0, 7.0,10.0	0.005	研究不同工作台速度和砂轮线速度下的磨削效果
2	60,120	1.0,3.0,5.0, 7.0,10.0	0.01,0.03,0.05, 0.1,0.15	研究不同磨削深度和工作台速度下的磨削效果

3.2.3　工艺试验条件

1. 试件

超高速磨削试件选定为 100mm×60mm×20mm 的方块,如图 3.32 所示。

图 3.32　高效深磨试件

2. 试验装备

试验在湖南大学国家高效磨削工程技术研究中心研发的 314m/s 超高速平面磨削试验台上进行。

3. 砂轮与砂轮修整

针对 9SiCr 合金钢的材料特性和高效深磨磨削工艺的要求,试验分别采用不同的 CBN 砂轮进行粗磨和精磨研究。砂轮参数如表 3.13 所示,砂轮修整参数如表 3.14 所示,砂轮修锐参数如表 3.15 所示。超高速砂轮如图 3.33 所示。

表 3.13　砂轮参数

砂轮编号	砂轮型号	磨料种类	砂轮外径 /mm	砂轮宽度 /mm	砂轮限速 /(m/s)	磨料粒度 (#)	结合剂种类
1	WINTER B151	CBN	350	10	200	80~100	陶瓷
2	WINTER B126	CBN	350	10	200	120~140	陶瓷
3	ZKS 120	CBN	350	10	160	120~140	陶瓷

表 3.14　砂轮修整参数

每次进刀量 a_e	2μm
滚轮与砂轮的转速比 q_d	0.5
修整重叠比 U_d	2
冷却	低压冷却

表 3.15　砂轮修锐参数

砂轮线速度 v_s	30m/s
每次修锐深度 a_e	0.1mm
修锐次数	200
冷却	低压冷却

陶瓷结合剂 CBN 砂轮一般可采用单颗粒金刚石滚轮或碳化硅滚轮进行修整。当采用金刚石滚轮对 CBN 砂轮进行修整时,修整效率很高,但是被修整的 CBN 砂轮表面显得很光滑,砂轮上单位面积的有效磨粒数较少,从而导致砂轮的磨削能力降低,这时只能进行小进给量的磨削,否则很容易导致工件烧伤退火。采用碳化硅滚轮对 CBN 砂轮进行修整时,虽然修整的效率较低,但是被修整的 CBN 砂轮单位面积上的有效磨粒数较多,从而使 CBN 砂轮的磨削能力较强,适合进行高效磨削。鉴于实验室状况,本试验先选用金刚石滚轮进行修整,然后对修整完的

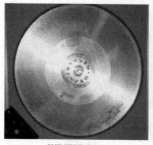

WINTER B151　　　　　　　WINTER B126　　　　　　　ZKS 120

图 3.33　试验用超高速砂轮图片

砂轮采用碳化硅滚轮进行修锐。

4. 磨削液

试验中使用高速水基磨削液 HOCUT 795,该磨削液属于中等负荷磨削液,pH 为 9.2。供液喷嘴采用封闭式 Y 型喷嘴供液,供液压力为 25MPa,流量为 40L/min。

3.2.4　磨削力与磨削机理

最大未变形切屑厚度 h_{max} 是磨粒磨削工件模型中重要的物理量,不仅与作用在磨粒上的磨削力大小有关,同时对磨削能的大小、磨削区的温度及表面粗糙度也有影响,从而影响砂轮的磨损及加工表面的完整性。它与连续磨削微刃间距和磨削条件等参数有关,是一个描述磨削状态和砂轮表面几何形状的复杂函数。

由图 3.34 可知,在正常磨削加工状态下磨削力 F_τ' 和 F_n' 均随最大未变形切屑厚度的变大而变大,并且法向磨削力 F_n' 对最大未变形切屑厚度的增大更敏感。图 3.35～图 3.37 是由砂轮线速度、工作台速度与磨削深度引起的最大未变形切屑厚度变化的表面微观形貌图,从图中可以看出,随着砂轮线速度降低、工作台速度提高或磨削深度加大,最大未变形切屑厚度变大,磨削表面的沟痕变深。

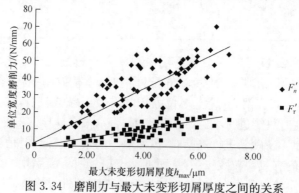

图 3.34　磨削力与最大未变形切屑厚度之间的关系

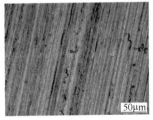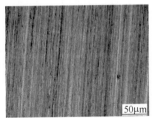

$h_{max}=2.17\mu m, v_s=60m/s$　　　　$h_{max}=1.68\mu m, v_s=100m/s$　　　　$h_{max}=1.25\mu m, v_s=180m/s$

图 3.35　砂轮线速度对表面微观形貌的影响

（$v_w=1m/min, a_p=0.1mm$，砂轮 1）

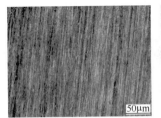

$h_{max}=2.22\mu m, v_w=1m/min$　　　$h_{max}=4.45\mu m, v_w=4m/min$　　　$h_{max}=7.04\mu m, v_w=10m/min$

图 3.36　工作台速度对表面微观形貌的影响

（$v_s=180m/s, a_p=1mm$，砂轮 1）

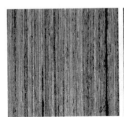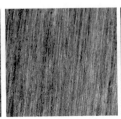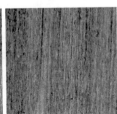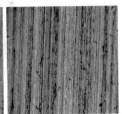

$h_{max}=1.74\mu m, a_p=0.375mm$　　$h_{max}=2.22\mu m, a_p=1mm$　　$h_{max}=2.80\mu m, a_p=2.5mm$　　$h_{max}=3.33\mu m, a_p=5mm$

图 3.37　磨削深度对表面微观形貌的影响

（$v_s=180m/s, v_w=1m/min$，砂轮 1）

　　磨削力的尺寸效应是指随着最大未变形切屑厚度的减小，单位切屑截面积的磨削力增大。为了解释磨削力的尺寸效应，Pashlty 从工件加工硬化的角度进行了研究；磨削层在磨削过程中经受磨削力的挤压变形后才被切离，在磨削表面上产生变质层，使磨削表面的硬度增大，从而使单位面积的磨削力增大。Shaw 通过分析材料的裂纹缺陷来解释磨削力的尺寸效应原理，他认为金属材料内部的缺陷是磨削中存在尺寸效应的主要原因。当磨削深度小于材料内部缺陷平均间隔值的70%时，磨削相当于在无缺陷的理想材料中进行，此时磨削切应力和单位剪切能量保持不变；当磨削深度大于此平均间隔值时，金属材料内部的缺陷使磨削时产生应力集中，因此随着磨削深度的增大，单位切应力和单位剪切能量减小，即比磨削能减小。浙江大学从材料被去除时所受的力，以及磨削层的塑性变形、裂纹扩展到断裂这一过程，应用断裂力学理论分析了尺寸效应的形成[9,10]。

3.2.5　工艺参数对磨削力的影响

1. 砂轮线速度的影响

图 3.38 显示了随砂轮线速度 v_s 的变化，单位宽度垂直磨削力 F_z'、水平磨削力 F_x' 的相应变化情况。由图可以看出，随着砂轮线速度的增大，水平磨削力和垂直磨削力均变小，且 F_z' 的变化率要更大一些。这是因为当工作台速度和磨削深度一定，即材料磨除率相同时，砂轮线速度的提高意味着增加了单位时间内通过磨削区的有效磨刃数，这将导致单颗磨粒未变形切屑厚度减小，每颗有效磨粒所承受的磨削力随之降低，因此磨削力降低。

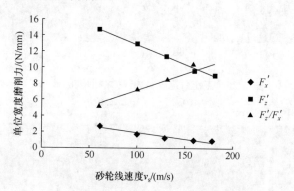

图 3.38　磨削力随砂轮线速度的变化

（v_w＝1m/min，a_p＝0.1mm，砂轮 1）

从图 3.38 中还可以看出，随着砂轮线速度的提高，磨削力比 F_z'/F_x' 逐渐增大，即随着最大未变形切屑厚度的减小，垂直磨削力与水平磨削力的比值逐渐变大，这正好验证了磨削力的尺寸效应。

2. 工作台速度的影响

由图 3.39 和图 3.40 可以看出，随着工作台速度的提高，F_x' 和 F_z' 均增大，这是因为随着工作台速度的增大，材料磨除率增加，使得单颗磨粒最大未变形切屑厚度增大，因此磨削力增加。随着工作台速度增大到一定程度，磨削力的增长趋势变缓。这可能是由于单颗磨粒最大未变形切屑厚度超过 9SiCr 合金钢材料去除方式的脆塑转变限，使 9SiCr 合金钢材料的去除方式发生变化，脆性去除增多。而这种现象的产生具有一定卸载作用,所以磨削力的增长变缓。不同磨削深度下,磨削力随工作台速度的增大而增大的变化趋势有所区别,这可能是由材料内部的物理性能不同造成的。在 $a_p=0.375$mm 和 $a_p=1.5$mm 的情况下,水平磨削力和垂直磨削力在工作台速度从 5m/min 到 7m/min 的过程中会出现阶跃现象;而在 $a_p=1$mm 的情况下,水平磨削力和垂直磨削力均表现为逐渐增加,这可能是由 $a_p=1$mm 时工作台表现比较稳定造成的。

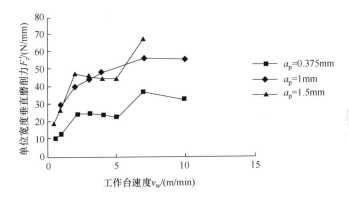

图 3.39　工作台速度对垂直磨削力的影响

($v_s=180$m/s,砂轮 1)

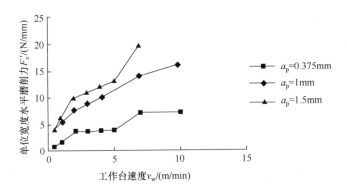

图 3.40　工作台速度对水平磨削力的影响

($v_s=180$m/s,砂轮 1)

图 3.41 为磨削力比与工作台速度之间的关系,由图可知,随工作台速度的增加磨削力比呈减小趋势。由图 3.41 还可以看出,随磨削深度的增加,磨削力比呈减小趋势。分析可知,随工作台速度的提高,水平磨削力 F_z 的增长速率比垂直磨削力 F_z 的快,这种现象可以根据磨削力的尺寸效应来解释。

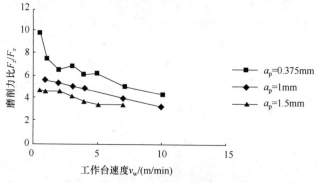

图 3.41　工作台速度对磨削力比的影响

（$v_s = 180\text{m/s}$，砂轮 1）

3. 磨削深度的影响

由图 3.42 和图 3.43 可知，在不同的工作台速度下，当磨削深度 $a_p < 2\text{mm}$ 时，F_z' 和 F_x' 均随 a_p 的增大而增大；当磨削深度 $a_p > 3\text{mm}$ 时，F_z' 和 F_x' 也均随 a_p 的增大而增大。这是因为磨削深度的增大使材料磨除率成比例增长，同时还会增加有效磨刃数，使单颗磨粒的磨削轨迹更长，最大未变形切屑厚度也有所增加，因此磨削力随之增加。但是当磨削深度 a_p 从 2mm 增大到 3mm 时，磨削力会出现陡降现象，这可能是由磨削深度超过了材料的淬火层引起的。从图 3.31 中 9SiCr 合金钢材料沿深度方向硬度变化曲线可以证明这个假设。

图 3.44 为磨削深度对磨削力比的影响。从图中可以看出，随着磨削深度的增加，磨削力比呈下降趋势，并且没有出现磨削力随磨削深度变化而出现的阶跃现象。这说明磨削力比对材料的硬度变化并不敏感。

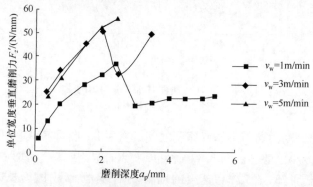

图 3.42　磨削深度对垂直磨削力的影响

（$v_s = 180\text{m/s}$，砂轮 1）

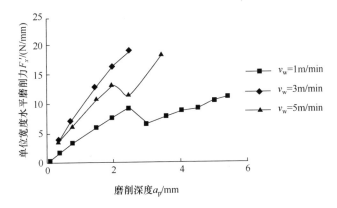

图 3.43 磨削深度对水平磨削力的影响

(v_s＝180m/s,砂轮 1)

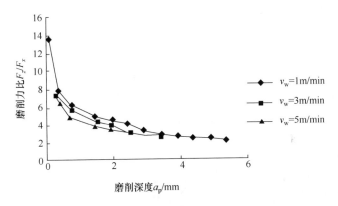

图 3.44 磨削深度对磨削力比的影响

(v_s＝180m/s,砂轮 1)

4. 材料比磨除率与磨削力的关系

图 3.45 为材料比磨除率和切向磨削力之间的关系。从图中可以看出,在 9SiCr 合金钢材料的材料比磨除率小于 130mm³/(mm・s)时,高工作台速度要比大磨削深度所需的切向磨削力更小。当 9SiCr 合金钢材料的材料比磨除率大于 130mm³/(mm・s)时,大磨削深度要比高工作台速度所需的切向磨削力更小。通过以上分析得知,当所需的材料比磨除率小于 130mm³/(mm・s)时,提高工作台速度,要比加大磨削深度对机床功率的要求更低;当所需的材料比磨除率大于 130mm³/(mm・s)时,通过加大磨削深度,要比提高工作台速度对机床功率的要求更低。

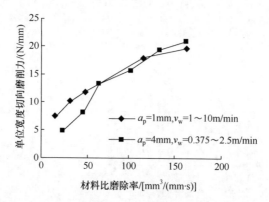

图 3.45　切向磨削力与材料比磨除率之间的关系

($v_s = 180\text{m/s}$)

3.2.6　工艺参数对表面质量的影响

1. 砂轮的影响

由图 3.46 可知,不同型号的砂轮对工件表面的粗糙度有所影响。虽然两片砂轮的粒度都是 120~140,但是通过图 3.47 可以发现,砂轮 3 的组织结构要比砂轮 2 的更加密实,而砂轮 2 内部有很多的结合剂和发泡剂。通过砂轮的结构分析可以预测砂轮 2 的冷却性要比砂轮 3 好,而且也解释了砂轮 3 磨削表面的粗糙度优于砂轮 2 的原因。

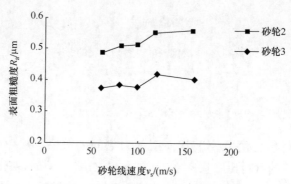

图 3.46　不同型号的砂轮对表面粗糙度的影响

($v_w = 1\text{m/min}, a_p = 0.005\text{mm}$)

图 3.47　砂轮微观形貌

由图 3.48 可以看出,砂轮 2 的磨削沟痕比砂轮 3 的深,并且磨削划痕很密集;而砂轮 3 的磨削表面相比于砂轮 2 有很明显的光滑区域,所以砂轮 3 磨削表面的粗糙度要比砂轮 2 的小。

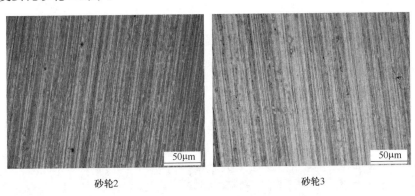

图 3.48　不同型号砂轮引起的微观形貌变化

($v_s = 60\text{m/s}, v_w = 1\text{m/min}, a_p = 0.05\text{mm}$)

由表 3.16 可以看出,在相同磨削用量下砂轮 2 的磨削表面硬度比砂轮 3 的低。而未磨削工件表面的硬度为 HV 350,说明砂轮 3 的磨削表面出现了淬火现象。从而可以知道,虽然相同粒度的砂轮 2 磨削工件的表面粗糙度没有砂轮 3 的好,但是工件表面的磨削温度低,没有出现磨削热淬火现象,在对磨削表面磨削温度要求更高的加工中,采用砂轮 2 会更有效。

表 3.16　不同砂轮相同磨削用量下的表面硬度对比(HV)

磨削用量	砂轮 2	砂轮 3
$v_s = 60\text{m/s}, v_w = 10\text{m/min}, a_p = 0.005\text{mm}$	325	383.9
$v_s = 60\text{m/s}, v_w = 3\text{m/min}, a_p = 0.03\text{mm}$	370.5	415.9
$v_s = 60\text{m/s}, v_w = 5\text{m/min}, a_p = 0.03\text{mm}$	328.6	361.9

2. 砂轮线速度的影响

由图 3.49 可以看出,在磨削深度小于 0.05mm 的情况下,表面粗糙度与砂轮线速度之间难以找到一种固定关系。当磨削深度大于 0.05mm 时,砂轮线速度为 100m/s 时的表面粗糙度略优于 60m/s 和 160m/s 时,这可能是因为在 100m/s 的砂轮线速度下机床的性能更稳定。

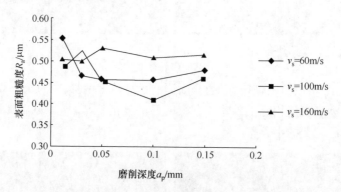

图 3.49　砂轮线速度对表面粗糙度的影响
$(v_w=1\text{m/min},$砂轮 2$)$

由图 3.50 可以看出,在砂轮线速度为 60m/s 的情况下,表面沟痕更深,而当砂轮线速度为 160m/s 时沟痕相对很密集,同时可以看出 100m/s 时的磨削表面要比其他线速度下的磨削表面更平整,光滑区域更明显。

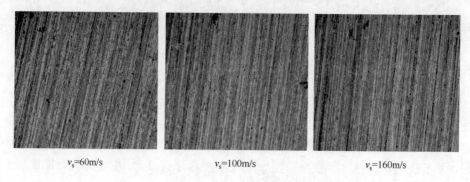

$v_s=60\text{m/s}$　　　　　　$v_s=100\text{m/s}$　　　　　　$v_s=160\text{m/s}$

图 3.50　砂轮线速度引起的表面微观形貌变化
$(v_w=1\text{m/min},a_p=0.005\text{mm},$砂轮 2$)$

由图 3.51 可以看出,随着砂轮线速度的提高,磨削表面的波纹长度逐渐变短。通过测量磨削表面的波纹长度,可以发现波纹的周期和砂轮旋转一周的时间相同,因此磨削表面的波纹可能是由砂轮修整引起的端面圆跳动造成的。

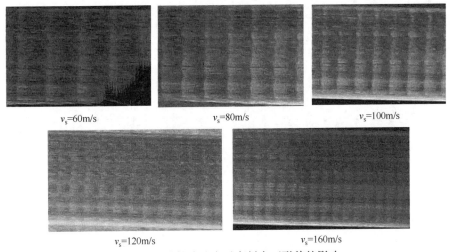

$v_s=60\text{m/s}$　　　　　$v_s=80\text{m/s}$　　　　　$v_s=100\text{m/s}$

$v_s=120\text{m/s}$　　　　　$v_s=160\text{m/s}$

图 3.51　砂轮线速度对磨削表面形貌的影响

（$v_w=10\text{m/min}$，$a_p=0.005\text{mm}$）

3. 工作台速度的影响

由图 3.52 可以发现，随着工作台速度的提高表面粗糙度变化不大，在磨削深度较浅的情况下，表面粗糙度随工作台速度增大的波动比较大，并且随着磨削深度的增大表面粗糙度减小。这可能是因为磨削深度为 0.03mm 时，磨削表面的挤压效果增强，塑性材料磨削过的表面会因弹性变形而恢复原状，以至于表面粗糙度变得更小。

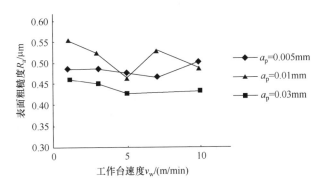

图 3.52　工作台速度对表面粗糙度的影响

（$v_s=60\text{m/s}$，砂轮 2）

工作台速度引起的表面微观形貌变化如图 3.53 所示。

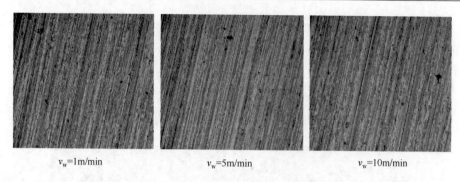

v_w=1m/min	v_w=5m/min	v_w=10m/min

图 3.53　工作台速度引起的表面形貌变化

(v_s＝60m/s, a_p＝0.005mm, 砂轮 2)

4. 磨削深度的影响

　　由图 3.54 可以发现, 随着磨削深度的增大, 表面粗糙度呈现减小的趋势, 且随着工作台速度的增大而减小。这是因为 9SiCr 合金钢材料在 v_s＝60m/s 的情况下主要表现为塑性, 所以当工作台速度提高后, 砂轮在工件表面的挤压、刮平效果增强; 在工作台速度较低的情况下, 单位时间划过工件表面的磨粒增多, 划痕密集, 从而表面粗糙度变差。

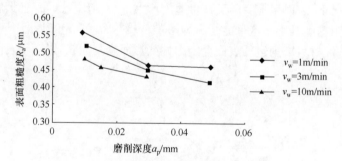

图 3.54　磨削深度对磨削粗糙度的影响

(v_s＝60m/s, 砂轮 2)

　　图 3.55 显示了不同磨削深度下的表面形貌变化, 通过观察可以看出, 随着磨削深度的增大, 磨削表面的沟痕变得宽大。

3.2.7　工艺参数对磨削温度的影响

　　由图 3.56～图 3.58 可知, 磨削温度随着砂轮线速度、工作台速度和磨削深度的增加均有提升, 且升高趋势均逐渐变缓。其中, 随着工作台速度的提高磨削温度先升高, 当超过一定值时逐渐变小。

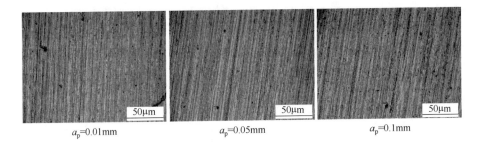

$a_p=0.01mm$　　　　　$a_p=0.05mm$　　　　　$a_p=0.1mm$

图 3.55　磨削深度引起的表面形貌变化

($v_s=60m/s, v_w=1m/min,$ 砂轮 2)

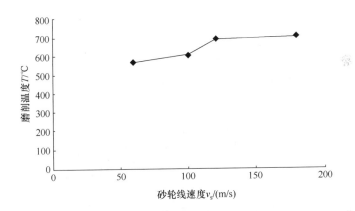

图 3.56　砂轮线速度对磨削温度的影响

($v_w=1m/min, a_p=0.2mm,$ 砂轮 1)

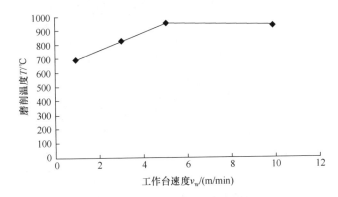

图 3.57　工作台速度对磨削温度的影响

($v_s=180m/s, a_p=0.2mm,$ 砂轮 1)

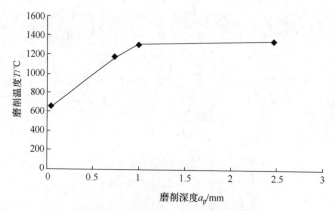

图 3.58　磨削深度对磨削温度的影响

($v_s = 180\text{m/s}, v_w = 10\text{m/min}, 砂轮 1$)

在试验中采用可磨削双节点 K 型热电偶对磨削区的温度进行测量。图 3.59 为夹置式热电偶在磨削中形成的结点，从图上可以看出，镍铬-镍硅丝已经焊接在一起。

图 3.59　热电偶结点微观图像

通过分析可知，在高效深磨加工中，磨削最高温度出现在砂轮与工件接触的弧形区域，而这一区域的材料随着工件的进给不断被去除。因此，磨削生成面上的最高温度 T_{max} 应小于热电偶测量得到的最高温度。热电偶结点测得的温度图像如图 3.60 所示。

对测得的温度信号，在时间长度上进行如下分析：

$$l_g = \sqrt{d_s a_p} = 18.7\text{mm} \tag{3-2}$$

$$l_t = v_w t = 53.3\text{mm} \tag{3-3}$$

其中，t 为接触时间；l_t 为测得的弧长；l_g 为几何接触长度。

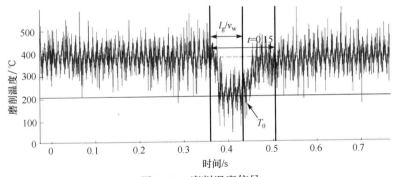

图 3.60 磨削温度信号

$(v_s = 180\text{m/s}, v_w = 10\text{m/min}, a_p = 1\text{mm})$

由此对测得的温度信号进行区域划分,如图 3.60 所示,其中 T_0 为结点刚离开磨削区时的温度。通过以上分析可知,磨削生成面上的最高温度位于热电偶测得的结点最高温度和 T_0 之间。

由图 3.61 可以发现,当工作台速度提高后,磨削表面的烧伤更为严重,并且烧伤呈波纹分布。这可能是由于当工作台速度提高后,波纹长度变长,从而在砂轮一个转周内的磨削过程更加集中,所以烧伤变得严重,如图 3.62 和图 3.63 所示。

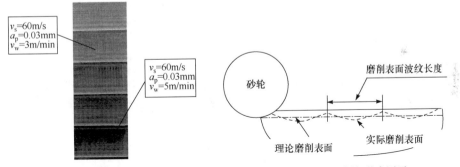

图 3.61 工作台速度引起的
表面形貌(砂轮 2)

图 3.62 表面波纹形成图示

图 3.63 表面波纹微观图像

3.2.8　工艺参数对比磨削能的影响

比磨削能是表征磨削过程能量消耗的一个重要指标。比磨削能不仅反映了磨粒与工件的干涉机理和干涉程度,还反映出磨削过程中的工艺参数,在机床设计时对估计机床功率需求也有重要作用[11]。比磨削能 E_e 是指磨削加工过程中去除单位体积工件材料所消耗的能量,由下式得到:

$$E_e = \frac{P}{Q_w} \tag{3-4}$$

式中,P 为磨削效率:

$$P = F_\tau v_s \tag{3-5}$$

Q_w 为去除工件材料的体积:

$$Q_w = a_p v_w b \tag{3-6}$$

其中,b 为磨削宽度。采用国际单位,比磨削能单位可表示为 J/mm^3。

比磨削能包括三个部分,即成屑能、耕犁能和滑擦能:

$$E_e = u_{ch} + u_{pl} + u_{sl} \tag{3-7}$$

其中只有成屑能真正用于材料去除,是所需要的最小磨削能。

由图 3.64 可知,当最大未变形切屑厚度 $h_{max} < 4.5\mu m$ 时,材料去除以塑性变形为主,比磨削能随 h_{max} 的增大而减小;当 $h_{max} > 4.5\mu m$ 后,比磨削能随 h_{max} 的变大而减小的趋势变缓,这有可能是由于材料去除方式中脆性去除的比例增大所致。由 h_{max} 的计算公式可知,h_{max} 随砂轮线速度的降低、工作台速度的提高和磨削深度的减小而变小,所以改变工作台速度和磨削深度对比磨削能的影响基本一致。

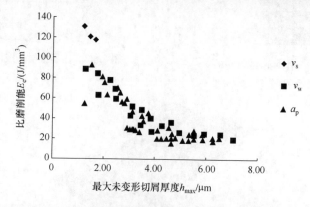

图 3.64　比磨削能与最大未变形切屑厚度之间的关系

3.2.9　结论分析

通过以上的试验与分析,采用高速/超高速磨削工艺,可以有效地提高磨削效率,提升磨削加工的表面质量:

(1) 在正常磨削加工状态下,磨削力 F_x 和 F_z 均随 h_{max} 的变大而变大,并且垂直磨削力 F_z 对 h_{max} 的增大更敏感。砂轮线速度、工作台速度和磨削深度的加大所导致的磨削力变化均是由 h_{max} 的变化引起的。

(2) 当工作台速度和磨削深度一定,即材料磨除率相同时,随着砂轮线速度的提高,磨削力比 F_z/F_x 逐渐增大,即随着 h_{max} 的减小,垂直磨削力与水平磨削力的比值逐渐变大,这正好验证了磨削力的尺寸效应。随着工作台速度的增大,磨削力比呈减小的趋势,但是对材料的硬度变化并没有敏感的反应。

(3) 比磨削能随 h_{max} 的增大呈现逐渐变小的趋势。

(4) 随着工作台速度的提高,水平磨削力 F_x 和垂直磨削力 F_z 均有较明显的增长趋势,并且不同磨削深度下的增长趋势有一定的区别,这可能是由材料的淬火不均匀导致的材料内部性能有差异造成的。随工作台速度的增大,磨削力的增大趋势会变缓,这可能是因为工作台速度的提高,导致 h_{max} 的增大超过了材料去除的脆塑转变限,使脆性去除的材料增多,由于脆性去除有卸载作用,所以磨削力增长会变缓。

(5) 切向磨削力随材料比磨除率的增大呈现增大的趋势,并且当所需的材料比磨除率小于 $130mm^3/(mm \cdot s)$ 时,提高工作台速度比加大磨削深度对机床功率的要求更低;当所需的材料比磨除率大于 $130mm^3/(mm \cdot s)$ 时,加大磨削深度比提高工作台速度对机床功率的要求更低。这也反映出磨削深度引起的切向磨削力的增长率要小于工作台速度引起的切向磨削力的增长率。

(6) 磨削表面粗糙度受砂轮线速度影响很大,在磨削深度较小时,磨削表面的粗糙度与砂轮线速度之间并没有明确的关系;当磨削深度加大后,机床主轴在不同转速下的状态对表面粗糙度的影响将凸显出来;当工作台速度提高后,磨削表面将出现波纹,从而呈现出砂轮或主轴对磨削表面的影响。

(7) 在精磨中,当砂轮线速度和工作台速度保持不变,加大磨削深度时,塑性材料磨削表面的粗糙度随着磨削深度的加大有时会呈现减小的趋势,在高速/超高速磨削加工中可以实现塑性材料的弹性去除,精磨后没有发现裂纹、烧伤等缺陷。表 3.17 是高速磨削工艺达到的加工质量。

表 3.17　高速磨削工艺质量分析

工艺	工艺设计及要求	工艺参数	加工工具	加工质量
粗磨	① 选择匹配的粗磨砂轮 ② 砂轮修整 ③ 留余量 0.1～0.3mm	磨削深度: $a_p=3\sim7mm$ 工作台速度: $v_w=0.5\sim2m/min$ 砂轮线速度: $v_s=160\sim200m/s$	根据加工材料选择相互匹配的粗磨砂轮	$R_a=0.5\sim0.8\mu m$; 磨削深度 $a_p>2mm$ 时,会出现表面浅烧伤层(<0.1mm)
半精磨	① 精修砂轮 ② 去除上一步粗磨中残留的表面烧伤等缺陷 ③ 留余量 0.01～0.03mm	磨削深度: $a_p=0.1mm、0.05mm$ 工作台速度: $v_w=2\sim10m/min$ 砂轮线速度: $v_s=160\sim200m/s$	选用与粗磨相同的砂轮	$R_a=0.4\sim0.5\mu m$; 在该阶段可以有效去除粗磨阶段留下的表面损伤
精磨	① 选择匹配的精磨砂轮 ② 精修砂轮 ③ 表面粗糙度 $R_a=0.3\sim0.5\mu m$	磨削深度: $a_p=0.01mm、0.005mm$ 工作台速度: $v_w=1\sim10m/min$ 砂轮线速度: $v_s=60\sim160m/s$	根据加工材料选择相互匹配的精磨砂轮	$R_a=0.3\sim0.5\mu m$; 表面无裂纹、无烧伤

（8）高速/超高速磨削可以大幅度提高加工效率。表 3.18 是高速磨削工艺达到的加工效率表,从表中可以看出,高速/超高速磨削中除了精磨中需要多次循环外,粗磨只需要循环一次就可以达到所需的尺寸要求。

表 3.18　高速磨削工艺效率分析

工艺	工艺设计及要求	工艺参数	加工工具	循环次数
粗磨	④ 选择匹配的粗磨砂轮 ⑤ 砂轮修整 ⑥ 留余量 0.1～0.3mm	磨削深度: $a_p=3\sim7mm$ 工作台速度: $v_w=0.5\sim2m/min$ 砂轮线速度: $v_s=160\sim200m/s$	根据加工材料选择相互匹配的粗磨砂轮	1
半精磨	④ 精修砂轮 ⑤ 去除上一步粗磨中残留的表面烧伤等缺陷 ⑥ 留余量 0.01～0.03mm	磨削深度: $a_p=0.1mm、0.05mm$ 工作台速度: $v_w=2\sim10m/min$ 砂轮线速度: $v_s=160\sim200m/s$	选用与粗磨相同的砂轮	1～3

续表

工艺	工艺设计及要求	工艺参数	加工工具	循环次数
精磨	④ 选择匹配的精磨砂轮 ⑤ 精修砂轮 ⑥ 表面粗糙度 $R_a=0.3\sim0.5\mu m$	磨削深度： $a_p=0.01mm$、$0.005mm$ 工作台速度： $v_w=1\sim10m/min$ 砂轮线速度： $v_s=60\sim160m/s$	根据加工材料选择相互匹配的精磨砂轮	$1\sim5$

3.3　40Cr 与 45♯ 钢高效磨削工艺

40Cr 与 45♯ 钢广泛应用于制造各种机械零配件、轴、五金工具、齿轮、标准件等，在工业生产中有着极为广泛的应用。

本节通过对 40Cr 与 45♯ 钢材料在高效深磨条件下的试验研究，分析各种工艺参数对磨削力的影响，并结合磨削后金属材料表面质量做进一步分析，提出一种高效、高质量加工的工艺参数优化方案。

3.3.1　材料的力学性能

40Cr 和 45♯ 钢材料的力学性能如表 3.19 所示。

表 3.19　40Cr 与 45♯ 钢材料力学性能

材料	热处理方法	硬度 （HRC）	抗拉强度 σ_b/MPa	屈服极限 σ_s/MPa	伸长率 $\delta_s/\%$	断面收缩率 /%	试件尺寸
40Cr	淬火	35	≥785	≥980	≥9	≥45	40mm×30mm×16mm
45♯钢	调质	25	≥600	≥355	≥16	≥40	40mm×30mm×16mm

3.3.2　工艺参数与磨削条件

1. 砂轮参数

选用砂轮的规格与参数如表 3.20 所示。

表 3.20　砂轮规格与参数表

磨料	粒度（#）	埋入率	磨料层厚度/mm	结合剂类型	砂轮直径/mm	砂轮宽度/mm	超高速磨削试验台试验用最高线速度/(m/s)	修整方式
CBN	75/90	2/3～4/5	0.5	电镀	348	16	250	不修整

2. 冷却液

SY-1 型水基强力磨削液（含亚硝酸钠、极压添加剂）。

3. 试验设备

试验采用 314m/s 超高速磨削试验台。

4. 工艺方案

工艺试验参数及磨削条件如表 3.21 所示。

表 3.21　工艺试验方案

砂轮线速度 v_s/(m/s)	工作台速度 v_w/(m/min)	磨削深度 a_p/mm	冷却液压强/MPa	磨削方式
90～210	2～4	0.02,0.5	4	顺磨

3.3.3　试验数据采集

1. 磨削力

由于在高速/超高速磨削情况下,冷却液的水压及砂轮周围气流所形成的气压在磨削区将对磨削力产生一个大的附加值,而且在不同的砂轮线速度与工作台速度下这个附加值是不同的。因此,在试验时,首先采取零进给无火花磨削方式,对不同砂轮线速度、不同工作台速度下的水、气压力值进行测试,数据记录如表 3.22 所示。

表 3.22　试验数据采集表

砂轮线速度 v_s/(m/s)	工作台速度 v_w/(m/min)	法向气、水压力值/N	切向气、水压力值/N
90	2	262	50
90	4	300	65
120	2	383	42
120	4	402	46

砂轮线速度 v_s/(m/s)	工作台速度 v_w/(m/min)	法向气、水压力值/N	切向气、水压力值/N
150	2	470	50
150	4	490	50
180	2	550	64
180	4	510	54
210	2	600	52
210	4	590	70

　　试验所测的磨削力是包含有水、气压力值的实测磨削力,减去表 3.22 中的数据,即计算出不含水、气压值的实际磨削力,并计算出单位长度上的磨削力以及法向磨削力与切向磨削力之比。

2. 金属比磨除率

　　金属比磨除率是指单位时间内单位磨削宽度所磨除的金属体积,可用式(3-8)计算:

$$Z'_w = a_p v_w \tag{3-8}$$

试验金属比磨除率如表 3.23 所示。

表 3.23　试验金属比磨除率

磨削深度 a_p/mm	工作台速度 v_w/(m/min)	金属比磨除率 Z'_w/[mm³/(mm·s)]
0.02	2	0.7
0.05	2	1.7
0.10	2	3.3
0.20	2	6.7
0.30	2	10
0.40	2	13.3
0.02	4	1.3
0.05	4	3.3
0.10	4	6.7
0.20	4	13.3
0.30	4	20
0.40	4	26.7

3. 比磨削能

比磨削能是指去除单位体积金属所消耗的能量,可用式(3-9)计算:

$$E_e = \frac{F_\tau v_s}{v_w a_p b} \tag{3-9}$$

根据已测得的包含水、气压力值的实测切向磨削力和去除水、气压力值的实际切向磨削力,以及已知的工艺参数可计算出在不同工况下的实测比磨削能和实际比磨削能。

3.3.4　工艺参数分析

1. 磨削力

1) 磨削力与砂轮线速度的关系

图 3.65 和图 3.66 分别为 45♯钢与 40Cr 在工作台速度为 2m/min 时,在不同的磨削深度下单位宽度法向磨削力与砂轮线速度的关系。

可以看出,在给定工作台速度及进给量的情况下,砂轮线速度越大,磨削力反而越小。这是因为工作台速度和磨削深度一定,即在金属磨除率为常数的情况下,砂轮线速度的提高意味着增加单位时间内通过磨削区域的磨粒数,这将导致每颗磨粒的磨削深度减小,切屑减薄,切屑横断面积随之减小,因此每颗有效磨粒承受的磨削力随之降低,因而磨削力降低。在小磨削深度时,提高砂轮线速度,磨削力降低的幅度很有限;而在大磨削深度时,磨削力随砂轮线速度的提高而下降的幅度加大,这说明在高速/超高速磨削条件下,可以大幅度提高加工效率。

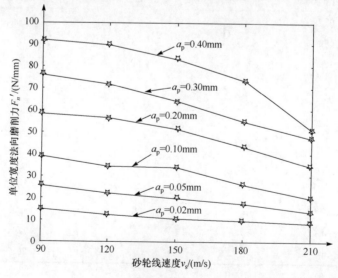

图 3.65　45♯钢磨削力与砂轮线速度的关系

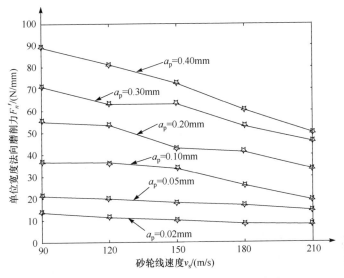

图 3.66 40Cr 磨削力与砂轮线速度的关系

2）磨削力与磨削深度的关系

图 3.67 和图 3.68 分别为 45♯钢与 40Cr 在工作台速度为 2m/min 时，在不同的砂轮线速度下单位宽度法向磨削力与磨削深度的关系。

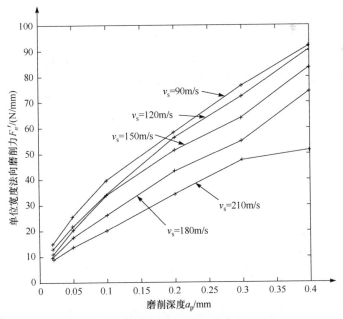

图 3.67 45♯钢磨削力与磨削深度的关系

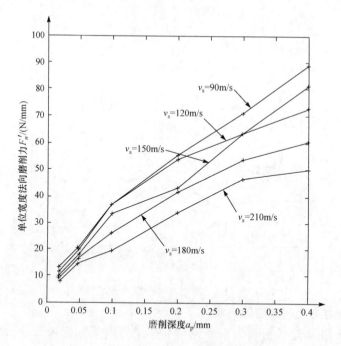

图 3.68　40Cr 磨削力与磨削深度的关系

从图中可以看出,在工作台速度和砂轮线速度一定时,随着磨削深度的加大,磨削力都相应增大。这是因为在相同情况下,增加进给量会使参加磨削的磨粒增多,切屑增厚,因而磨削力也会相应增大。在磨削 40Cr 时,磨削力随磨削深度而增大的趋势在减弱,特别是在砂轮线速度大于 150m/s 时。当砂轮线速度达到 210m/s 时磨削力逐渐趋于平稳。在磨削 45♯钢时,也有类似的趋势,在砂轮线速度达到 210m/s 时磨削力也逐渐趋于平稳。由此可以看出,在进行大磨削深度磨削(a_p>0.3mm)时,在超高速(特别是砂轮线速度超过 200m/s 时)磨削条件下,磨削力趋于稳定。

3) 磨削力与工作台速度的关系

图 3.69 和图 3.70 分别为 45♯钢与 40Cr 在工作台速度为 2m/min 及 4m/min 时,单位宽度法向磨削力与磨削深度的关系。

从图中可以看出,在相同条件下,工作台速度为 4m/min 时的磨削力大于工作台速度为 2m/min 时的磨削力,即提高工作台速度,金属磨除率加大,使得单位时间内切屑厚度加大,因而磨削力相应增加。在小磨削深度时,工作台速度对磨削力的影响不是很大,而提高工作台速度不仅可以减小比磨削能从而改善磨削条件,还可以大大提高磨削效率。从图中还可看出,在进给量较大的情况下,当砂轮线速度达到 210m/s 时,两种不同工作台速度下的磨削力有靠近的趋势,即工作台速度对

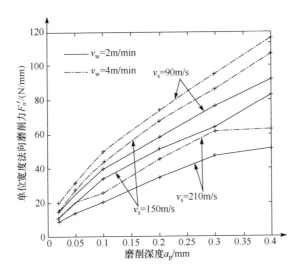

图 3.69 45♯钢磨削力与工作台速度的关系

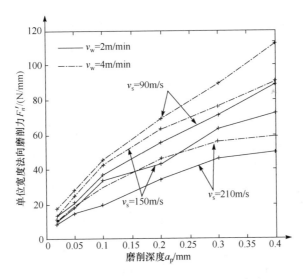

图 3.70 40Cr 磨削力与工作台速度的关系

磨削力的影响在减弱。这就意味着,在大磨削深度时,将砂轮线速度提高到 200m/s 以后,更有可能通过提高工作台速度来提高磨削效率。

2. 表面粗糙度

从图 3.71 和图 3.72 可以看出,随着磨削深度的增加,表面粗糙度也呈上升的趋势。这是因为在砂轮线速度一定时,增大磨削深度,磨粒切屑厚度也随之增大,在工件表面留下的刻痕深度也加大。同时,磨削深度增大,磨削力也相应增大,从而使得表面粗糙度恶化。但从总体上讲,表面粗糙度的增加幅度比较小。同时,也可看出随着砂轮线速度增大,表面粗糙度减小。这是因为提高砂轮线速度后,每颗磨粒切下的切屑变薄,磨粒通过工作区时在工件表面上留下的切痕深度就会变小;另外,砂轮线速度的提高,也有利于切屑的形成,磨削表面因塑性变形而生成的侧流或隆起的高度也会变小。

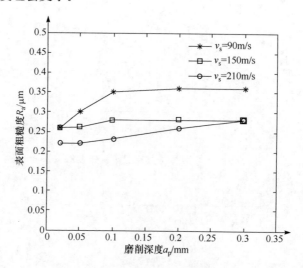

图 3.71　45#钢表面粗糙度关系图

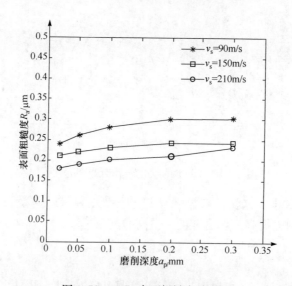

图 3.72　40Cr 表面粗糙度关系图

3. 金属比磨除率

从图 3.73 可以看出,金属比磨除率随磨削深度的增加而呈线性增长;同时,提高工作台速度,可增加金属比磨除率。特别是在大磨削深度时,提高工作台速度,金属比磨除率增加的幅度加大。

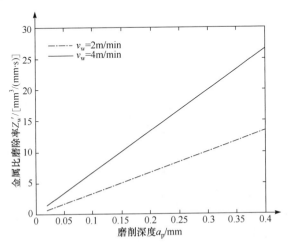

图 3.73 金属比磨除率与各磨削工艺参数关系图

4. 比磨削能

1) 比磨削能与砂轮线速度、磨削深度的关系

图 3.74 和图 3.75 分别为 45#钢和 40Cr 在工作台速度为 2m/min 时,比磨削能与砂轮线速度及磨削深度的关系图。

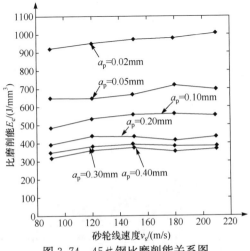

图 3.74 45#钢比磨削能关系图

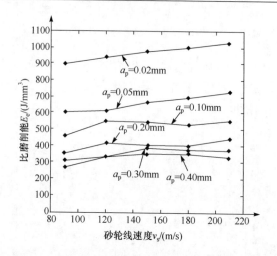

图 3.75　40Cr 比磨削能关系图

从图中可以看出,在磨削深度不变的情况下,随着砂轮线速度的增加,比磨削能增大。这是因为砂轮线速度的提高使磨削厚度减小,材料易产生塑性变形,消耗能量增大。随着砂轮磨削深度的增大,比磨削能减小。其原因是磨削深度越小,材料越容易产生塑性变形,其消耗的能量就越大。同时还可以发现,在大磨削深度时,随着砂轮线速度的提高,比磨削能的增幅有限,并逐渐趋于平稳,这也说明在磨削深度一定时,提高砂轮线速度并不会使磨削条件继续恶化,而是可以在保证加工质量的前提下提高加工效率。

2) 比磨削能与工作台速度的关系

图 3.76 是 45♯钢与 40Cr 在砂轮线速度为 90m/s 时,比磨削能与工作台速度

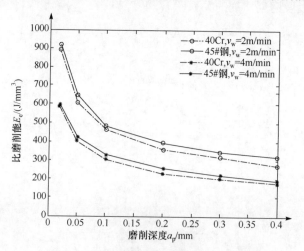

图 3.76　比磨削能与工作台速度关系图

的关系图。其中,工作台速度为 2m/min 时的比磨削能均大于工作台速度为 4m/min 时的比磨削能,也就是说,随着工作台速度的提高,比磨削能在降低。这是因为增大工作台速度,磨粒实际磨削厚度增大,材料更多地被脆性去除,脆性剥落增多,因此比磨削能减小。

5. 磨削温度

1) 磨削温度与砂轮线速度、磨削深度的关系

图 3.77 和图 3.78 分别为 45♯钢和 40Cr 在工作台速度为 2m/min 时所测得的磨削温度与砂轮线速度、磨削深度之间的关系。从图中可以看出,随着砂轮线速度的提高,磨削温度先逐渐升高,再从某一速度开始下降。对于 45♯钢和 40Cr,砂轮线速度均在 120m/s 处开始呈现下降的趋势。对于 45♯钢,在磨削深度为 0.03mm,砂轮线速度从 120m/s 至 150m/s 时,磨削温度急速下降,而速度超过 150m/s 后,磨削温度下降缓慢,并趋于稳定;在磨削深度为 0.05mm,砂轮线速度从 150m/s 至 180m/s 时,磨削温度急速下降,而速度超过 180m/s 后,温度略有上升,但起伏不大。对于 40Cr,砂轮线速度在超过 120m/s 后,磨削温度就一直呈逐渐下降的趋势。这可能是因为随着砂轮线速度的提高,总的磨削能在增加,所以磨削温度升高,但当砂轮线速度超过一特定值后,砂轮带走磨削热的速度大大增加,从而使得磨削温度呈现下降的趋势。

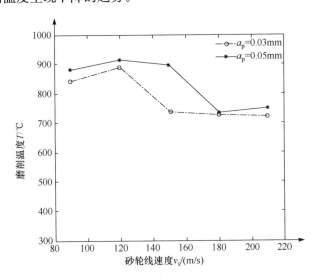

图 3.77　45♯钢磨削温度关系图

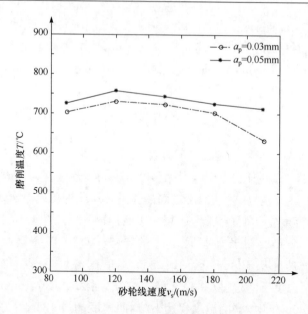

图 3.78　40Cr 磨削温度关系图

2) 磨削温度与工作台速度的关系

图 3.79 和图 3.80 分别为 45♯钢和 40Cr 在磨削深度为 0.03mm 时,磨削温度与工作台速度的关系。从图中可以看出,工作台速度越快,磨削同样深度所耗费的能量就越多,因而产生的热量越大,温度越高。

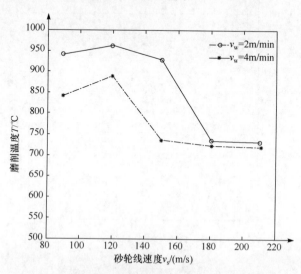

图 3.79　45♯钢磨削温度与工作台速度关系图

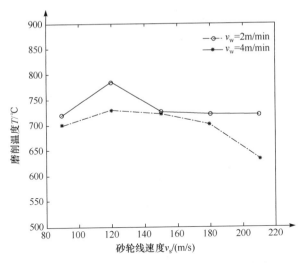

图 3.80　40Cr 磨削温度与工作台速度关系图

6. 45♯钢与 40Cr 的比较

从以上的数据和图表中可以得到相同条件下这两种材料磨削性能的比较,如表 3.24 所示。

表 3.24　45♯钢与 40Cr 高速/超高速磨削性能比较

材料	磨削力	磨削力比	表面粗糙度	比磨削能	磨削温度
45♯钢	大	大	大	大	高
40Cr	小	小	小	小	低

从表 3.24 可知,在高速/超高速磨削条件下,40Cr 的磨削性能仍然优于 45♯钢,这是由合金结构钢在加工性能上优于碳素结构钢的材料特性所决定的。

3.3.5　结论分析

(1) 在金属磨除率不变的情况下,提高砂轮线速度,可减小磨削力,降低工件表面粗糙度,提高工件加工精度。

(2) 磨削深度加大,使得磨削力加大,表面粗糙度增大,磨削热增加。但在砂轮线速度相对较高时,磨削深度加大而磨削力增加不大,特别是在砂轮线速度超过 200m/s 时进行大磨削深度磨削($a_p > 0.30$mm),磨削力趋于稳定,而表面粗糙度 $R_a \leqslant 0.4 \mu$m,使得在大磨削深度时,仍能保证工件表面质量,从而大大提高了磨削效率。由于在进行大磨削深度磨削时,烧伤会比较严重,可以通过工艺优化的方法,即粗磨时,采用超高速大磨削深度磨削以提高磨削效率,精磨时,采用超高速小进给量磨削以保证加工表面质量,也可以通过改造喷嘴结构和形式来减少烧伤。

（3）提高工作台速度,可增大金属比磨除率,大大提高磨削效率,且对工件表面粗糙度影响不是很大。特别是在大磨削深度时,砂轮线速度越高,越有可能通过提高工作台速度来提高磨削效率。

（4）比磨削能随磨削深度及工作台速度的增加呈逐渐下降的趋势,而砂轮线速度的提高又使比磨削能加大。在大磨削深度时,随着砂轮线速度的提高,比磨削能的增幅有限,并逐渐趋于平稳,这说明在大磨削深度时,提高砂轮线速度并不会使磨削条件继续恶化,而是可以在保证加工质量的前提下提高加工效率。

（5）提高砂轮线速度,磨削温度随之升高,而继续提高砂轮线速度,磨削温度却呈明显下降的趋势。同时,由于材料和加工条件不同,这个速度的温度"死谷"也各不相同。对于 45♯钢和 40Cr,在砂轮线速度超过 120m/s 后,磨削温度均开始下降。而对于 45♯钢,在磨削深度为 0.03mm,砂轮线速度从 120m/s 至 150m/s 时,磨削温度急速下降,而砂轮线速度超过 150m/s 后,磨削温度下降缓慢,并趋于稳定;在磨削深度为 0.05mm,砂轮线速度从 150m/s 至 180m/s 时,磨削温度急速下降。

（6）45♯钢与 40Cr 的磨削力比均在 2 和 3 之间,40Cr 的磨削力比小于 45♯钢;在超高速磨削条件下,40Cr 的磨削性能优于 45♯钢。

3.4　GCr15 轴承钢高效磨削工艺

3.4.1　材料的力学性能

GCr15 轴承钢材料是目前使用最广泛的轴承材料。经渗碳热处理后,一般要求材料表面硬度应不低于 HRC 61~65,心部硬度一般为 HRC 30~45,具有一定的强韧性、良好的弹性和刚度、较小的摩擦系数及良好的耐磨性和导热系数,并具有与滚动体相近的热膨胀系数。表 3.25 与表 3.26 分别为材料的化学成分和力学性能参数。

表 3.25　GCr15 轴承钢的化学成分

C	Mn	P	Cu	S	Si	Cr	Mo	Al	Ni
1.02	0.30	0.011	0.10	0.005	0.25	1.50	0.02	0.03	0.06

表 3.26　GCr15 轴承钢的力学性能参数

抗弯强度 σ/MPa	应力循环次数/10^6	弹性模量 E/GPa	密度 ρ/(g/cm^3)
2400	10	208	7.810

3.4.2　研究方案

以 GCr15 轴承钢为研究对象,以该材料的叶片泵窄深转子槽零件为研究重点,开展高效深磨工艺技术的研究,在确保加工质量和精度的前提下,力求加工效率的最大化,实现窄深转子槽的以磨代车,寻求最优的工艺参数组合。主要研究内容如下。

1. 磨削试验和机理研究

分别采用陶瓷 CBN 砂轮和电镀 CBN 砂轮系统地开展窄深槽深磨缓进给和高效深磨试验。首先对磨削机理进行分析,包括磨削力、比磨削能与最大未变形切屑厚度的关系以及窄深槽的加工机理分析;然后对试验结果进行分析,即分析磨削用量、磨削方式和材料磨除率对磨削力、磨削温度的影响规律;最后对不同砂轮的磨削性能进行评价。

2. 加工表面完整性分析

分析不同磨削参数对两种砂轮磨削工件表面形貌和表面粗糙度的影响,并选取典型磨削工艺,进行金相制样,对其表面/亚表面损伤进行分析,包括两种砂轮加工易出现的表面缺陷、不同磨削参数下亚表面显微组织和显微硬度变化,从而确定对应的损伤程度。

3. 磨削工艺方案设计

影响磨削过程的因素很多,对于不同的磨床、工件、砂轮、磨削液以及不同的磨削方法,磨削工艺参数的选择需要根据具体情况而定。磨削参数一方面要匹配磨床的动力性能,另一方面要权衡其对加工质量、加工效率和生产成本的综合影响。为了进一步提高生产效率并保证加工质量,需充分利用砂轮的磨削性能和机床的动力性能(功率、扭矩、刚度等),参数选择时可根据机床功率和砂轮极限速度求得允许的最大磨削力来保证效率最大化。为了保证试件的表面质量和精度,需进一步研究材料去除机理和开发新的磨削工艺,结合材料特性,制订试验方案,方案设计参数如表 3.27 和表 3.28 所示。

表 3.27 陶瓷 CBN 砂轮磨削试验工艺方案表

编号	砂轮线速度 v_s/(m/s)	工作台速度 v_w/(mm/min)	磨削深度 a_p/mm	备注
1	36,45,60,75	30,60,100,140,180,220	3,6,9	深磨缓进给磨削试验

表 3.28 电镀 CBN 砂轮磨削工艺方案表

编号	砂轮线速度 v_s/(m/s)	工作台速度 v_w/(mm/min)	磨削深度 a_p/mm	备注
1	60,90,120,135	140,220,300,380,460	3,6,9	深磨缓进给磨削试验
2	150	540,620,700	9	高效深磨磨削试验

每组工艺条件下的试验均进行三次,并将结果取平均值以保证准确性。

3.4.3　工艺试验条件

1. 试验机床

试验在 314m/s 超高速平面磨削试验台上进行。

2. 冷却液和冷却装置

对于深磨而言,试件和砂轮的冷却与清洗很关键。由于油性磨削液的冷却效果不如水溶性磨削液,试验采用 HOCUT 795 水基乳化液对磨削区进行冷却,磨削液浓度为 4%,流量为 40L/min,供液压力为 8MPa。试验时,试件需要充分冷却,但由于砂轮线速度较高,砂轮周围会产生高速气流,这层气流在磨削区前端形成高压"楔形"屏障,阻碍磨削液进入磨削区,影响加工过程中的冷却效果,所以本试验在砂轮左侧采用自制 Y 型喷嘴,并在右侧安装高压喷嘴同时对磨削切入和切出端进行冷却,示意装置如图 3.81 所示。

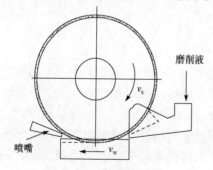

图 3.81　试验冷却装置

3. 砂轮和砂轮修整

对于窄深槽的强力开槽成型磨削来说,普通磨粒砂轮已不能满足加工要求,金刚石砂轮和 CBN 砂轮因其磨削能力强、耐磨性好、磨削力小、磨削温度低、加工表面完整性好,已越来越多地用于精密、超精密磨削加工中。但是由于 CBN 的热稳定性较好、耐热性高且具有较高的化学惰性,不易和铁反应,本试验选择 CBN 砂轮。

目前国内在砂轮方面的研究技术不断增加,也有不少厂家生产窄深槽加工用电镀 CBN 砂轮,所以本试验采用电镀 CBN 砂轮进行深磨缓进给和高效深磨试验。砂轮的具体参数和结构分别如表 3.29 和图 3.82 所示。

表 3.29　砂轮参数

砂轮编号	磨料	粒度(#)	浓度/%	结合剂	砂轮宽度/mm	安全速度/(m/s)	直径/mm
1	CBN	80/100	200	陶瓷	1.5	80	350
2	CBN	100	100	电镀	1.5	200	350

为了保证砂轮磨粒的锋利性和试验数据的可靠性,每磨削一定体积的材料后需进行修锐。对于陶瓷 CBN 砂轮,一般可采用单颗粒金刚石或碳化硅滚轮进行修

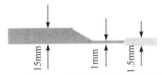

(a) 陶瓷CBN砂轮基体和磨料层尺寸

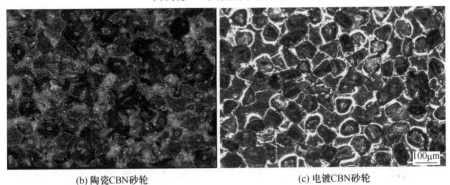

(b) 陶瓷CBN砂轮　　　　　　　　　　　　　(c) 电镀CBN砂轮

图 3.82　磨削试验用砂轮

整,碳化硅滚轮虽然修整效率较低,但是被修整 CBN 砂轮单位面积上的有效磨粒数较多,CBN 砂轮的磨削能力较强,适合进行高效磨削[12]。所以,本试验选用碳化硅滚轮对陶瓷 CBN 砂轮的外圆面进行修整,然后采用氧化铝油石进行修锐。深槽加工时,为了保证两侧面的质量,需要同时对砂轮的两侧面进行修整,但因试验条件有限,对于砂轮两侧面的修整只采用 80♯碳化硅油石进行轻微整形。因砂轮较薄,不能承受太大的轴向力,所以在砂轮修整时应保证砂轮轴向受力平衡。砂轮整形和修锐参数如表 3.30 和表 3.31 所示。对于电镀 CBN 砂轮则不需要修整,在试验前仅采用 200♯碳化硅油石对砂轮进行轻度修锐即可。

表 3.30　砂轮整形参数

修整器	修整比	砂轮线速度 v_s/(m/s)	工作台速度 v_w/(mm/min)	磨削深度 a_p/μm	进给次数
80♯碳化硅油石	10	30	30	1	50

表 3.31　砂轮修锐参数

修锐器	砂轮线速度 v_s/(m/s)	工作台速度 v_w/(mm/min)	磨削深度 a_p/mm	行程 /mm	进给次数
200♯碳化硅油石	30	100	2	30	4

4. 试件

随着工业的发展,带有窄深槽结构的零部件需求量越来越大,尤其是汽车工业

图 3.83　液压泵转子结构图

上的需求。而这些窄深槽的精度要求一般都很高,因此选用叶片泵转子的窄深槽作为研究对象。图 3.83 为典型的转子结构图,窄深槽的加工宽度一般为 0.9~2.2mm,槽深为 3~30mm,其表面粗糙度要求在 $R_a = 0.2\mu m$ 以下,轴心线的对称度为 0.03mm 左右,槽的平行度要求小于 $3\mu m$。因该零件尺寸精度、形位公差和表面粗糙度要求都很高,且槽窄而深,所以给窄深槽的机械加工带来了一个难题。

5. 试验数据后处理

试验时,冷却液的水压和砂轮高速旋转时气流形成的气压均会对磨削力产生影响,所以测得的磨削力应减去相同工况下空磨削时测得的磨削力。在试验时,测力仪测得的是水平磨削力 F_x 和垂直磨削力 F_z,而真实反映磨削过程中砂轮与工件间受力状况的是沿着磨削接触弧的切向及法向的磨削分力。在一般浅磨中,由于磨削深度很小,这两类力的大小可近似等同,但在窄深槽磨削中,由于砂轮磨削深度达到了 9mm,此时法向磨削力和测得的垂直磨削力的夹角可达十几度,所以不能直接将水平和垂直磨削力等同于切向和法向磨削力,应根据式(3-10)与式(3-11)计算进行换算[12]:

$$\begin{cases} F_n = F_z\cos\theta - F_x\sin\theta \\ F_\tau = F_z\cos\theta + F_x\sin\theta \end{cases} \tag{3-10}$$

$$\theta = \frac{2}{3}\arccos\left(1 - \frac{1a_p}{d_s}\right) + \frac{1}{3}\arcsin\frac{2\sqrt{a_p(d_s - a_p)} - B}{d_s} \tag{3-11}$$

式中,F_n 为法向磨削力;F_τ 为切向磨削力;θ 为法向磨削力与工作台垂直方向的夹角(图 3.84),由于本试验所采用的工件沿磨削方向的尺寸小于完成整个接触弧长磨削所需的尺寸,所以角度需进行换算;d_s 为砂轮直径;a_p 为磨削深度;B 为试件长度。

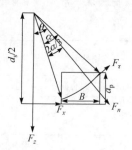

图 3.84　磨削力夹角 θ

3.4.4　高效深磨机理分析

1. 最大未变形切屑厚度与比磨削能

1) 最大未变形切屑厚度

本节主要根据最大未变形切屑厚度探讨磨削过程中磨削力、磨削温度、比磨削能等参数的变化现象。最大未变形切屑厚度 h_{max} 不仅与作用在磨粒上的磨削力大小有关,而且对磨削能、磨削区的温度及表面质量也有较大影响。未变形切屑厚度取决于连续磨削的微刃间距和磨削条件等参数,分析假设未变形切屑截面为三角形,其计算公式如式(1-2)所示。

图 3.85 表示了两种砂轮磨削时磨削力随 h_{max} 的变化情况。从图中可得出,随着 h_{max} 的增加,两种砂轮的法向磨削力和切向磨削力均成正比增加,且法向磨削力的增长趋势大于切向磨削力。两幅图对比可知,随着 h_{max} 的增大,陶瓷砂轮的磨削力增长趋势大于电镀砂轮,但其磨削力比(法向磨削力与切向磨削力之比)小于电镀砂轮,说明电镀砂轮的磨削能力大于陶瓷砂轮,陶瓷砂轮磨削容易钝化,需要频繁修整。但对于窄深槽磨削来说,由于陶瓷 CBN 砂轮具有多孔结构,能够促进工件的冷却,且可以经过多次反复的修整使用,使用寿命较电镀砂轮要长,砂轮生产工艺上的要求也较电镀砂轮弱一些,所以在选择砂轮时应综合考虑[13]。

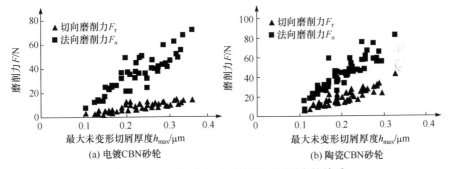

图 3.85　磨削力与最大未变形切屑厚度的关系

由 h_{max} 公式可知,磨削厚度的降低有利于提高试件表面加工质量和抑制砂轮损耗,且在提高砂轮线速度的同时适当提高工作台速度和磨削深度,而不改变 h_{max},这样单颗磨粒的磨削力不变,可大幅度地提高加工效率。

2) 比磨削能

比磨削能表示磨除单位体积材料所消耗的能量,反映了磨粒与工件的干涉机理和干涉程度,可以用来评定试件表面质量和砂轮磨削性能的好坏,其表达式见式(3-9)。

图 3.86 反映了两种砂轮的比磨削能随 h_{max} 变化的情况。可以看出,h_{max} 与比磨削能成反比,随着 h_{max} 的增大,比磨削能均呈减小的趋势,且逐渐趋于稳定。这是因为磨削能主要由滑擦能、耕犁能和磨屑形成能三部分组成。而实际上只有磨屑形成能用于材料的去除和形成新的加工表面。磨削时由于磨削力的尺寸效应和材料去除机理的变化,随着 h_{max} 的增大,滑擦能和耕犁能将会减小,而磨屑形成能的大小基本不变,所以 h_{max} 增大时,比磨削能呈减小的趋势。

从图中还可以看出,陶瓷 CBN 砂轮的比磨削能明显大于电镀 CBN 砂轮,且随着 h_{max} 的增加,比磨削能的下降速度也明显大于后者。

2. 加工机理分析

CBN 砂轮在成型磨削时主要是顶刃区和侧刃区进行工作。图 3.87 为砂轮开

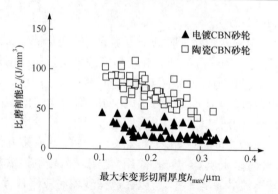

图 3.86　比磨削能与最大未变形切屑厚度的关系

槽磨削时的磨削轨迹。可以看出,其磨削类似于切断磨削与立轴平面磨削,砂轮已加工侧表面磨粒滑擦痕迹由两部分组成,即切入时砂轮从上至下磨削形成的轨迹曲线,以及从下至上的切出轨迹曲线,因两轨迹线发生重合,所以表面滑擦痕迹显示为从下至上的切出轨迹,如图 3.88 所示。砂轮在参与磨削时,由于负荷集中在砂轮边缘,砂轮边角将变圆,所以实际的磨削轮廓将发生变化。

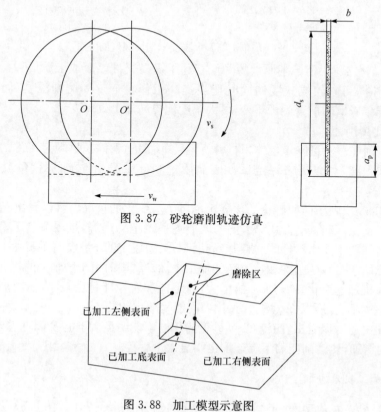

图 3.87　砂轮磨削轨迹仿真

图 3.88　加工模型示意图

　　图 3.89 为电镀 CBN 砂轮磨削后已加工侧面的表面形貌图。可以看出,左、右两侧表面形貌存在差异,左侧表面存在两个方向的运动轨迹,即切入时砂轮从上至下磨削形成的轨迹曲线,以及从下至上的切出轨迹曲线,中间有一道较明显的重叠线。图 3.90 为相应的表面形貌放大图。可以看出,重叠线下方的表面沟壑明显小于重叠线上方,分析其表面成型运动轨迹可知,重叠线下方的表面经历了砂轮磨粒从上至下和从下至上的两次滑擦,使得沟壑隆起较小,表面较光滑;而已加工右侧表面则无明显的从上至下的切入痕迹,但从下至上的切出轨迹曲线较明显。分析其形成原因可能是由于砂轮的偏摆跳动,使砂轮在切出时磨粒未与上方表面产生再次滑擦,从而形成两道明显的轨迹方向,经安装调整和轻微修整后,此现象消除。

(a) 已加工左侧表面

(b) 已加工右侧表面

图 3.89　已加工侧表面

$(v_{s}=135\mathrm{m/s}, v_{w}=140\mathrm{mm/min}, a_{p}=9\mathrm{mm})$

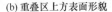
(a) 上下轨迹线重叠区域

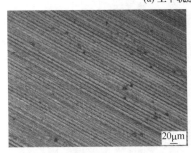
(b) 重叠区上方表面形貌

(c) 重叠线下方表面形貌

图 3.90　已加工左侧表面重叠线上下方表面形貌图

材料的去除形式主要取决于加工条件下单颗磨粒的磨削厚度,由公式可知,单颗磨粒的磨削厚度与工作台速度呈幂指数函数关系,即随工作台速度增加而增大。对于侧刃区的磨粒,在加工时主要起保证表面质量的作用,其材料去除量较小。经分析,当材料、磨粒和砂轮的弹性变形量小于或等于单颗磨粒极限磨削深度时,磨粒对材料只有弹性变形作用,材料的去除方式则是磨粒多次滑擦后出现疲劳点蚀而最终断裂脱落。

3.4.5　磨削力与磨削温度结果输出

1. 磨削力结果分析

图 3.91 为陶瓷 CBN 砂轮分别在单侧和双侧喷磨削液条件下磨削时磨削力的变化情况。可知,磨削时双侧喷磨削液时磨削力明显小于单侧喷磨削液的情况。在试验中发现,采用单侧喷磨削液磨削后的转子槽始端和末端有烧伤现象,而双侧喷磨削液的试件表面质量良好。这说明磨削力的大小受磨削时冷却情况的影响较大,磨削试件的时间对磨削力也有影响。

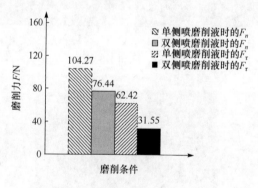

图 3.91　不同磨削条件下磨削力的对比

图 3.92 为陶瓷砂轮在顺磨与逆磨时磨削力随工作台速度的变化情况。可以看出,在窄深槽顺磨方式下法向磨削力明显大于逆磨时的法向磨削力,但顺磨时的切向磨削力明显小于逆磨工况,即比磨削能明显小于逆磨。所以磨削时的磨削温度也小于逆磨。从磨削后试件表面形貌可知,逆磨更容易发生烧伤现象,所以试验均采用顺磨方式进行。

综上所述,本试验采用双侧喷磨削液和顺磨的加工方式。经试验发现,陶瓷CBN 砂轮在初始磨削时磨削力较高,在整形后应采用油石进行修锐使砂轮暴露出磨粒并获得较好的突出量,但磨粒依然很钝,经一段时间的磨削后砂轮磨削力和比磨削能迅速下降并趋于稳定值,这主要是因为一开始时整形造成的磨粒钝化,在磨削过程中因磨粒的自锐作用而出现脱落而造成的。

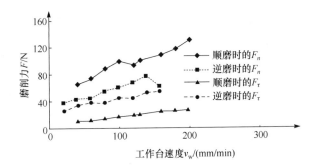

图 3.92　不同磨削方式下磨削力的对比

($v_s = 76\text{m/s}, a_p = 9\text{mm}$)

1) CBN 砂轮深磨缓进给磨削力试验结果及分析

（1）砂轮线速度对磨削力的影响。

图 3.93 和图 3.94 为陶瓷砂轮磨削时磨削力的变化情况。可以看出,切向磨削力和法向磨削力均随砂轮线速度的提高而逐渐减小,且下降趋势逐渐趋于平缓,这是因为随着砂轮线速度的提高,单颗磨粒的切削厚度降低,即 $h_{\max}$ 减小,使得单颗磨削刃的磨削力降低。当磨削深度增大时,磨削力也呈不断增大的趋势。

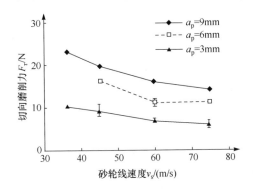

图 3.93　陶瓷砂轮切向磨削力的变化　　　图 3.94　陶瓷砂轮法向磨削力的变化

（2）磨削深度对磨削力的影响。

图 3.95 和图 3.96 为采用两种不同砂轮磨削时切向和法向磨削力随磨削深度的变化情况。可以看出,随着磨削深度的增大,磨削力均呈增大趋势,这是因为当砂轮磨削深度增大时,单颗磨粒的最大未变形切屑厚度随之增大,同时砂轮与工件的接触弧长增大,实际参加工作磨粒数增多,因而磨削力增大。

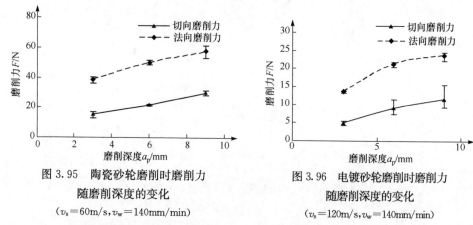

图 3.95　陶瓷砂轮磨削时磨削力
随磨削深度的变化
（$v_s=60\text{m/s}, v_w=140\text{mm/min}$）

图 3.96　电镀砂轮磨削时磨削力
随磨削深度的变化
（$v_s=120\text{m/s}, v_w=140\text{mm/min}$）

（3）工作台速度对磨削力的影响。

图 3.97 和图 3.98 为陶瓷砂轮磨削时切向和法向磨削力随工作台速度的变化情况。

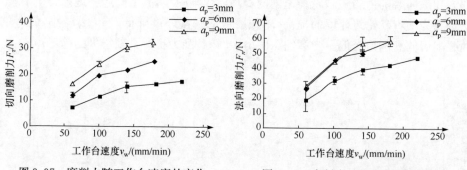

图 3.97　磨削力随工作台速度的变化
（$v_s=60\text{m/s}$）

图 3.98　磨削力随工作台速度的变化
（$v_s=60\text{m/s}$）

图 3.99 和图 3.100 为电镀砂轮磨削时切向和法向磨削力随工作台速度的变化情况。

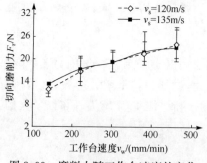

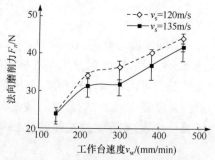

图 3.99　磨削力随工作台速度的变化
（$a_p=9\text{mm}$）

图 3.100　磨削力随工作台速度的变化
（$a_p=9\text{mm}$）

从图 3.101 中可以看出：

(1) 切向磨削力和法向磨削力均随着工作台速度的增加而呈增大趋势，这是因为提高工作台速度，金属磨除率增大，使得单位时间内磨削厚度加大，h_{max} 也增大，因而磨削力相应增加。而当工作台速度增大到 140mm/min 时，磨削力变化出现转折点，当磨削深度为 3mm 和 9mm 时，磨削力的增长趋于平缓，而在磨削深度为 6mm 的情况下却出现了快速增长，原因可能是在磨削温度和磨削力的作用下，结合剂对磨粒把持能力衰减，使磨粒钝化甚至脱落。

(2) 磨削力在随工作台速度增大而增大的同时，也随磨削深度的增大而增大，但当磨削深度为 6mm 和 9mm 时，随着工作台速度的增大，法向磨削力增长趋势并不明显。

(3) 随着工作台速度的提高，切向磨削力和法向磨削力均逐渐增大，当工作台速度超过 300mm/min 时磨削力增长速度变大。

(4) 在相同磨削参数下，陶瓷砂轮磨削时的法向磨削力和切向磨削力均大于电镀砂轮，如图 3.101 所示。

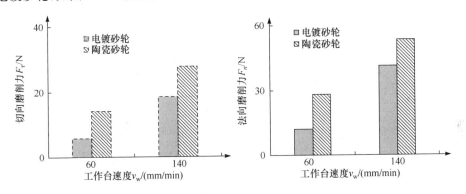

图 3.101   电镀砂轮和陶瓷砂轮磨削力的对比

(v_s=75m/s，a_p=9mm)

2) 电镀 CBN 砂轮高效深磨磨削试验结果及分析

高效深磨加工与传统磨削和缓进给磨削相比，不只是磨削几何参数的改变，其磨削机理也与传统磨削方式有很大的差异，结果分析如下。

图 3.102 为不同磨削参数下法向和切向磨削力的变化情况。

(1) 由图 3.102(a) 可知，当砂轮线速度为 150m/s、磨削深度为 9mm 时，随着工作台速度的提高，磨削方式从深磨缓进给磨削转变为高效深磨磨削，工作台速度小于 380mm/min 时，磨削力随工作台速度的提高呈先增大后缓慢减小的趋势，当工作台速度大于 380mm/min 时，磨削力出现了突变，当工作台速度进一步增大时，磨削力逐渐增大，但增幅不大。

（2）由图 3.102(b)可知，砂轮线速度为 135m/s 时，随着磨削深度的增大，法向和切向磨削力均逐渐增大，且切向磨削力在工作台速度超过 540mm/min 时，增长趋势变大。

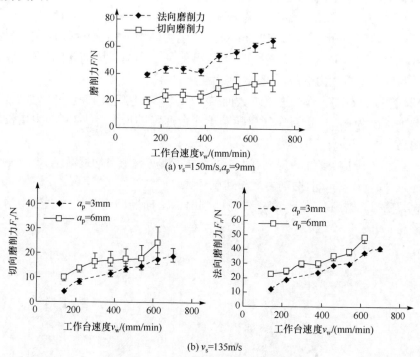

(a) $v_s=150\text{m/s}, a_p=9\text{mm}$

(b) $v_s=135\text{m/s}$

图 3.102　磨削参数对磨削力的影响

2. 磨削温度结果分析

在某种程度上来说，磨削温度是影响窄深槽磨削工件表面质量、加工精度以及生产效率的主要因素，所以本试验对磨削温度进行分析。磨削加工时影响磨削温度的因素有很多，主要包括磨削用量、磨削方式、砂轮特性、砂轮锋利性和冷却方式等综合因素。

1) 典型磨削温度信号

图 3.103 显示了工作台速度为 380mm/min 时热电偶测得的磨削接触区温度信号图。温度信号由背景信号和峰值信号组成，工件磨削表面的温度是背景信号，单颗磨粒磨削点的温度是峰值信号。试验测得的最大切向磨削力为 17.95N，磨削区最高温度为 708.4℃。从图中可以看出，磨削区温度先升高至约 255℃，然后快速增大到最大值。由于磨削液成膜沸腾温度为 260℃，温度发生急剧变化可能是因为磨削区的热流密度超过了磨削液的临界热流密度，磨削区冷却液发生成膜沸

腾,从而导致冷却效果下降[14]。工件离开磨削区后,由于磨削液的冷却作用,温度快速降至室温。

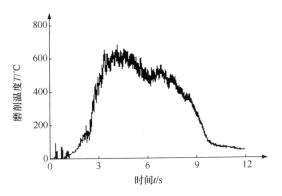

图 3.103　试验测得磨削温度信号图

($v_s=135\text{m/s},v_w=380\text{mm/min},a_p=9\text{mm}$)

2) 磨削参数对磨削温度的影响

图 3.104 为试验测得的电镀砂轮磨削温度随砂轮线速度的变化情况。从图中可以看出,砂轮线速度在 75m/s 到 90m/s 时磨削温度在 300℃左右;砂轮线速度增大到 105m/s 和 135m/s 时磨削温度达到了 600℃左右。可以看出,砂轮线速度在普通磨削速度范围内时,磨削温度几乎随砂轮线速度呈线性增大,当砂轮线速度增大到临界速度后,磨削温度又开始逐渐降低。这也很好地解释了图 3.103 中磨削温度随砂轮线速度的继续增大而呈减小的趋势。

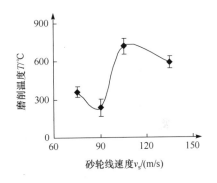

图 3.104　磨削温度随砂轮线速度的变化

($v_w=140\text{mm/min},a_p=9\text{mm}$)

图 3.105 反映了磨削温度随工作台速度的变化情况。随着工作台速度的增加,试验测得的磨削温度开始逐渐增大,即工作台速度增大,对应的切向磨削力和传入工件的热流密度增大。在冷却条件不变的情况下,可认为热流密度越大,传入工件的热量就越大,从而使磨削温度升高,但温度增长幅度不大。这是因为随着工作台速度的增加,排屑速度增加,生成的大部分热量在没来得及传到工件之前就作为磨屑而去除。

图 3.106 为磨削深度变化时磨削温度的变化情况。可以看出,磨削温度随着磨削深度的增加呈现先缓慢增大再减小的趋势。分析其原因可能是,在小磨削深

度、高工作台速度的普通磨削中，随磨削深度的增大及工作台速度的减小，磨削温度有明显的升高；而在大磨削深度、低工作台速度的缓进给磨削中，虽然总的磨削力和单位时间单位工件表面积的能量在逐渐增大，但因大量的热量在较长的持续磨削时间内以较低的速度流动，使工件受热体积由表面向深层扩展，从而使工件表面最高温度降低。

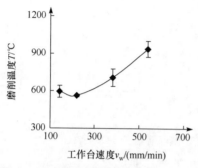

图 3.105　磨削温度随工作台速度的变化
$(v_s=135\text{m/s},a_p=9\text{mm})$

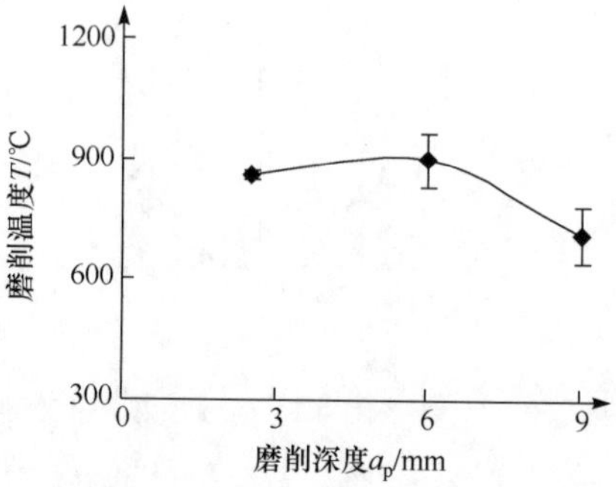

图 3.106　磨削温度随磨削深度的变化
$(v_s=135\text{m/s},v_w=380\text{mm/min})$

3）材料比磨除率对磨削温度的影响

图 3.107 是电镀 CBN 砂轮的磨削温度随材料比磨除率的变化情况。从图中可知，材料比磨除率增大时，磨削温度也呈逐渐增大的趋势，当材料比磨除率小于 $57\text{mm}^3/(\text{mm}\cdot\text{s})$ 时，磨削深度的增长对磨削温度的影响比工作台速度增大的影响要大，即提高工作台速度比增大磨削深度对机床功率的要求要低。

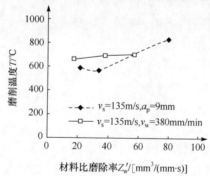

图 3.107　磨削温度随材料比磨除率的变化

3.4.6　磨削参数对表面形貌的影响

1. 电镀 CBN 砂轮磨削试件表面形貌分析

图 3.108 为砂轮线速度变化对表面形貌的影响，图 3.109 为高效深磨时工作台速度变化对表面形貌的影响，图 3.110 为磨削深度变化对表面形貌的影响。

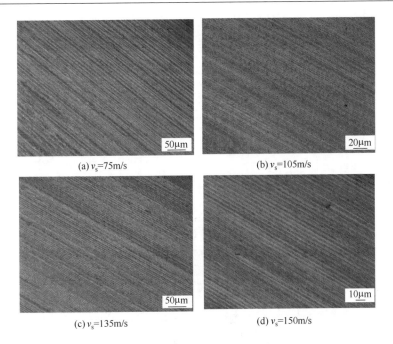

(a) v_s=75m/s　　　　　　　　　　　(b) v_s=105m/s

(c) v_s=135m/s　　　　　　　　　　　(d) v_s=150m/s

图 3.108　砂轮线速度变化对表面形貌的影响

(v_w＝140mm/min, a_p＝9mm)

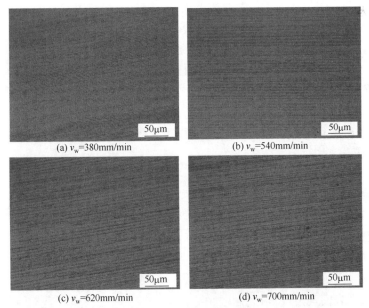

(a) v_w=380mm/min　　　　　　　　　　(b) v_w=540mm/min

(c) v_w=620mm/min　　　　　　　　　　(d) v_w=700mm/min

图 3.109　高效深磨时工作台速度变化对表面形貌的影响

(v_s＝150m/s, a_p＝9mm)

(a) $a_p=3mm$　　　　　　　　　(b) $a_p=6mm$

(c) $a_p=9mm$

图 3.110　磨削深度变化对表面形貌的影响

($v_s=135m/s, v_w=380mm/min$)

图 3.108～图 3.110 为电镀 CBN 砂轮加工窄深槽在不同磨削参数下的已加工表面形貌图。从图中可知：

（1）试件表面都出现了清晰的耕犁条痕，当砂轮线速度较低时，材料主要以显微塑性变形为主要特征，且部分区域出现了脆性剥落凹坑；当砂轮速度逐渐增大时，塑性去除逐渐明显，试件表面被滑擦的次数越多，表面越光滑。

（2）试件表面沟痕较浅，且当砂轮线速度和磨削深度不变、工作台速度增加时，表面沟痕形貌变化不大，但因单颗磨粒最大未变形切屑厚度有所增加，所以表面的脆性剥落痕迹增多。

（3）随着磨削深度的增大，试件表面微观形貌中的沟槽峰值在增大，磨削沟痕越来越明显。

2. 陶瓷 CBN 砂轮磨削试件表面形貌分析

图 3.111 和图 3.112 为陶瓷 CBN 砂轮在不同磨削参数下磨削试件后的表面形貌图。图 3.111 为砂轮线速度变化对表面形貌的影响，图 3.112 为工作台速度变化对表面形貌的影响。

从图 3.111 和图 3.112 可以看出：

（1）试件表面沟痕较浅，表面较光滑。

（2）随着砂轮线速度的提高，已加工表面划痕减少，磨削沟痕越来越浅。

（3）工作台速度增大时，试件表面划痕增多，但变化不明显。

（4）试件表面沟痕较少，表面形貌好于电镀砂轮。

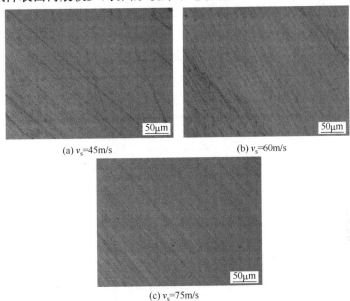

(a) v_s=45m/s　　　　　　　(b) v_s=60m/s

(c) v_s=75m/s

图 3.111　砂轮线速度变化对表面形貌的影响

$(v_w=60\text{mm/min}, a_p=9\text{mm})$

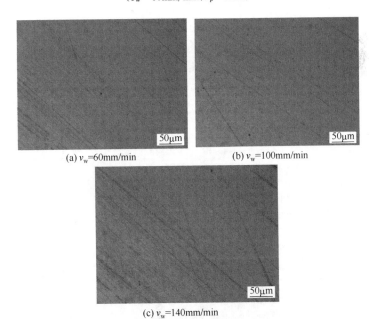

(a) v_w=60mm/min　　　　　　(b) v_w=100mm/min

(c) v_w=140mm/min

图 3.112　工作台速度变化对表面形貌的影响

$(v_s=45\text{m/s}, a_p=9\text{mm})$

3.4.7　磨削参数对表面粗糙度的影响

表面粗糙度属于表面微观几何形状误差,其大小可以作为评价已加工零件表面质量好坏的指标之一。当材料为塑性去除时,已加工表面在磨粒作用下生成耕犁沟槽,由于塑性流动在垂直于磨削方向最大,表层材料向耕犁沟槽两侧流动堆积形成耕犁沟槽峰和脊隆起带,磨削深度越大,沟槽的峰值越大,表面粗糙度也随之增大。所以,已加工表面的粗糙度与材料的去除机理和零件的质量密切相关[15]。

表 3.32、图 3.113 和图 3.114 分别显示了两种砂轮磨削参数与表面粗糙度的关系。

表 3.32　电镀砂轮磨削深度对表面粗糙度的影响

序号	砂轮线速度 v_s/(m/s)	工作台速度 v_w/(mm/min)	磨削深度 a_p/mm	表面粗糙度 R_a/μm
1	135	300	6	0.135
2	135	300	9	0.171
3	135	540	6	0.197
4	135	540	9	0.203

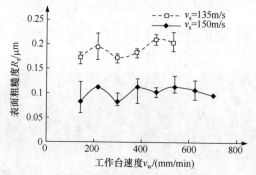

图 3.113　电镀砂轮磨削参数对表面粗糙度的影响

($a_p=9$mm)

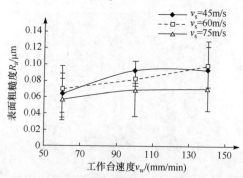

图 3.114　陶瓷砂轮磨削参数对表面粗糙度的影响

($a_p=9$mm)

从表 3.32、图 3.113 和图 3.114 可以看出：

（1）表面粗糙度整体变化不大，电镀砂轮磨削后的试件表面粗糙度为 $0.081\sim$ $0.209\mu m$，陶瓷砂轮磨削后的试件在 $0.057\sim0.094\mu m$。

（2）砂轮线速度变化对表面粗糙度的影响较大，随着砂轮线速度的提高，两种砂轮磨削后的试件表面粗糙度均呈下降趋势，这是因为随着砂轮线速度的提高，单颗磨粒最大未变形切屑厚度变薄，耕犁条纹变浅，材料延性去除比例增加，塑性耕犁区域变广，表面粗糙度随之下降。

（3）工作台速度变化时，电镀砂轮磨削后的试件表面粗糙度呈现无规律的小幅波动，可见，工作台速度变化对电镀砂轮磨削表面粗糙度的影响较小，而陶瓷砂轮磨削后的表面粗糙度随工作台速度的增加呈逐渐增长的趋势，但变化不大。

（4）磨削深度增大时，随磨削沟槽的峰值增大，试件表面粗糙度也呈增大的趋势。

3.4.8　磨削参数对表面/亚表面损伤的影响

1. 已加工表面损伤分析

图 3.115 和图 3.116 分别为两种砂轮磨削试件后已加工表面的损伤情况。由图可以看出，电镀砂轮磨削加工的表面纹理清晰，未观测到裂纹，但试件表面易出现"黑点"，如图 3.115(a)中Ⅰ区所示的表面高度凸出的 CBN 磨粒。这是因为砂轮磨损大，砂轮与工件有较大的重叠面，破碎的磨粒被卷入砂轮与工件的表面间，

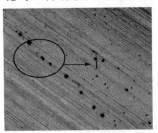
(a) 表面磨粒嵌入

(b) Ⅰ区缺陷放大图

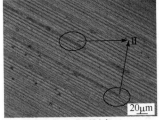
(c) 表面划痕

图 3.115　电镀砂轮磨削后已加工表面的损伤情况

$(v_s=75m/s,v_w=140mm/min,a_p=9mm)$

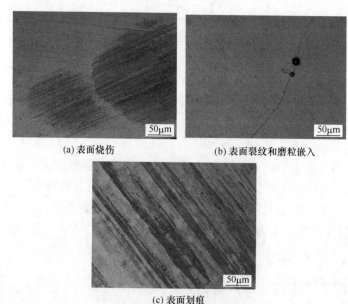

图 3.116　陶瓷砂轮磨削后已加工表面的损伤情况

$(v_s=75\text{m/s}, v_w=140\text{mm/min}, a_p=9\text{mm})$

工件表面硬度较低时则被压入工件表面[16]。还有少数区域出现了表面划痕情况，如图 3.115(c)中Ⅱ区所示。划痕的产生是由于砂轮表面在磨削高温和磨削力作用下发生磨粒脱落，磨粒受砂轮挤压压入表面的破碎层，并发生滑擦。

从图 3.116 可知，陶瓷砂轮磨削后表面较光滑，划痕较少，但加工不当易出现局部烧伤、表面裂纹、磨粒嵌入和表面划痕等缺陷。由于陶瓷砂轮磨粒凸出高度低，且修整不好时容易出现砂轮表面磨损不均匀，甚至磨料层脱落现象，从而造成加工时局部烧伤和大尺寸的划痕，如图 3.116(a)和(c)所示；图 3.116(b)为磨削生成的裂纹。裂纹形成原因非常复杂，磨削加工参数选择不合理、砂轮修整不当、砂轮振动大、冷却条件差等因素均可能造成磨削裂纹[13]，且冶金和热处理的质量往往是造成裂纹的内在因素；而磨削热被广泛认为是磨削裂纹产生的主要原因；从图中可知，也可能是由于磨削高温或者塑性变形使表面硬度较大，磨粒压入而造成的开裂。材料失效往往就是由大的夹杂或碳化物周围产生的微裂纹扩展所致，因此加工时控制微裂纹的产生对保证表面质量很重要。

2. 亚表面显微组织

图 3.117 为超景深三维显微镜观测到的磨削后试件的亚表面显微组织放大图。

从图 3.117(a)可以看出，亚表面经腐蚀后出现了一层呈白色的变质层，此白色变质层因其能抵抗一般的腐蚀，在光学或电子显微镜下呈白色，所以被称为"白

(a) 亚表面显微组织

(b) 白层和暗层组织形态

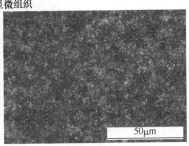

(c) 基体组织形态

图 3.117　白层、暗层和基体组织形态

$(v_s=150\mathrm{m/s}, v_w=540\mathrm{mm/min}, a_p=9\mathrm{mm})$

层”,其硬度往往高于基体组织。从图 3.117(a)中还可以看出,表面次表层即磨削白层下面往往伴有因磨削热造成的过回火而形成的“暗层”组织,此层组织硬度往往低于基体组织,即软化现象。

图 3.117(b)、(c)为白层和暗层、基体组织的放大图。可以看出,白层和暗层组织发生了变化。已知 GCr15 轴承钢的正常组织由细小结晶马氏体、隐晶马氏体、少量残留碳化物和较多残余奥氏体组成[17];而白层则是一层晶粒尺寸小于暗层和基体组织的马氏体,主要为隐晶马氏体,并存在高度位错。其形成原因也众说纷纭[18~20],磨削高温和磨削力造成的塑性变形被认为是形成白层的主要因素,即可能是因为表层温度瞬间达到奥氏体转变温度 Ac1(900℃),发生二次淬火,且在冷却液的快速冷却下,奥氏体迅速转变为晶粒细小的隐晶马氏体[21];也可能是由磨削时磨粒耕犁、滑擦和切削磨削表面引起塑性变形,产生位错,使晶粒严重破碎并细化成细小的亚晶粒造成的[22,23]。对于 GCr15 轴承钢磨削白层的形成原因还有待进一步的研究。当磨削热是白层的主要形成因素时,其次表层会出现一层暗层组织,主要是回火屈氏体和回火马氏体,并含有少量的黑色团状的索氏体,如图 3.117(b)所示。

1) 电镀砂轮磨削试件亚表面显微组织

图 3.118 为电镀砂轮磨削时不同工作台速度下的亚表面显微组织图。当工作台速度为 540mm/min 时出现了白层,工作台速度越大,白层深度也越大。由图 3.105可知,随着工作台速度的增大,磨削温度也会相应增大,磨削温度是造成组织发生变化的主要因素。不同磨削参数下的白层深度测量结果如表 3.33 所示。

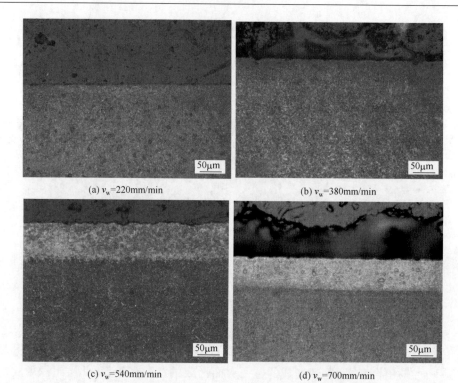

(a) v_w=220mm/min　　　　　　　　(b) v_w=380mm/min

(c) v_w=540mm/min　　　　　　　　(d) v_w=700mm/min

图 3.118　工作台速度对试件亚表面显微组织的影响

(v_s＝150m/s,a_p＝9mm)

表 3.33　不同磨削参数下电镀砂轮磨削的白层深度

序号	砂轮线速度 v_s/(m/s)	工作台速度 v_w/(mm/min)	磨削深度 a_p/mm	白层深度 /μm
1	150	220	9	0
2	150	380	9	0
3	150	540	9	53
4	150	700	9	99

2) 陶瓷砂轮磨削试件亚表面显微组织

图 3.119～图 3.121 为陶瓷砂轮磨削时不同磨削参数对亚表面显微组织的影响。从图中可知:

(1) 砂轮线速度为 36～45m/s 时,亚表面显微组织未发生明显的变化;当砂轮线速度超过 60m/s 时,表层出现了白层组织。

(2) 工作台速度小于 140mm/min 时,亚表面显微组织无明显变化;当超过 140mm/min 时出现了白层组织。

(3) 在工作台速度为 140mm/min、砂轮线速度为 45m/s 时,随着磨削深度的变化,亚表层均出现了变质层,且随着磨削深度的增大,变质层厚度增加。

　　对比电镀砂轮和陶瓷砂轮磨削试件亚表面显微组织可知,前者的白层深度要大于后者,但电镀砂轮磨削的亚表面变质层厚度均匀,而陶瓷砂轮的变质层厚度却只是局部出现,这可能是由陶瓷砂轮磨料层磨损程度不一致造成的。

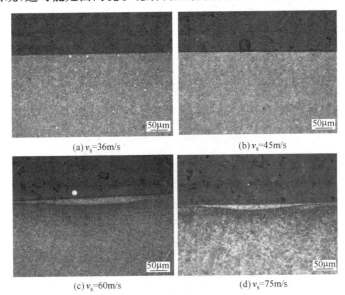

图 3.119　砂轮线速度对试件亚表面显微组织的影响

($v_w = 60mm/min, a_p = 9mm$)

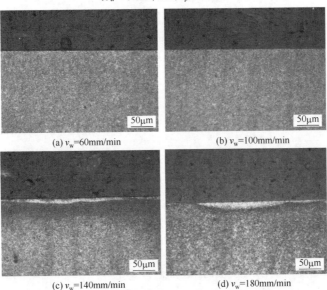

图 3.120　工作台速度对试件亚表面显微组织的影响

($v_s = 45m/s, a_p = 9mm$)

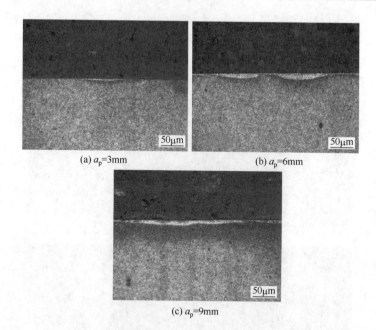

(a) a_p=3mm (b) a_p=6mm

(c) a_p=9mm

图 3.121　磨削深度对试件亚表面显微组织的影响
（v_s＝45m/s，v_w＝140mm/min）

不同磨削参数下陶瓷砂轮磨削的白层深度见表 3.34。

表 3.34　不同磨削参数下陶瓷砂轮磨削的白层深度

序号	砂轮线速度 v_s/(m/s)	工作台速度 v_w/(mm/min)	磨削深度 a_p/mm	白层深度 /μm
1	36	60	9	0
2	45	60	9	0
3	60	60	9	27
4	75	60	9	22
5	45	100	9	0
6	45	140	9	27
7	45	180	9	30
8	45	140	3	7
9	45	140	6	25

3.4.9　磨削参数对亚表面显微硬度的影响

表面最大温度对磨削后表面/亚表面硬度有很大影响。当磨削温度超过材料相变温度时，表层组织将发生二次淬火生成硬度远大于基体的变质层；当磨削温度低于材料相变温度但高于材料回火温度时，试件表面的马氏体组织将发生回火现象,从而产生硬度低于基体的损伤层。硬度检测是测量磨削烧伤层厚度最直接易行的方法[17,24]。显微硬度既能反映烧伤程度,也能检测加工硬化情况,对于承受复杂应力的窄深槽零件来说,应确保其零件表层没有加工硬化或硬化程度在允许范围内。因此,本节对磨削后试件的已加工表面横截面显微硬度进行测量,观察其是否有变质层,以及变质损伤层深度,从而对表面完整性进行评价。

镶嵌的试样经抛光后使用 402MVA 自动转塔显微维氏硬度计测量其维氏硬度,试验设置加载载荷为 0.3kgf,加载时间为 10s,沿磨削深度方向每次进给 $60\mu m$,测量示意图如图 3.122 所示。

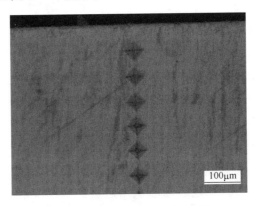

图 3.122　显微硬度测量示意图

试验前测得试件基体硬度在 HV 720~790,零件允许的硬度范围为 HV 690~800。图 3.123 和图 3.124 分别反映了电镀砂轮和陶瓷砂轮磨削时亚表面显微硬度随工作台速度的变化情况。

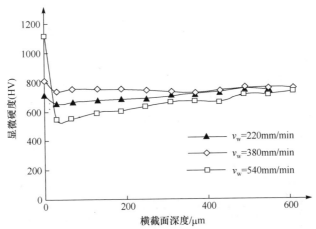

图 3.123　电镀砂轮磨削时已加工表面显微硬度变化曲线

$(v_s=150m/s, a_p=9mm)$

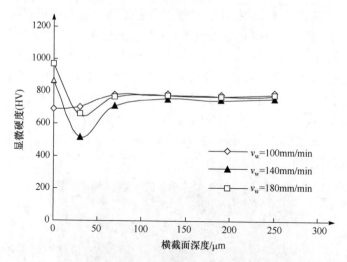

图 3.124　　陶瓷砂轮磨削时已加工表面显微硬度变化曲线
($v_s=45\text{m/s}, a_p=9\text{mm}$)

图 3.123 中的三条曲线分别代表电镀砂轮磨削时,同一位置处三个不同工作台速度对应的显微硬度变化。工作台速度为 220mm/min 时,随着横截面深度的增大,显微硬度呈现先减小后逐渐增大的趋势。可以看出,当横截面深度小于 200μm 时,硬度均在基体硬度以下,即此层为软化层。次表层的软化现象可能是由摩擦热造成的过回火所致。同时还可以看出,表层的硬度虽低于基体硬度,但大于次表层硬度,这可能是塑性变形导致的表面加工硬化现象。当工作台速度为 380mm/min 时,除表层可能因塑性变形导致加工硬化,硬度稍高于基体硬度外,随横截面深度的变化,硬度未发生明显变化。而工作台速度为 540mm/min 时,损伤层深度达到了 430μm 左右,随横截面深度增大,硬度呈现先减小后增大的趋势,且已加工表面的硬度远大于基体硬度,这是因为此时表层形成了一层高硬度的白层组织;而次表层的硬度降低则可能是因回火发生了组织软化现象。远离已加工表面时硬度逐渐恢复到基体硬度。

图 3.124 为陶瓷砂轮磨削时,亚表面显微硬度随工作台速度的变化情况。可知,随着工作台速度的增加,亚表面组织变质层厚度增加。当工作台速度为 100mm/min 时,随着横截面深度的减小,显微硬度呈现减小的趋势,但变化不大,在硬度值允许范围内;而当工作台速度为 140mm/min 和 180mm/min 时,随着横截面深度的增大,硬度先减小后增大,且已加工表面的硬度明显大于基体硬度,其损失层深度分别约为 46μm 和 60μm。

参 考 文 献

[1] 李晓东. 4JB1 球铁曲轴的温度场模拟及其铸造工艺的研制. 重庆:重庆大学硕士学位论文,2001

[2] 何利民. 工程陶瓷高效深磨温度场的有限元分析与仿真. 长沙:湖南大学硕士学位论文,2009

[3] 易了. 工程陶瓷高效深磨磨削力和磨削能的特征及形成机理研究. 长沙:湖南大学硕士学位论文,2006

[4] 谢桂芝. 工程陶瓷高速深磨机理及热现象研究. 长沙:湖南大学博士学位论文,2009

[5] Guo C,Wu Y,Varghese V,et al. Temperatures and energy partition for grinding with vitrified CBN wheels. CIRP Annals—Manufacturing Technology,1999,48(1):247-250

[6] Hwang T W,Malkin S. Upper bound analysis for specific energy in grinding of ceramics. Wear,1999,231(2):161-171

[7] 蔡光起. 磨削技术现状与新进展. 制造技术与机床,2000,5:10-11

[8] 郭力,谢桂芝,何利民. 工程陶瓷高效深磨温度场的有限元仿真. 湖南大学学报,2009,36(7):24-29

[9] 盛晓敏. 超高速磨削技术. 北京:机械工业出版社,2010

[10] 任敬心. 磨削原理. 北京:电子工业出版社,2011

[11] 马尔金 S. 磨削技术理论与应用. 蔡光起,巩亚东,宋贵亮,译. 沈阳:东北大学出版社,2002

[12] 雷力生,崔恒泰. 高精度深槽深切缓进给磨削的研究. 金刚石与磨料磨具工程,1985,4:1-7

[13] 李定乾,张先虎. 轴承零件磨削裂纹的产生与防止. 轴承,1996,8:27-28

[14] Klocke F,Baus A,Beck T. Coolant induced forces in CBN high speed grinding with shoe nozzles. CIRP Annals—Manufacturing Technology,2000,49(1):241-244

[15] Jin T,Stephenson D J,Rowe W B. Estimation of the convection heat transfer coefficient of coolant within the grinding zone. Proceedings of the Institution of Mechanical Engineers, Part B:Journal of Engineering Manufacture,2003,217(3):397-407

[16] 李伟,张继旺,杜玉峰. GCr15 钢超长寿命疲劳行为的试验研究. 西南交通大学 110 周年校庆研究生学术论坛,2006

[17] 夏启龙. 淬硬轴承钢磨削温度对磨削白层形成机理影响的研究. 长沙:湖南大学硕士学位论文,2009

[18] 郭春秋. GCr15 钢的磨削开裂特征与机理研究. 北京:机械科学研究总院硕士学位论文,2011

[19] Stead J W. Micro-metallography and its practical applications. Journal of Western Scottish Iron and Steel Institute,1912,19:169-204

[20] Kruth J P,Stevens L,Froyen L. Study of the white layer of a surface machined by die-sinking electro-discharge machining. Annals of the CIRP,1995,44:169-172

[21] 杨业元,方鸿生,黄维刚,等. 白层形态及形成机制. 金属学报,1996,32(4):373-376

［22］靳九成，赵传国. 磨削变质层及表面改性. 长沙：湖南大学出版社，1988

［23］Barry J，Byrne G. TEM study on the surface white layer in two turned hardened steels. Materials Science and Engineering：A，2002，325(1)：356-364

［24］Vyas A，Shaw M C. The significance of the white layer in a hard turned steel chip. Machining Science and Technology，2000，4(1)：169-175

第4章 难加工材料高速/超高速磨削工艺

本章系统研究高速/超高速磨削工艺参数对硬脆材料(硬质合金、金属陶瓷、淬硬钢和工程陶瓷)和强韧性材料(不锈钢)的磨削力、表面粗糙度和工件表面微观形貌等的影响,揭示硬质合金、金属陶瓷、淬硬钢和工程陶瓷等硬脆材料和不锈钢材料在高速/超高速磨削条件下的材料去除机理,以及磨削参数对材料去除机理的影响规律,并优化选择各种磨削参数,在保证质量的前提下达到最大的加工效率。

4.1 硬质合金材料高速/超高速磨削工艺

4.1.1 研究背景

硬质合金是由高硬度、难熔的金属碳化物(如 WC、TiC、TaC、NbC 等)与具有良好韧性的金属结合剂(如 Co、Ni 等)通过粉末冶金的方式制成的复合材料;具有硬度高、强度高、耐磨性好、红硬性好、韧性较好和耐腐蚀等一系列优良的物理机械性能[1];广泛用作切削刀具、矿山钻头、模具和结构耐磨件等[2]。由于其良好的机械力学性能,硬质合金材料的轧辊已经成为高速线材轧机的标准配置,用以提高轧机的利用率和生产效率,减少轧机的停机次数,从而提高轧机的轧制速度。

然而,硬质合金轧辊属于大制品范畴,它在烧结过程中变形很大,所以为了提高毛坯的合格率,轧辊毛坯的余量一直很大,最大的超过十几毫米。在加工过程中,除了要损耗大量的毛坯材料,还会损耗大量的金刚石砂轮,以及人力和能源[3]。因此,在硬质合金轧辊的加工中迫切地需要一种高效而且经济的加工方法。高速磨削是一种公认的最经济的加工方法,如果在硬质合金轧辊加工中得到应用,将有效地降低加工成本,减低有效消耗,增强轧辊在市场上的价格承受力以及增加市场份额。

目前,国内大部分的硬质合金轧辊加工设备为通用设备。实践证明,通用设备不能完全满足硬质合金轧辊这种难加工材料的生产要求,加工效率低、精度不高、精度稳定性不好、加工噪声高(最高达到 103dB),严重影响环境和职工的身心健康。目前,生产企业广泛采用的工艺参数范围是:砂轮线速度 25~30m/s,磨削深度 0.02~0.03mm,比磨除率 3~5mm³/(mm·s),磨削比仅为 30 左右。硬质合金轧辊深加工成本高、加工周期长,影响下游钢铁行业的生产。硬质合金轧辊轧槽的表面质量和形位公差很难满足高速发展的轧制生产线的要求,导致硬质合金轧辊轧制量低、换辊频次高、生产成本高。

4.1.2 硬质合金材料特性与加工特性

当硬质合金用作切削工具、耐磨损工具、耐冲击性工具等时,了解其特性是相当重要的。一般来说,硬质合金主要有如下几个方面的性能[3~6]。

1) 硬度

硬质合金的主要成分中难熔的金属碳化物具有极高的硬度,所以合金本身具有很高的硬度,其硬度一般在 HRA 86~93,且随着黏结剂钴的含量增加,硬度降低(或者碳化物的含量增加,硬度提高)。同时,硬质合金的红硬性好,只有在500℃以后,其硬度才开始降低。但是在1000℃、1100℃时,其硬度也有 HRA 75~78,因此即使在较高的温度下,其加工性能也是很差的,所以一般要采用特殊的刀具、设备和工艺才能对其进行加工。

2) 抗弯强度

抗弯强度是衡量硬质合金韧性的一个重要指标,在常温下,硬质合金的抗弯强度较钢低,在 90~150MPa。抗弯强度和硬度有着相反的关系,但是当钴的含量超过一定值时,碳化物粒子所构成的骨架消失,碳化物粒子处于浮在钴中的状态,抗弯强度又会降低。

3) 冲击韧性

硬质合金的脆性很大,而且几乎与温度无关。常温时,其冲击韧性是退火钢的1/9;高温时,更是钢的几百分之一。硬质合金的冲击韧性与合金中钴的含量有关,含钴量越高,冲击韧性也越高。

4) 抗压强度

硬质合金的抗压强度为 340~560kg/mm,热等静压的硬质合金制品抗压强度达 600kg/mm,而淬火合金工具钢仅有 250~260kg/mm。硬质合金的抗压强度与合金中的钴含量和碳化钨晶粒度有关。含钴含量达到 5% 时,其抗压强度值最大,继续增加含钴量,则抗压强度下降。细晶粒钨钴合金的抗压强度较粗晶粒的高,同时钨钴合金的抗压强度高于钨钛钴合金。

5) 其他性能:耐磨、耐热、耐腐蚀

硬质合金的耐磨性能极佳,比耐磨性最好的高速钢要高 15~20 倍。

(1) 热膨胀系数:硬质合金的热膨胀系数约为普通钢材的 50%,为 $6.3 \times 10^{-6} ℃^{-1}$,并随钴含量的增加而上升。

(2) 热导率:钨钴合金的热导率为 $0.58 \sim 0.88 J/(cm \cdot s \cdot ℃)$,比高速钢约高1倍,钨钴钛合金的热导率为 $0.17 \sim 0.21 J/(cm \cdot s \cdot ℃)$,比高速钢低。硬质合金的热导率随钴含量的增加而增加。

4.1.3　解决的主要技术问题与研究方案

1. 技术问题

针对硬质合金材料磨削过程中加工效率低、精度稳定性不好、加工噪声高,从而导致硬质合金轧辊轧制量低、换辊频次高、生产成本高的现状,本节开发硬质合金材料轧辊高速/超高速磨削工艺,改善硬质合金的磨削加工性能,提高磨削质量和效率。

2. 研究方案

基于对硬质合金材料的机械性能与加工性能的分析,将工艺研究分为以下三个阶段,第一阶段为材料的高速/超高速磨削机理试验,在该阶段的研究过程中要系统了解硬质合金材料的高速磨削性能、材料的去除机理,并优化工艺路线;第二阶段为零件的高速/超高速磨削工艺试验,基于第一阶段对材料去除性能和机理的了解,结合零件加工的特殊要求,进行系统的工艺试验,并对各工况的试验结果进行分析,得出高效优质低成本的工艺路线;第三阶段将得出的工艺路线进行批量零件加工验证。

4.1.4　轧辊材料工艺试验与机理分析

1. 试验条件

1) 超高速磨削试验台

试验在湖南大学国家高效磨削工程技术研究中心的 314m/s 超高速磨削试验台上进行。

2) 砂轮的选用及修整

本试验中使用的砂轮为树脂和陶瓷结合剂金刚石砂轮,其具体砂轮参数如表 4.1 所示。

表 4.1　试验用砂轮参数

编号	磨料	结合剂	磨粒粒度 (#)	浓度 /%	砂轮宽度 /mm	砂轮直径 /mm	最高线速度 /(m/s)
1	金刚石	树脂	100/120	100	10	350	160
2	金刚石	陶瓷	100/120	100	10	350	160

试验所采用的砂轮外形如图 4.1 所示。

本试验采用 SiC 制动式修整器对砂轮进行整形,整形时使砂轮线速度约为修整器滚轮线速度的 10 倍,整形至砂轮的圆跳动不超过 $15\mu m$,整形后利用 Al_2O_3 油石对砂轮修锐。砂轮的修整参数如表 4.2 所示。为了保证试验的一致性,在进行每组试验之前都应对砂轮进行修锐,并且尽量使每次修锐所磨除掉的油石体积相当。

图 4.1　砂轮图片

表 4.2　砂轮修整参数

修整器	砂轮转速度 /(r/min)	修整器滚轮 转速/(r/min)	修整器滚轮 直径/mm	工作台速度 /(mm/min)	进给量 /μm	进给次数
SiC 制动式 修整器	400	190	75	200	3,2,1	100

3) 试件材料

本试验使用的材料是由株洲硬质合金集团有限公司提供的硬质合金轧辊材料 PA30 和常用刀具材料 YG8。硬质合金是以难溶的金属碳化物(碳化钨)为基体,使用金属黏结剂,采用粉末冶金的方法生产的复合材料,因而硬质合金具有硬度高、红硬性强等特点,常被用作切削刀具、矿山工具以及耐磨材料等,但因其脆性大、硬度高,不利于机械加工。PA30 是钨镍类硬质合金;YG8 是钨钴类普通硬质合金,其黏结剂为钴,该硬质合金硬度常被用作刀片材料,其脆性较 PA30 更大。表 4.3 为两种硬质合金的材料特性参数。

表 4.3　硬质合金材料特性

牌号	化学成分/%			硬度 (HRA)	抗弯强度 /MPa	密度 /(g/cm³)	杨氏弹性模量 /(kN/mm²)	热膨胀系数 /(10⁻⁶℃⁻¹)	抗压强度 /MPa
	Ni	WC	Co						
PA30	20	80	—	81	2400	13.5	480	6.5	3100
YG8	—	92	8	89.5	1600	14.5	600	4.5	4470

图 4.2(a)和(b)分别为硬质合金轧辊材料 PA30 和刀具材料 YG8 的微观形貌。因试验条件的限制,图 4.2(a)为 PA30 的材料剖面微观形貌,图 4.2(b)为

YG8 的材料断面形貌。根据两者的图片比例可以看出,PA30 中 WC 颗粒的粒度要比 YG8 中 WC 颗粒的粒度大得多。

 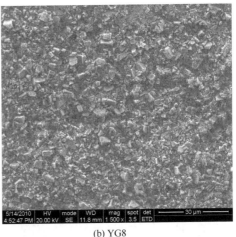

(a) PA30　　　　　　　　　　　　　　　　　(b) YG8

图 4.2　硬质合金微观形貌图

2. 试验参数

1) PA30 试验方案

为了研究硬质合金轧辊材料 PA30 在高速磨削条件下,磨削力、表面质量随磨削参数的变化情况,试验方案中分别改变砂轮线速度(80~160m/s)、工作台速度(0.6~4.8m/min)和磨削深度(0.1~0.5mm),得到各种磨削条件下的磨削力和表面质量。试验工艺参数如表 4.4 所示。

表 4.4　试验工艺参数

编号	砂轮线速度 v_s/(m/s)	工作台速度 v_w/(m/min)	磨削深度 a_p/mm
1	120	0.6	0.1,0.2,0.3,0.4
2	120	0.6,1.2,2.4,3.6,4.8	0.2
3	80,100,120,140,160	0.6	0.2

2) YG8 试验方案

试验采用平面磨削的方式对硬质合金材料 YG8 进行高速磨削试验,研究不同的砂轮线速度(80~160m/s)、磨削深度(0.1~1mm)以及工作台速度(0.6~10m/min)对磨削过程中磨削力和表面质量的影响。磨削过程的工艺参数如表 4.5 所示。

表 4.5　磨削工艺参数

编号	砂轮线速度 v_s/(m/s)	工作台速度 v_w/(m/min)	磨削深度 a_p/mm
1	120	0.6	0.1,0.2,0.3,0.4
2	120	0.6,1.2,2.4,3.6,4.8	0.2
3	80,100,120,140,160	0.6	0.2

3. 试验结果及分析

1) 磨削加工表面完整性

(1) 磨削参数对磨削表面完整性的影响。

图 4.3 是采用树脂结合剂金刚石砂轮加工硬质合金轧辊材料 PA30 时,砂轮线速度 v_s 对表面形貌的影响。由图可以看出,图 4.3(a)中工件表面主要由许多长短不一的连续或不连续的划痕、划痕间的小平面、耕犁引起的隆起以及脆性剥落凹坑构成,且有大颗粒材料脱落的痕迹。图 4.3(b)中工件表面塑性划痕明显增多,且划痕变浅,划痕间的光洁区增加,隆起减少,材料脆性断裂引起的剥落凹坑减少。图 4.3(c)中工件表面塑性耕犁和滑擦的痕迹更明显,划痕更浅,脆性断裂引起的剥落凹坑更小。此图表明,随着砂轮线速度 v_s 的提高,材料去除方式中以塑性流动为主的延性去除方式不断增加,脆性断裂的去除方式减少。

图 4.4 为表面粗糙度 R_a 随砂轮线速度 v_s 的变化情况。由图可以看出,随着砂轮线速度 v_s 的增加,表面粗糙度 R_a 的变化并不明显。这是因为被加工的材料为硬脆材料,材料硬度高、脆性大,在材料的去除过程中,脆性断裂是最主要的去除方式之一,表面粗糙度受到材料表面因脆性断裂而形成的剥落凹坑的影响,所以随着砂轮线速度 v_s 的增加,表面粗糙度 R_a 的变化并不明显。

(a) v_s=80m/s　　　　　　　　　　　　(b) v_s=120m/s

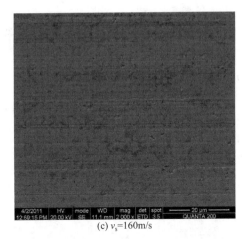

(c) v_s=160m/s

图 4.3　树脂金刚石砂轮加工 PA30 时不同砂轮线速度的表面形貌

(v_w=600mm/min, a_p=0.2mm)

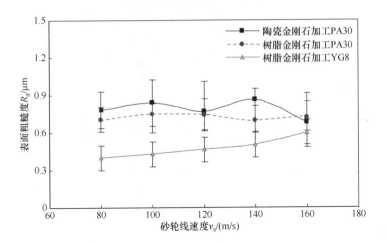

图 4.4　表面粗糙度与砂轮线速度的关系

(v_w=600mm/min, a_p=0.2mm)

图 4.5 为使用陶瓷结合剂金刚石砂轮加工硬质合金轧辊材料 PA30 时,工作台速度 v_w 对表面形貌的影响。由图 4.5(a)可以看出,工件表面主要由深浅和长短不一的塑性划痕、划痕间的光洁平面和较小的塑性剥落凹坑组成,图中塑性划痕明显。由图 4.5(b)可以看出,工件表面塑性划痕依然存在,同时出现了许多脆性断裂和颗粒剥落引起的凹坑,还出现了磨粒碎屑附着的现象。图 4.5(c)中工件表面塑性划痕长度变短,划痕更宽、更深,同时还有不少脆性断裂引起的剥落凹坑,磨屑黏附的现象反而有所改善。此图说明,随着工作台速度 v_w 的提高,去除方式中的塑性去除减少,脆性去除增加。

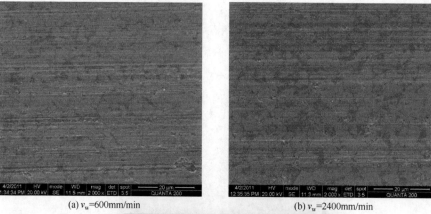

(a) v_w=600mm/min　　　　　　　(b) v_w=2400mm/min

(c) v_w=4800mm/min

图 4.5　陶瓷金刚石砂轮加工 PA30 时不同工作台速度的表面形貌

（v_s＝120m/s，a_p＝0.2mm）

　　图 4.6 为不同磨削条件下表面粗糙度 R_a 随工作台速度 v_w 的变化情况。由图可以看出，随着工作台速度 v_w 的变化，表面粗糙度 R_a 有一定的波动，但波动并不明显。当工作台速度 v_w 较小时，随着工作台速度 v_w 的增加，表面粗糙度 R_a 增大，当工作台速度 v_w 继续增大，表面粗糙度 R_a 发生不规律的变化。这与材料的去除方式有关，在工作台速度 v_w 较小时，材料以塑性去除为主，当工作台速度 v_w 继续增大时，最大未变形切屑厚度增大，材料的去除方式以脆性断裂为主，此时材料表面粗糙度 R_a 发生不规律的波动。从图中还可以看出，使用树脂结合剂砂轮加工 YG8 所得到的表面粗糙度 R_a 最低。

　　图 4.7 为使用陶瓷结合剂金刚石砂轮加工硬质合金轧辊材料 PA30 时，磨削深度 a_p 对表面形貌的影响。由图 4.7(a)可以看出，工件表面主要由深浅和长短不一的塑性划痕、划痕间的光洁平面和小的塑性剥落凹坑组成；图中塑性划痕明显，脆性断裂的凹坑极少。由图 4.7(b)可以看出，工件表面的磨削纹路不甚清晰、规整，沟槽两侧隆起明显；在磨削表面有明显的磨屑黏附，还出现了大面积的脆性断

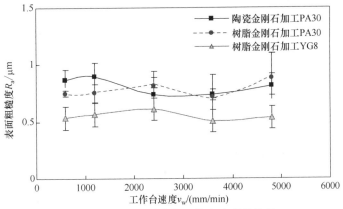

图 4.6　表面粗糙度与工作台速度的关系

$(v_s=120\text{m/s}, a_p=0.2\text{mm})$

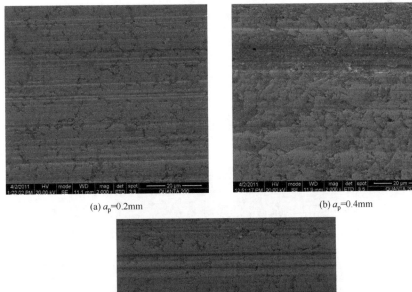

(a) a_p=0.2mm　　　　　　　　(b) a_p=0.4mm

(c) a_p=0.5mm

图 4.7　陶瓷金刚石砂轮加工 PA30 时不同磨削深度的表面形貌

$(v_s=120\text{m/s}, v_w=600\text{mm/min})$

裂和颗粒剥落引起的凹坑。由图 4.7(c)可以看出,工件表面的塑性加工划痕较少且极宽,加工表面有大面积的脆性断裂凹坑,硬质合金在磨粒作用下因脆性断裂产生 WC 颗粒崩碎而留下破碎面。在这一工况下极少发生塑性变形,其材料去除主要是由脆性断裂的积累而成。

图 4.8 为表面粗糙度 R_a 随磨削深度 a_p 的变化情况。由图可以看出,随着磨削深度 a_p 的增加,表面粗糙度 R_a 略有增大。这一结果与图 4.7 中磨削表面形貌的结果相一致。由图可以看出,随着磨削深度增加,采用树脂砂轮加工 PA30 和树脂砂轮加工 YG8 时的表面粗糙度都是单调增加的,且采用树脂砂轮加工 YG8 时的表面粗糙度最小;而采用陶瓷砂轮加工 PA30 时,表面粗糙度有一定的波动。

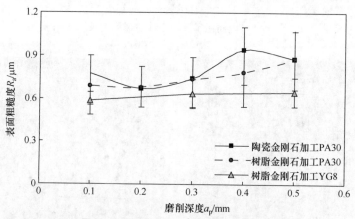

图 4.8　表面粗糙度与磨削深度的关系

($v_s = 120\text{m/s}, v_w = 600\text{mm/min}$)

(2) 砂轮结合剂对磨削表面质量的影响。

超硬磨具结合剂的作用是将磨粒黏结成一定几何形状,并把持住磨粒使其在加工中承受磨削力而起到切削的作用。树脂结合剂砂轮具有自锐性好、不易堵塞、修整次数少、磨削温度较低的特性,并且其本身具有一定的弹性,能起到抛光作用。陶瓷结合剂砂轮工件表面有较好的容屑空间,磨削刃锋利,磨削效率高,加工中不易堵塞和发热,有利于磨削过程的平稳进行;热膨胀量小,容易控制精度。下面分别采用树脂结合剂金刚石砂轮和陶瓷结合剂金刚石砂轮进行磨削试验。

图 4.9 为分别使用树脂结合剂砂轮和陶瓷结合剂砂轮加工硬质合金 PA30 时的磨削表面形貌。图 4.9(a)为采用树脂结合剂砂轮磨削的表面形貌,可以看出,工件表面主要由长度不一的塑性划痕、划痕间的光洁区域和小的脆性断裂剥落凹坑组成。图 4.9(b)为采用陶瓷结合剂砂轮磨削的表面形貌,图中塑性划痕更多、长度更长,脆性断裂剥落凹坑较少,由 WC 颗粒粉末化引起的涂覆形成光洁的表

面。图 4.9(c)为采用树脂结合剂砂轮磨削的表面形貌,可以看出,磨削表面塑性划痕明显,并有较小的脆性剥落凹坑。说明在这一工况下,材料的去除方式主要为塑性去除,脆性断裂只占其中的小部分。图 4.9(d)为采用陶瓷结合剂砂轮磨削的表面形貌,图中磨削表面塑性沟槽的痕迹虽然存在,但是塑性沟槽周围隆起明显,磨削表面有磨屑黏附,脆性断裂的凹坑也更加明显。

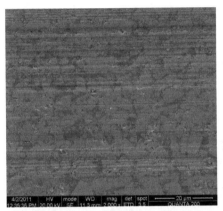
(a) 树脂结合剂金刚石砂轮(v_s=120m/s)

(b) 陶瓷结合剂金刚石砂轮(v_s=120m/s)

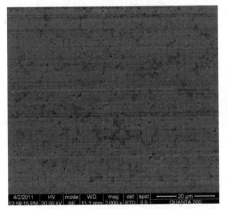
(c) 树脂结合剂金刚石砂轮(v_s=160m/s)

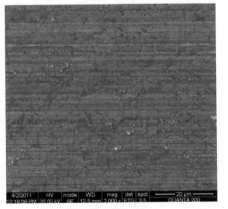
(d) 陶瓷结合剂金刚石砂轮(v_s=160m/s)

图 4.9　不同结合剂砂轮加工硬质合金 PA30 时的磨削表面形貌
(v_w＝600mm/min,a_p=0.2m)

　　对比图 4.9 可以看出,采用树脂结合剂砂轮时,表面光洁度略好,这与树脂结合剂砂轮硬度较低、抛光性能较好有关。并且树脂结合剂砂轮对磨粒的黏结性不如陶瓷结合剂强,磨粒更易脱落,保证了砂轮的锋利性,从而使塑性去除所占比例更高。

　　图 4.10 为分别使用树脂结合剂砂轮和陶瓷结合剂砂轮时对应的表面粗糙度。由图可以看出,使用树脂结合剂砂轮磨削 PA30 时,表面粗糙度略低于使用陶瓷结

合剂砂轮,这一结果与图 4.7 的表面形貌相符合。这是由于树脂砂轮硬度较低,且具有一定的弹性,对磨削表面具有抛光的作用。

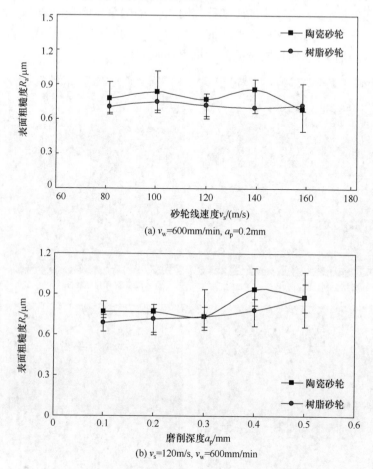

(a) v_w=600mm/min, a_p=0.2mm

(b) v_s=120m/s, v_w=600mm/min

图 4.10　不同结合剂砂轮对应的表面粗糙度

(3) 不同材料磨削表面形貌。

图 4.11 为采用树脂结合剂砂轮分别磨削硬质合金 PA30 和 YG8 时的磨削表面形貌。图 4.11(a)为加工 PA30 时的表面形貌,工件表面由塑性滑擦、耕犁引起的长短不一的沟槽和脆性剥落凹坑组成,沟槽间的隆起明显。图 4.11(b)为加工 YG8 时的表面形貌,图中工件表面塑性滑擦、耕犁引起的沟槽比较明显,塑性去除的痕迹比图 4.11(a)中更明显。图 4.11(c)为加工 PA30 时的表面形貌,此时被加工表面塑性沟槽以及沟槽间的光洁区明显,脆性断裂的剥落凹坑较小,材料的去除方式中脆性断裂只占有较少的部分。图 4.11(d)为加工 YG8 时的表面形貌,图中塑性划痕较浅,光洁区域较多,脆性断裂凹坑极少。这说明材料的去除方式以塑性

流动为主,脆性断裂极少出现。对比可以发现,加工 YG8 时的磨削表面比较光洁,材料塑性去除所占的比例更大。

(a) PA30(v_s=80m/s)

(b) YG8(v_s=80m/s)

(c) PA30(v_s=120m/s)

(d) YG8(v_s=120m/s)

图 4.11　不同材料磨削表面形貌

($v_w=600\text{mm/min}, a_p=0.2\text{mm}$)

图 4.12 为采用树脂砂轮分别加工 PA30 和 YG8 时所得到的表面粗糙度。由图可以看出,加工 PA30 时所得到的表面粗糙度均大于加工 YG8 时。这一结果与图 4.11 的表面形貌一致。这一现象与两种材料中 WC 颗粒的粒度有关,YG8 中 WC 颗粒的粒度要比 PA30 中 WC 颗粒的粒度小得多,材料中以塑性变形为主的塑性去除方式更明显。

(4) 冷却液对磨削表面完整性的影响。

冷却液在金属磨削加工中起着重要的作用,一般具有以下几个方面的作用。①冷却作用:有效冷却被磨削表面,以免烧伤,同时减少工件的热变形,提高磨削精度。②润滑作用:冲洗工件与砂轮,以增加其润滑作用,减少摩擦力,增加磨削效能。③清洗作用:冲洗磨屑和脱落破碎的磨粒,防止磨屑或磨粒划伤工件表面、堵

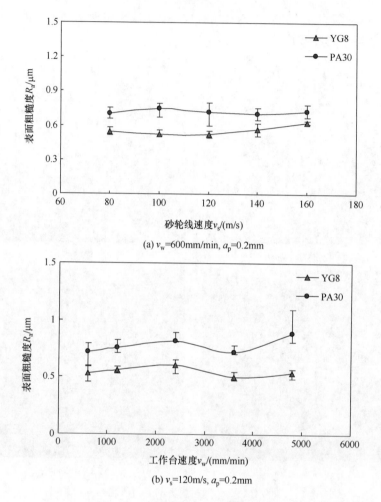

(a) v_w=600mm/min, a_p=0.2mm

(b) v_s=120m/s, a_p=0.2mm

图 4.12　不同材料对应的表面粗糙度

塞砂轮。④防锈作用:防止工件和机床受到周围介质的侵蚀而产生锈蚀。本试验别采用 SY-1 水基强力磨削液和 HOCUT 795 乳化磨削液,研究加工硬质合金PA30 时磨削液对磨削结果的影响。

图 4.13 为采用 HOCUT 795 乳化磨削液和 SY-1 水基磨削液加工硬质合金PA30 时的磨削表面形貌。对比两图可以看出,使用乳化磨削液时,磨削表面较光滑,塑性耕犁和滑擦引起的沟槽比较明显;而使用 SY-1 水基磨削液时,表面脆性断裂引起的 WC 颗粒的剥落凹坑相对较多,材料脆性去除的趋势更加明显。结果表明,乳化型磨削液能减小工件与砂轮之间的摩擦力从而减小切向磨削力,有利于材料的塑性去除。

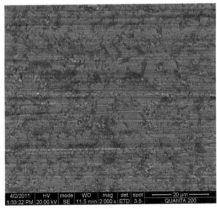

(a) HOCUT 795乳化磨削液　　　　　　　　(b) SY-1水基磨削液

图 4.13　采用不同磨削液对应的表面形貌

($v_\text{s}=120\text{m/s}, v_\text{w}=600\text{mm/min}, a_\text{p}=0.2\text{mm}$)

2) 硬质合金超高速磨削的磨削力和比磨削能

磨削力是由工件与砂轮接触后引起的弹塑性变形、切屑形成以及磨粒和结合剂与工件表面之间的摩擦作用而产生的,受到磨削参数、砂轮特性、被磨削材料的显微结构及机械力学性能等的影响。磨削力的大小将影响机床的刚性要求、主轴功率以及砂轮的耐用度等。在硬脆材料磨削加工时的各种磨削过程参数中,磨削力对材料去除机理的影响最为直接[7]。硬质合金高速、超高速磨削过程中材料的表面损伤主要受法向磨削力的影响;磨削过程中的能量消耗和磨削区域的温度主要由切向磨削力来决定。因而,对磨削力的分析可以用于评估磨削区的温度和表面损伤情况,监测砂轮磨损状况,及时修整或更换砂轮。

本试验主要研究磨削参数对磨削力、磨削力比和比磨削能的影响;然后从最大未变形切屑厚度的角度研究不同砂轮结合剂、不同材料显微结构和冷却液类型对磨削力、磨削力比和比磨削能的影响。

（1）不同磨削参数对磨削力和比磨削能的影响。

在硬质合金材料的高速/超高速磨削加工过程中,磨削参数将直接影响磨削力、磨削温度、磨削力比、比磨削能的大小。本节将分别改变磨削过程中的砂轮线速度、工作台速度和磨削深度,研究其对磨削力、磨削力比和比磨削能的影响。

如图 4.14 所示,使用测力仪测量的磨削力是水平方向(x)和垂直方向(z)的,但是在分析过程中,一般用到的为法向磨削力 F_n 和切向磨削力 F_τ。将磨削过程中的水平磨削力与垂直磨削力转换为切向磨削力与法向磨削力可以由下式计算得到[7]：

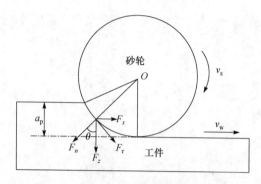

图 4.14　磨削力示意图

$$\begin{cases} F_n = F_x \sin\theta + F_z \cos\theta \\ F_\tau = F_z \sin\theta - F_x \cos\theta \end{cases} \tag{4-1}$$

$$\theta = \frac{2}{3}\arccos\left(1 - \frac{2a_p}{d_s}\right) \tag{4-2}$$

其中,F_x 为测力仪测得的水平磨削力,F_z 为测力仪测得的垂直磨削力;F_n 为法向磨削力,F_τ 为切向磨削力;θ 为法向磨削力与工作台垂直方向的夹角;d_s 为砂轮直径;a_p 为磨削深度。

磨削力比 q 也是评价材料可磨削性的重要指标,它不仅与砂轮的锐利程度有关,且随被磨材料的特性不同而异。此外,q 在数值上还与磨削方式有关,磨削力比 q 可以通过下式来计算:

$$q = \frac{F_n}{F_\tau} \tag{4-3}$$

在不改变其他参数情况下,最大未变形切屑厚度 h_{max} 随砂轮线速度 v_s 的提高而减小,在被加工材料给定的情况下,能增大材料的延性去除区域。因此,通过分析最大未变形切屑厚度 h_{max} 能更深入地理解高速/超高速磨削时材料的磨削性能。h_{max} 可以由下式计算得到[8]:

$$h_{max} = \left(\frac{3}{C\tan\beta}\frac{v_w}{v_s}\right)^{1/2}\left(\frac{a_p}{d_s}\right)^{1/4} \tag{4-4}$$

其中,C 为单位面积有效磨粒数(对于粒度为 120 的砂轮,C 取 20);β 为未变形切屑横截面的半角(取 60°)。通过上式计算得到不同工况所对应的 h_{max},并得到其与磨削力之间的关系。

图 4.15 是单位宽度磨削力随砂轮线速度 v_s 的变化情况。由图可以看出,随着砂轮线速度 v_s 的增加,单位宽度切向磨削力 F_τ' 和单位宽度法向磨削力 F_n' 均有所下降。这是由于随着 v_s 的提高,单颗磨粒的磨削厚度减小,从而使单颗磨削刃的磨削力降低,因此单位宽度磨削力降低。

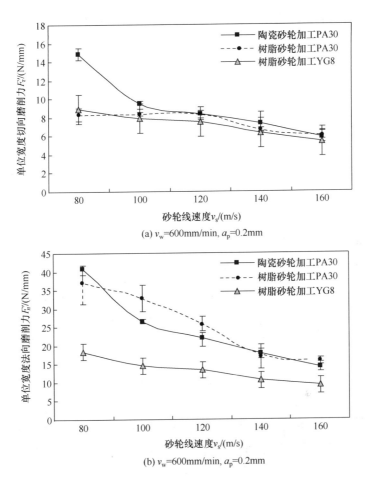

图 4.15　单位宽度磨削力与砂轮线速度的关系

由图 4.15 可以看出,相同条件下,磨削 YG8 时的单位宽度磨削力比磨削 PA30 时的小,且下降趋势也更平缓。而采用树脂结合剂砂轮和陶瓷金刚石砂轮加工 PA30 时的单位宽度磨削力大小相差无几。

图 4.16 为高速/超高速磨削条件下,砂轮线速度 v_s 对磨削力比 q 的影响。由图可以看出,随着砂轮线速度 v_s 的增加,磨削力比 q 略有下降。这说明随着 v_s 的增加,单位宽度法向磨削力 F_n' 的下降速度比单位宽度切向磨削力 F_t' 的下降速度快。一方面,由摩擦学理论可知,高硬度物质在低硬度物质表面进行无黏结滑擦、耕犁时,高硬度物质的形状及切入低硬度物质的深度都会影响单颗磨粒的法向磨削力和切向磨削力的比值。切入深度越深,其磨削力比越小。随着砂轮线速度 v_s 的提高,单颗磨粒切入深度减小,磨削力比 q 增加。另一方面,随着砂轮线速度 v_s 的提高,工件中材料的去除方式由以脆性去除为主向塑性去除转变,因此磨削力比 q 减小。高

速/超高速磨削条件下,硬质合金材料的去除方式对磨削力比 q 的影响更明显。

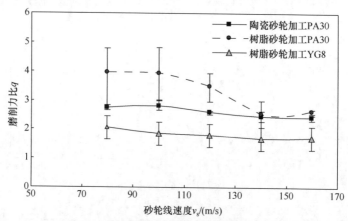

图 4.16　磨削力比与砂轮线速度的关系

($v_w=600\text{mm/min}, a_p=0.2\text{mm}$)

由图 4.16 可知,相同条件下磨削 YG8 时的磨削力比要比磨削 PA30 时的小,这是因为 YG8 中 WC 颗粒比 PA30 中 WC 颗粒细小致密,材料的去除方式以塑性变形为主。在相同条件下,使用树脂结合剂砂轮时的磨削力比要比使用陶瓷结合剂砂轮时的大,这是因为树脂结合剂砂轮有一定的弹性,磨粒的实际切入深度较浅,根据摩擦学理论,磨粒的法向磨削力与切向磨削力的比值较大,即磨削力比较大。

图 4.17 为比磨削能 E_e 与砂轮线速度 v_s 之间的关系。由图可以看出,随着砂轮线速度 v_s 增加,比磨削能 E_e 增大。这是由于随着砂轮线速度 v_s 增加,最大未变形切屑厚度 h_{max} 减小,材料以脆性断裂方式去除的趋势减小,因而去除单位体积的材料消耗的能量增加,即比磨削能 E_e 增大。

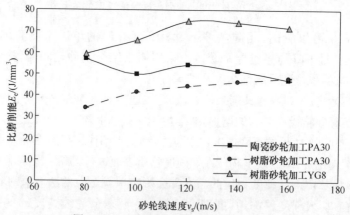

图 4.17　比磨削能与砂轮线速度的关系

($v_w=600\text{mm/min}, a_p=0.2\text{mm}$)

由图 4.17 可以看出,在相同条件下,磨削 PA30 时的比磨削能 E_e 比磨削 YG8 时的小,这是因为 YG8 中 WC 颗粒的粒度较小,金刚石磨粒更易切入,塑性去除所占的比例大,所以比磨削能 E_e 较大。而加工 PA30 时,使用树脂结合剂砂轮加工比使用陶瓷结合剂砂轮加工的比磨削能 E_e 小。树脂结合剂砂轮硬度较低,具有一定的弹性,在磨削过程中塑性变形的去除方式所占比例相对更大,因而比磨削能 E_e 较大。

图 4.18 为单位宽度磨削力随工作台速度 v_w 的变化情况。由图可知,单位宽度切向磨削力 F_r' 和单位宽度法向磨削力 F_n' 都随工作台速度 v_w 的增加而增大。这是由于随着工作台速度 v_w 的增加,磨粒的磨削厚度增大,导致单颗磨粒磨削刃的磨削力增大,并且工作台速度增大,单位时间通过的有效磨削刃数增加,因此单位宽度磨削力增大。

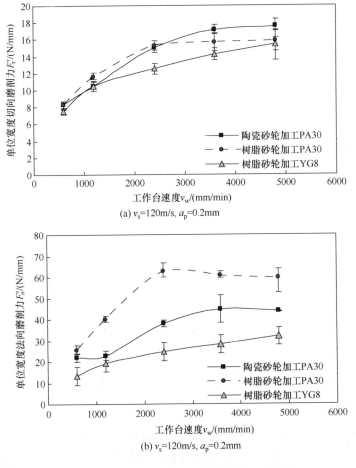

(a) v_s=120m/s, a_p=0.2mm

(b) v_s=120m/s, a_p=0.2mm

图 4.18 单位宽度磨削力与工作台速度的关系

由图 4.18 还可知,采用树脂结合剂砂轮加工 PA30 时,单位宽度法向磨削力 F_n' 最大,采用陶瓷结合剂砂轮加工 PA30 次之,而采用树脂结合剂砂轮加工 YG8 时,单位宽度磨削力最小。对于单位宽度切向磨削力 F_τ',加工 PA30 时使用不同结合剂砂轮相差不大。

图 4.19 为磨削力比 q 随工作台速度 v_w 的变化情况。由图可以看出,随着工作台速度 v_w 的增加,磨削力比 q 的总趋势是不断增大的。一方面,根据摩擦学原理,随着最大未变形切屑厚度 h_{max} 增加,磨粒切入工件的深度增加,磨粒所受的法向磨削力与切向磨削力比减小,即磨削力比 q 减小。另一方面,随着工作台速度 v_w 的增加,单颗磨粒的磨削厚度增加,材料的去除方式由塑性去除向脆性断裂转变,因此磨削力比 q 增大。但在高速/超高速磨削条件下,硬脆材料去除方式的影响程度更加明显,因此磨削力比 q 总的变化趋势为增加。

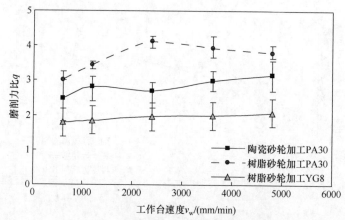

图 4.19　磨削力比与工作台速度的关系

($v_s = 120\text{m/s}, a_p = 0.2\text{mm}$)

从图 4.19 中可以看出,使用树脂结合剂砂轮加工 YG8 时,磨削力比 q 单调增加,且增大趋势缓慢。使用树脂结合剂砂轮加工 PA30 时,磨削力比 q 先快速增加,而后基本保持不变,即单位宽度法向磨削力 F_n' 和单位宽度切向磨削力 F_τ' 的增加速度相当。采用陶瓷结合剂砂轮加工 PA30 时,磨削力比 q 有小幅的波动,但总的变化趋势为增大。相同条件下,磨削 YG8 时的磨削力比 q 要比磨削 PA30 时的小。加工 PA30 时,采用树脂结合剂砂轮的磨削力比 q 要比采用陶瓷结合剂砂轮时的大。

图 4.20 为比磨削能 E_e 与工作台速度 v_w 之间的关系。由图可以看出,随着工作台速度 v_w 增加,比磨削能 E_e 减小,并且比磨削能 E_e 减小的速度先较快后减缓。这是因为随着工作台速度 v_w 的增加,最大未变形切屑厚度 h_{max} 增加,材料脆性断裂引起的去除趋势增加,因此去除单位体积材料所消耗的能量减少,即比磨削能 E_e 减小。

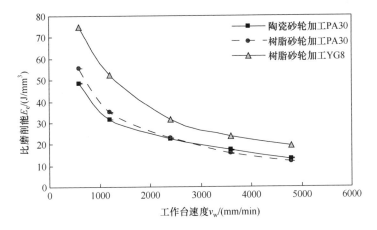

图 4.20　比磨削能与工作台速度的关系

($v_s=120\text{m/s},a_p=0.2\text{mm}$)

由图 4.20 还可以看出,采用树脂结合剂砂轮加工 YG8 时的比磨削能 E_e 最大,而不同结合剂砂轮加工 PA30 时,比磨削能 E_e 大小基本相当。

图 4.21 为磨削深度 a_p 对单位宽度磨削力的影响。由图可知,随着磨削深度 a_p 的增加,单位宽度切向磨削力 F_τ' 和单位宽度法向磨削力 F_n' 都增大。这是由于随着磨削深度 a_p 的增加,磨粒的磨削厚度增大,单颗磨粒磨削刃的磨削力增大,并且磨削区接触弧长变长,单位面积有效磨削刃增多,因此单位面积磨削力增大。

从图 4.21 中可以看出,随着磨削深度 a_p 的增加,树脂结合剂砂轮磨削 PA30 的单位宽度磨削力变化幅度最大,而使用树脂结合剂砂轮加工 YG8 的单位宽度法向磨削力 F_n' 最小。

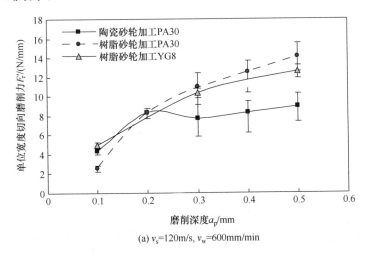

(a) $v_s=120\text{m/s},v_w=600\text{mm/min}$

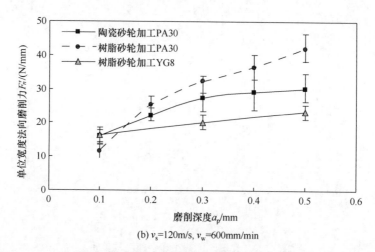

(b) $v_s=120\text{m/s}$, $v_w=600\text{mm/min}$

图 4.21　单位宽度磨削力与磨削深度的关系

　　图 4.22 为磨削力比 q 随磨削深度 a_p 的变化情况。由图可知,随着磨削深度 a_p 增大,磨削力比 q 略有减小。这是因为随着磨削深度 a_p 的增加,磨粒切入深度增加,磨粒的法向磨削力与切向磨削力的比值减小,即磨削力比 q 减小。与此同时,随着磨削深度 a_p 的增加,材料的去除方式由塑性流动向脆性断裂转变,磨削力比 q 增大,在这两种作用机制中,磨粒切入深度的影响更明显,因而磨削力比 q 减小。

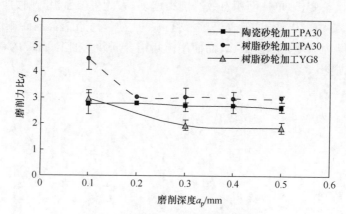

图 4.22　磨削力比与磨削深度的关系

($v_s=120\text{m/s}$, $v_w=600\text{mm/min}$)

　　从图 4.22 中可以看出,相同条件下,使用树脂结合剂砂轮加工 YG8 的磨削力比 q 最小,而采用树脂结合剂砂轮加工 PA30 的磨削力比 q 最大。

　　图 4.23 为比磨削能 E_e 随磨削深度 a_p 的变化情况。由图可以看出,随着磨削深度的增加,比磨削能 E_e 减小。这是因为磨削深度 a_p 的增加,最大未变形切屑厚

度 h_{max} 增加,材料以脆性断裂去除的趋势明显增加,去除单位体积材料所需的能量下降,因此比磨削能 E_e 减小。

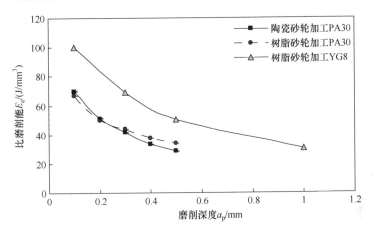

图 4.23　比磨削能与磨削深度的关系

($v_s=120\text{m/s}$, $v_w=600\text{mm/min}$)

从图 4.23 中还可以看出,相同条件下加工 PA30 时,两种砂轮结合剂对比磨削能 E_e 的影响并不明显,而使用树脂结合剂砂轮加工 YG8 时,比磨削能 E_e 要比加工 PA30 时大许多。

(2) 不同砂轮结合剂对磨削力和比磨削能的影响。

由式(4-4)可知,在相同条件下,最大未变形切屑厚度 h_{max} 随着砂轮线速度 v_s 的提高而减小。而最大未变形切屑厚度 h_{max} 减小将直接引起单颗磨粒磨削力的减小,有利于材料延性域去除。

图 4.24 为分别使用树脂结合剂砂轮和陶瓷结合剂砂轮加工硬质合金 PA30 时,最大未变形切屑厚度 h_{max} 对单位宽度切向磨削力 F'_τ 和单位宽度法向磨削力 F'_n 的影响情况。由图可以看出,随着最大未变形切屑厚度 h_{max} 增大,单位宽度切向磨削力 F'_τ 和单位宽度法向磨削力 F'_n 均随之增加。单位宽度磨削力随着最大未变形切屑厚度 h_{max} 的增加,先快速增加,达到一定的值时,增大速度减缓并趋于某一定值。这是因为随最大未变形切屑厚度 h_{max} 的增大,材料的去除方式由以塑性去除为主向脆性断裂去除转变,此时,单位宽度磨削力迅速增大,当最大未变形切屑厚度 h_{max} 超过某一临界值时,材料去除方式全部转变为脆性去除,此时磨削力基本上不发生改变。对比可以发现,随着最大未变形切屑厚度 h_{max} 增加,采用两种不同结合剂砂轮时,单位宽度切向磨削力 F'_τ 的大小相差并不明显,而对于单位宽度法向磨削力 F'_n,采用树脂结合剂砂轮加工时要大于采用陶瓷金刚石砂轮。

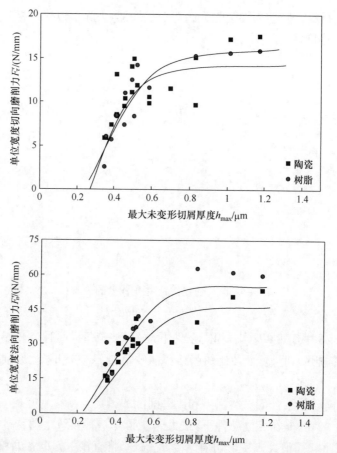

图 4.24　不同结合剂砂轮单位宽度磨削力与最大未变形切屑厚度的关系

　　图 4.25 为分别使用树脂结合剂砂轮和陶瓷结合剂砂轮加工硬质合金 PA30 时，最大未变形切屑厚度 h_{max} 与磨削力比 q 之间的关系。从图中可以看出，随着最大未变形切屑厚度 h_{max} 的增加，磨削力比 q 增大。对比两种不同结合剂砂轮的磨削力比 q 可知，采用树脂结合剂砂轮时的磨削力比 q 比采用陶瓷结合剂时的要大。

　　图 4.26 为分别使用树脂结合剂砂轮和陶瓷结合剂砂轮加工硬质合金 PA30 时，比磨削能 E_e 与最大未变形切屑厚度 h_{max} 的变化关系。由图可以看出，随着最大未变形切屑厚度 h_{max} 增加，比磨削能 E_e 迅速下降，当最大未变形切屑厚度 h_{max} 达到某一临界值后，比磨削能 E_e 减小的速度变得缓慢直至趋于某一定值。这一现象主要是由于随着最大未变形切屑厚度 h_{max} 的增加，材料的去除方式由塑性变形向脆性断裂转变，而材料在塑性变形时所消耗的能量大于脆性断裂所消耗的能量，因而随着最大未变形切屑厚度 h_{max} 的增加，比磨削能 E_e 减小。采用不同的结合剂砂轮对比磨削能 E_e 的影响并不大。

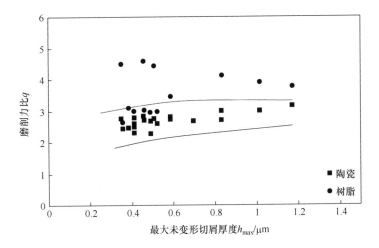

图 4.25　不同结合剂砂轮磨削力比与最大未变形切屑厚度的关系

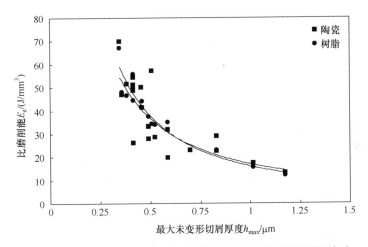

图 4.26　不同结合剂砂轮比磨削能与最大未变形切屑厚度的关系

（3）不同材料对磨削力和比磨削能的影响。

图 4.27 为使用树脂结合剂金刚石砂轮分别加工 PA30 和 YG8 时,最大未变形切屑厚度 h_{max} 对单位宽度切向磨削力 F'_τ 和单位宽度法向磨削力 F'_n 的影响情况。由图可以看出,随着最大未变形切屑厚度 h_{max} 增大,单位宽度切向磨削力 F'_τ 和单位宽度法向磨削力 F'_n 均随之增加。单位宽度磨削力随着最大未变形切屑厚度 h_{max} 的增加快速增加,当达到一定的值时,增大速度变缓并趋于某一定值。这是因为随最大未变形切屑厚度 h_{max} 的增大,材料的去除方式由以塑性去除为主向脆性断裂去除转变,此时,单位宽度磨削力迅速增大,当最大未变形切屑厚度 h_{max} 超过某一临界值时,材料去除方式全部转变为脆性去除,此时磨削力基本上不发生改

变。但是加工 PA30 时,随着最大未变形切屑厚度 h_{max} 增大,单位宽度法向磨削力 F'_n 增长幅度更大。

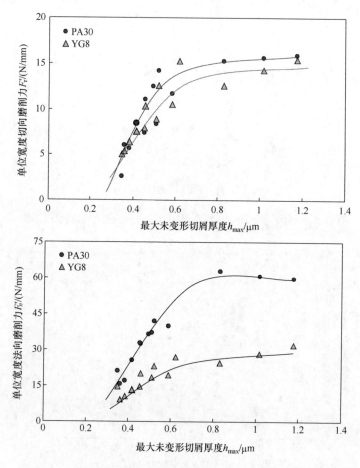

图 4.27　不同材料单位宽度磨削力与最大未变形切屑厚度的关系

图 4.28 为使用树脂结合剂砂轮分别加工硬质合金 PA30 和 YG8 时,最大未变形切屑厚度 h_{max} 与磨削力比 q 之间的关系。从图中可以看出,磨削 PA30 时的磨削力比 q 比磨削 YG8 时的增加幅度大。

图 4.29 为两种不同硬质合金材料对应的比磨削能 E_e 随最大未变形切屑厚度 h_{max} 的变化关系。由图可以看出,不同硬质合金材料随着最大未变形切屑厚度 h_{max} 的增加,比磨削能 E_e 先快速减小,随后减小变慢直至趋于某一定值。这是因为在最大未变形切屑厚度 h_{max} 较小时,材料的去除方式以塑性变形为主,消耗的比磨削能 E_e 较大;当最大未变形切屑厚度 h_{max} 较高时,材料主要以脆性碎裂方式去除,消耗的比磨削能 E_e 较小。

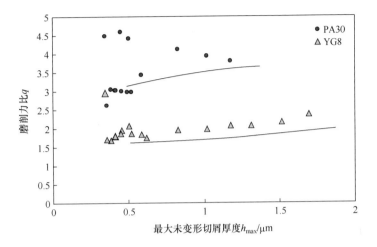

图 4.28　不同材料磨削力比与最大未变形切屑厚度的关系

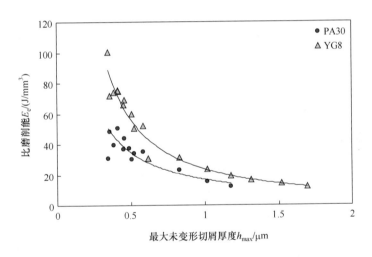

图 4.29　不同材料比磨削能与最大未变形切屑厚度的关系

从图 4.29 可以看出,在相同条件下,磨削 YG8 时的比磨削能 E_e 比磨削 PA30 时的大。

(4) 不同冷却液对磨削力和比磨削能的影响。

图 4.30 为分别使用 SY-1 水基磨削液和 HOCUT 795 乳化磨削液加工 PA30 时,最大未变形切屑厚度 h_{max} 对单位宽度磨削力的影响情况。由图可以看出,随着最大未变形切屑厚度 h_{max} 增大,单位宽度切向磨削力 F'_τ 和单位宽度法向磨削力 F'_n 均随之增加。由图 4.30(a) 可以看出,随着最大未变形切屑厚度 h_{max} 增大,单位宽度切向磨削力 F'_τ 先快速增大,然后上升趋势逐渐平缓,最终趋于一定值。由

图 4.30(b)可以看出,采用 SY-1 水基磨削液的单位宽度法向磨削力 F_n' 比采用 HOCUT 795 乳化磨削液的大,这是因为乳化磨削液的润滑效果较好,磨削过程中磨粒与工件的摩擦力较小,所以磨削力较小。

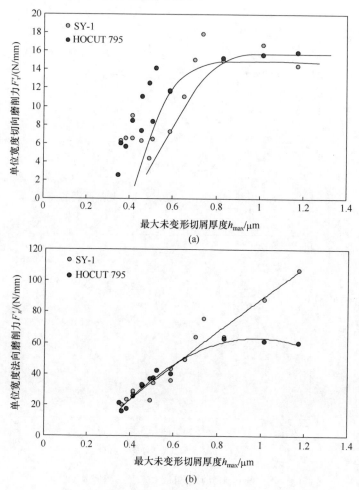

图 4.30　不同冷却液单位宽度磨削力与最大未变形切屑厚度的关系

　　图 4.31 为分别采用 SY-1 水基磨削液和 HOCUT 795 乳化磨削液时,最大未变形切屑厚度 h_{max} 和磨削力比 q 之间的关系。由图可以看出,随着最大未变形切屑厚度 h_{max} 的增加,磨削力比 q 增大。其他条件相同时,使用水基磨削液 SY-1 的磨削力比 q 要比使用乳化磨削液的大。

　　图 4.32 为使用两种不同冷却液加工 PA30 时,比磨削能 E_e 与最大未变形切屑厚度 h_{max} 的变化关系。由图可以看出,比磨削能 E_e 均随着最大未变形切屑厚度 h_{max} 的增加而减小,且在最大未变形切屑厚度 h_{max} 较小时,比磨削能 E_e 随最大未变形切屑厚度 h_{max} 的增大快速降低,当最大未变形切屑厚度 h_{max} 越过某一临界值后,

比磨削能 E_e 随最大未变形切屑厚度 h_{max} 的增加而缓慢降低。其他条件相同时,使用 SY-1 水基磨削液的比磨削能 E_e 要比使用 HOCUT 795 乳化磨削液的稍小些。

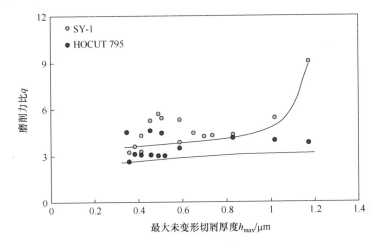

图 4.31　不同冷却液磨削力比与最大未变形切屑厚度的关系

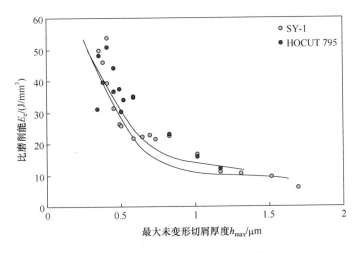

图 4.32　不同冷却液比磨削能与最大未变形切屑厚度的关系

3) 结论分析

本试验研究将超高速磨削应用于硬质合金材料的加工中,以 YG8、PA30 这两种典型的硬质合金为研究对象,开展系统的磨削试验。对磨削过程中的磨削力、表面形貌和表面粗糙度进行检测,得到砂轮结合剂、材料特性、冷却液和磨削工艺参数对磨削力、比磨削能、磨削表面形貌和表面粗糙度的影响规律,从而揭示硬质合金超高速磨削去除机理。研究结果表明:

（1）随着砂轮线速度提高，磨削力和磨削力比下降，比磨削能增大；表面质量有所改善，材料塑性去除的趋势增加。随着工作台速度提高或者磨削深度增加，磨削力和磨削力比增大，比磨削能减小；表面质量恶化，材料脆性去除的趋势增加，但是磨削参数对表面粗糙度的影响并不太大。因此，为达到较高的加工效率可以选择较高的砂轮线速度、合适的工作台速度和较大的磨削深度。

（2）使用树脂砂轮加工得到的表面质量比采用陶瓷砂轮的略好，材料脆性断裂的比例较小。

（3）刀具材料 YG8 去除方式中的塑性去除比轧辊材料 PA30 中更明显，且磨削力和磨削力比小，比磨削能大。

（4）乳化磨削液对磨削加工的润滑作用更显著，有利于材料的塑性去除，保证磨削表面的光洁度。

4.1.5　PA30 轧辊零件工艺试验与参数优化

本节以 PA30 轧辊零件为研究对象，针对其在烧结过程中变形很大，毛坯的余量甚至超过十几毫米，磨削时砂轮损耗大，加工过程中噪声大，加工效率极低、成本高，难以满足高速发展的汽车钢材轧制生产线的高效要求等问题，在广泛针对硬质合金材料的高速磨削机理试验的基础上，开发硬质合金轧辊零件的高速/超高速磨削工艺，优化高效优质低成本的工艺路线。

1. 试验条件

1）工件

本试验使用 PA30 硬质合金轧辊，试件尺寸为 $\phi50mm \times 70mm$，其基本的物理力学性能和前文硬质合金材料一致，如图 4.33 所示。

图 4.33　硬质合金轧辊工件

2) 磨削机床

在 CNC 8325B 高速非圆复合磨床上,进行加工试验。该磨床采用额定功率为 32kW 的高速电主轴,砂轮最高设计线速度达 170m/s;头架额定转速为 250r/min,最高转速为 300r/min。此套磨床由电气柜、可旋转数控工作台、冷却过滤净化系统、高压冷却水泵、导轨液压泵送站、电主轴冷却用恒温循环供水箱、压缩空气供给及除湿系统、测试仪器仪表工作台及隔离观察室等组成。采用乳化型的冷却液,供液压力为 4MPa,流量为 200L/min。图 4.34 和图 4.35 分别为磨削加工用机床和工件加工过程示意图。

图 4.34 磨削加工用机床

图 4.35 工件加工过程

3) 磨削砂轮

砂轮使用树脂结合剂金刚石砂轮,砂轮磨粒的粒度为 100/120,砂轮直径为 400mm,宽度为 18mm。砂轮参数如表 4.6 所示,结构如图 4.36 所示。砂轮整形使用软钢法修整,一次整形量为 0.02mm。

表 4.6 砂轮参数

磨料	粒度（#）	浓度/%	磨料厚度/mm	结合剂类型	砂轮直径/mm	最高线速度/(m/s)	修整方式
金刚石	100/120	100	6	树脂	400	160	软钢

图 4.36 加工硬质合金轧辊用砂轮

2. 试验方案

本试验采用高速/超高速外圆纵磨磨削和切入式外圆磨削两种形式,主要研究砂轮线速度 v_s、工作台头架转速 n、磨削深度 a_p 等磨削参数对磨削表面质量的影响。磨削过程的具体参数如表 4.7 和表 4.8 所示。

表 4.7 切入式外圆磨削工艺方案

编号	砂轮线速度/(m/s)	头架转速/(r/min)	磨削深度/mm
1	90,105,135,150	120	0.1
2	120	120	0.06,0.1,0.15,0.2
3	120	50,60,70,80,100,120,140,160	0.1

表 4.8 外圆纵磨磨削工艺方案

编号	砂轮线速度/(m/s)	头架转速/(r/min)	工作台速度/(mm/min)	磨削深度/mm
1	80,100,120,140,150	250	50	0.1
2	120	250	50	0.06,0.08,0.1,0.12
3	150	250	35,50,65,80	0.1

3. 试验结果及分析

1) 切入式外圆磨削试验结果

图 4.37 为在切入式外圆磨削的条件下,不同磨削参数对硬质合金轧辊表面粗糙度的影响。由图可知,随着砂轮线速度增加,硬质合金轧辊的表面粗糙度基本不变,但在砂轮线速度为 150m/s 时,表面粗糙度值有提高;其他条件不变的情况下,改变头架转速对表面粗糙度的影响不甚明显,但是存在一定的波动;磨削深度的增大对硬质合金轧辊表面粗糙度的影响同样不大。

2) 外圆纵磨磨削试验结果

本试验使用外圆纵磨磨削的形式参照上述磨削参数设置,研究不同砂轮线速度、工作台速度和磨削深度对表面粗糙度的影响,试验结果如图 4.38 所示。

图 4.38 为在外圆纵磨磨削的条件下,不同磨削参数对硬质合金轧辊表面粗糙度的影响。由图可知,随着砂轮线速度增加,硬质合金轧辊的表面粗糙度降低;其他条件不变的情况下,随着工作台速度增加,表面粗糙度增加;磨削深度的增大使硬质合金轧辊的表面粗糙度增大,但是有一定的波动。

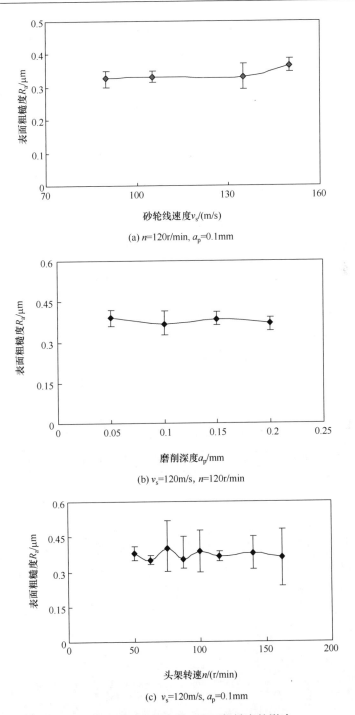

图 4.37 不同磨削参数对表面粗糙度的影响

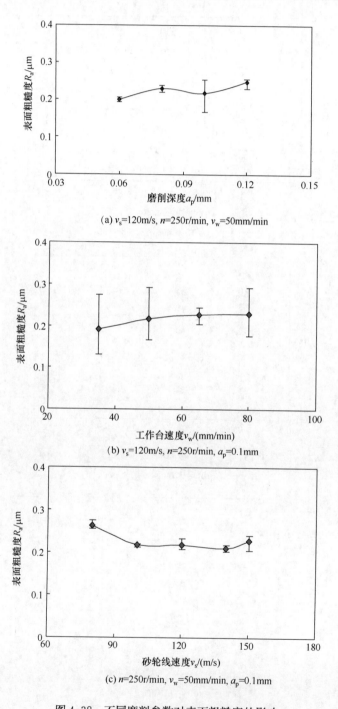

(a) v_s=120m/s, n=250r/min, v_w=50mm/min

(b) v_s=120m/s, n=250r/min, a_p=0.1mm

(c) n=250r/min, v_w=50mm/min, a_p=0.1mm

图 4.38　不同磨削参数对表面粗糙度的影响

4. 优化工艺试验及结果

由切入式外圆磨削和外圆纵磨磨削的结果分析可知,在相同的砂轮线速度和磨削深度的条件下,切入式外圆磨削的表面粗糙度要略高于外圆纵磨磨削,但是其加工效率要远远高于外圆纵磨磨削。因此,切入式外圆磨削适用于轧辊零件的粗加工,精磨和最后的光磨阶段应采用外圆纵磨磨削的方式进行。在硬质合金材料高速磨削机理试验和工艺试验的基础上,制定了几组完整的硬质合金轧辊高速磨削工艺链,并最后检测了各工况下的最终表面粗糙度,如表 4.9 所示。

表 4.9　硬质合金轧辊高速磨削工艺链

磨削参数		普通磨削	工艺链 1	工艺链 2	工艺链 3	工艺链 4	工艺链 5	工艺链 6
切入式外圆粗磨	砂轮线速度 /(m/s)	—	120	120	120	120	150	150
	头架转速 /(r/min)	—	50	100	100	100	50	100
	磨削深度 /mm	—	0.2×2 次 0.15×2 次	0.15×2 次 0.1×4 次	0.2 0.15×2 次 0.1×2 次	0.2×2 次 0.15 0.1	0.2×2 次 0.15×2 次	0.2×2 次 0.15 0.1
外圆纵磨精磨	砂轮线速度 /(m/s)	30	120	120	120	120	150	150
	头架转速 /(r/min)	200	250	250	250	250	250	250
	磨削深度 /mm	0.03×26 次 0.02 光磨	0.08 0.02 光磨	0.06 0.04 光磨	0.06 0.04 光磨	0.09 0.06 光磨	0.08 0.02 光磨	0.09 0.06 光磨
	工作台速度 /(mm/min)	100	50	50	50	50	50	50
表面粗糙度 $R_a/\mu m$		0.246	0.215	0.227	0.245	0.261	0.208	0.258
总去除余量/mm		0.8	0.8	0.8	0.8	0.8	0.8	0.8

5. 砂轮耐用度评估

为了研究硬质合金轧辊材料磨削时砂轮的耐用度,这里用砂轮在两次修整之间去除的材料体积来评定砂轮的耐用度。通过实时测量磨削过程中的磨削力,确定砂轮的状态,当磨削力开始大幅增加时,就认定砂轮需要整形或修锐,以此来统计一次修整后砂轮可磨除的材料体积(表 4.10、图 4.39)。实时磨削力采用Kistler测力仪进行测量。

表 4.10　修整砂轮磨除的材料体积

砂轮线速度/(m/s)	工作台速度/(mm/min)	磨削深度/mm	单次修整磨除的材料体积/mm³
30	1200	0.03	774
120	4800	0.2	3600

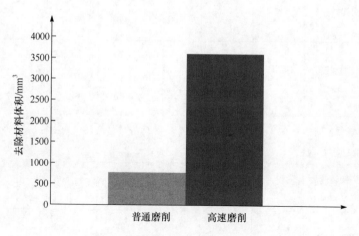

图 4.39　修整磨除的材料体积对比

4.1.6　磨削工艺参数的对比与选择

1) 材料磨削试验(表 4.11、图 4.40)

表 4.11　材料比磨除率比较

砂轮线速度/(m/s)	工作台速度/(mm/min)	磨削深度/mm	比磨除率 Z'_w/[mm³/(mm·s)]
120	4800	0.2	16
30	6000	0.03	3

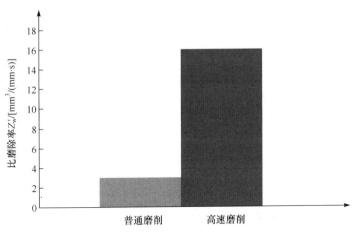

图 4.40　材料比磨除率对比

2) 零件磨削工艺试验(表 4.12、图 4.41)

表 4.12　零件加工时间比较(单位:min)

普通磨削工艺链	高速磨削工艺链					
	工艺链 1	工艺链 2	工艺链 3	工艺链 4	工艺链 5	工艺链 6
26	7	10	9	7	7	7

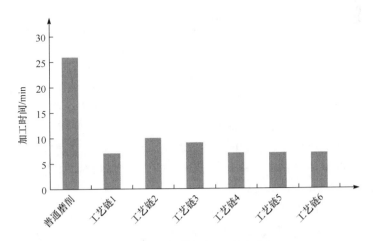

图 4.41　零件单件加工时间对比

由图 4.40 和图 4.41 可知,与普通磨削工艺相比,高速磨削工艺的材料比磨除率提高了 4 倍以下,零件的加工效率也提高了 1 倍以上。

4.1.7　结论

针对硬质合金轧辊开展了系统广泛的高速/超高速磨削工艺研究,主要分为三个阶段:

(1) 材料的机理试验。对磨削过程中的磨削力、表面粗糙度和表面形貌等参数进行了检测,了解了材料的高速/超高速磨削机理以及磨削参数对磨削结果的影响。

(2) 硬质合金轧辊零件高速/超高速磨削工艺优化试验。基于材料机理试验的研究结论,到联合单位的生产现场开展零件的工艺优化试验,根据零件的加工效率和质量,经多次重复对磨削工艺路线进行优化。

(3) 对优化工艺在联合单位进行批量的重复试验。确保工艺的加工质量稳定性和可行性。

硬质合金轧辊高速/超高速磨削工艺试验结果表明:相比于普通外圆磨削中砂轮线速度 $20 \sim 30\text{m/s}$、粗磨深度 $0.02 \sim 0.05\text{mm}$、精磨深度小于或等于 0.01mm 的磨削加工现状,本节开发的硬质合金轧辊超高速外圆磨削技术,磨削深度可达 0.1mm,表面粗糙度 $R_a = 0.191\mu\text{m}$;通过优化实现该零件效率和质量最优化的工艺链,将切入式外圆磨削和外圆纵磨磨削相结合实现硬质合金零件的粗精加工,磨削效率大幅提高,表面粗糙度可达 $R_a = 0.227\mu\text{m}$,砂轮耐用度明显增加。

4.2　金属陶瓷材料高速/超高速磨削工艺

4.2.1　研究背景

"十一五"期间,在制造领域中,我国优先发展的重大专项中包含了能源、汽车、航空航天以及交通运输等有关国计民生的重要领域,而这些行业重大装备制造中所涉及的典型、核心零件的特点是:大、重、复杂、精密,其中新型难加工材料(如硅铝合金、钛合金、高强度耐热钢、碳纤维及复合材料等)的切削加工占据了相当大的比重。由于这些材料的切削余量大、切削负荷重,对数控刀具的切削性能,如高温红硬性、弯曲剪切强度、抗磨损性、抗黏结性、摩擦系数等有很高的要求。因此,对数控刀具提出了新的要求和挑战,更提供了新的发展机遇和舞台。我国数控刀具的发展较为缓慢(迄今不少企业仍采用焊接硬质合金刀具,这也是刀具水平较低的标志),远远落后于数控机床的发展,已经成为阻碍我国数控切削技术和数控切削机床发展的瓶颈,改变现状刻不容缓[9]。

金属陶瓷材料既具有金属的韧性、高导热性和良好的热稳定性,又具有陶瓷的高硬度、高强度、高红硬性、耐腐蚀和耐磨损等特性,已广泛应用于火箭、导弹、超声速飞机的外壳、燃烧室的火焰喷口等处[10]。更重要的是,它还是一种很有发展潜力的新型刀具材料:金属陶瓷刀片的切削效率为普通硬质合金刀片的 3～9 倍,使用寿命比硬质合金提高 3～10 倍以上,特别适合加工高强度材料,对高速切削、高精度加工有其独到之处,普遍适用于机械加工中的粗、半精加工及精加工,更适用于各类 CNC 数控车床、铣床及加工中心等现代化机床。金属陶瓷刀片以其优良的切削性能受到许多国家的重视:美、日、德等国已较大量地采用陶瓷刀具,并获得良好的经济效益,其使用量逐年剧增。

在国内,金属陶瓷刀片的主要生产过程是:球磨成粉末—烧结成陶瓷刀片粗坯—粗磨—精磨为成品。由于金属陶瓷刀片具有硬度高、切削力大、易脆易碎的特点,在实际生产过程中,磨削速度约为 63m/s,工作台速度约为 15～25mm/min,磨削深度在 0.5mm 以下,生产效率极低。尤其是当磨削加工周边和两大面时,很容易产生裂纹和崩边现象,裂纹和崩边比例一般在 30% 左右,生产成本很大;磨削时还会使刀片产生内应力,质量不稳定,从而导致用户使用时刀片耐用度不稳定。这些问题的存在使金属陶瓷刀片的生产成本大幅增加,使用寿命不稳定,限制其进一步推广应用。

高速/超高速磨削技术能大大减小单颗磨粒未变形切屑厚度,这不仅可以大大改善工件的加工表面质量,还可以提高加工效率,因此其所带来的技术优势和经济效益受到了极大的关注,曾被誉为“现代磨削技术的高峰”[12]。针对金属陶瓷刀片在磨削加工中存在的问题,本研究拟将超高速磨削技术应用到金属陶瓷刀片的加工中,不仅可以提高粗磨的加工效率,还可以改善精磨阶段的加工质量,解决刀片的裂纹和崩边问题。

4.2.2　研究目标与技术路线

1. 研究目标

针对金属陶瓷刀片在实际加工中存在的加工效率低、砂轮损耗大,且易产生裂纹和崩边的问题,以金属陶瓷刀片材料 GN20、典型金属陶瓷刀片三角形和正方形为研究对象,研究金属陶瓷材料的高速/超高速磨削机理,并优化工艺参数,形成系统的金属陶瓷刀片高速/超高速磨削工艺。

2. 技术路线

本研究分共性技术、用户应用和主机厂应用三大部分进行。这里主要阐述前两部分。

（1）对金属陶瓷刀片的材料特性进行分析；

（2）制订金属陶瓷刀片材料的超高速磨削工艺试验方案；

（3）进行金属陶瓷刀片材料的超高速磨削工艺试验，考虑机床、工艺参数、砂轮等因素，对表面质量、磨削力、材料磨除率等进行研究，经重复试验，得到优化的结果；

（4）将工艺试验得到的数据输入磨削数据库和工艺手册，为行业服务；

（5）对金属陶瓷刀片的加工工艺路径进行分析，并制订金属陶瓷刀片超高速磨削工艺试验方案；

（6）进行金属陶瓷刀片超高速磨削工艺试验，主要考量加工效率、表面质量及稳定性等因素，经重复试验后，对工艺参数进行优化。

4.2.3　研究内容

1. 金属陶瓷刀片材料特性分析

当今应用的陶瓷刀片材料多为复合陶瓷，它是以一定的组分设计为基础，采用精选高纯超细的氧化物、氮化物、碳化物和硼化物等为初始原料，依据增韧补强机理进行微观结构设计，从而获得具有良好综合性能的各种先进陶瓷刀具材料。纳米 TiN 改性的 TiC 基金属陶瓷是 20 世纪 90 年代出现的一种新型刀具材料，具有耐氧化、耐高温、耐磨等一系列优点，再加上其密度为 $6.3 \sim 6.8 \mathrm{g/cm^3}$，只有硬质合金密度 $13.5 \sim 14.8 \mathrm{g/cm^3}$ 的一半，即相同重量的粉末，金属陶瓷可获得数倍于硬质合金数量的制品，因此用作刀具材料不仅延长了使用寿命，而且降低了成本，具有广阔的应用前景。

由于金属陶瓷刀片具有高硬脆性特点，在实际生产加工中存在以下问题：

（1）普通磨削加工时，磨削力大、磨削温度高，极易产生裂纹和崩边现象，一般可达 30% 以上；

（2）砂轮损耗大，生产效率低，生产成本高。

2. 金属陶瓷刀片材料超高速磨削工艺试验研究

1）试验方案

（1）试件材料。

本试验所采用的试件材料为金属陶瓷材料 GN20，其材料成分及性能如表 4.13 所示，可以看出，该材料硬度高、密度低。GN20 材料表面微观照片如图 4.42 所示，其由致密的微细晶体颗粒（TiCN）及结合剂 WC 和 Co 组成。试件形状如图 4.43 所示，磨削在试件的 $L(16.4\mathrm{mm}) \times W(5.25\mathrm{mm})$ 面上沿长度方向进行。

表 4.13　GN20 材料成分及性能

牌号	主要成分	其他成分		材料性能			
	TiCN	WC	Co	密度/(g/cm³)	硬度(HRA)	抗弯强度/MPa	烧结温度/℃
GN20	45%~55%	5%~10%	5%~15%	6.7	92	2200	1460

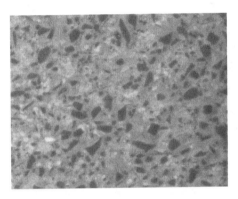

图 4.42　GN20 材料表面微观照片

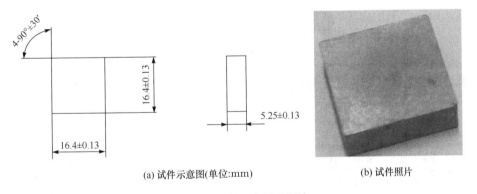

(a) 试件示意图(单位:mm)　　　　　　　　(b) 试件照片

图 4.43　试件示意图及照片

(2) 试验条件。

① 磨床。试验在湖南大学国家高效磨削工程技术研究中心自制的 314m/s 超高速磨削试验台上进行。

② 砂轮。由于金属陶瓷材料属于超硬脆非金属难加工材料,且金属陶瓷刀片自身的加工包括平面磨削和成形磨削两种工艺,本试验拟采用两片不同的金刚石砂轮,如图 4.44 所示,均为郑州磨料磨具研究所生产,具体规格如表 4.14 所示。其中,砂轮 1 采用碳化硅滚轮整形和氧化铝油石修锐,如图 4.45 所示;砂轮 2 无需

整形,仅以氧化铝油石修锐。

(a) 砂轮1

(b) 砂轮2

图 4.44　试验用砂轮照片

表 4.14　砂轮规格表

序号	磨料	粒度 (#)	浓度 /%	磨料层厚度 /mm	结合剂 类型	砂轮宽度 /mm	最高线速度 /(m/s)	砂轮直径 /mm
1	金刚石	240	100	6	树脂	10	160	350
2	金刚石	240	100	—	电镀	10	160	350

(a) 砂轮整形装置

(b) 砂轮修锐装置

图 4.45　砂轮修整装置照片

　　③ 磨削液。试验采用长沙莫氏切削液厂生产的高速 SY-1 水基磨削液,供液喷嘴采用封闭式 Y 型喷嘴,供液压力为 8MPa 左右,流量为 40L/min。

（3）试验工艺参数。

由于砂轮 1 具有多层磨粒，砂轮 2 仅有单层磨粒，从砂轮使用寿命的角度出发，这里对砂轮 1 展开深入系统的试验，试验工艺参数如表 4.15 所示。另外，从金属陶瓷刀片刃部成形磨削的角度出发，对砂轮 2 进行了一些研究，其试验工艺参数如表 4.15 所示。

表 4.15　试验工艺参数

序号	砂轮线速度 v_s/(m/s)	工作台速度 v_w/(mm/min)	磨削深度 a_p/mm	备注
1	120	600,1200,2400,3600,4800,6000,8000,10000	0.1	砂轮 1
2	60,80,100,120,140,160	25,600,10000	0.1	砂轮 1
3	120,160	600	0.1,0.2,0.3,0.4	砂轮 1
4	60,90,120,160	300	0.2	砂轮 1 和砂轮 2

（4）试验方法。

金属陶瓷刀片材料超高速磨削工艺试验的目的是研究金属陶瓷刀片材料的超高速磨削性能及其材料去除机理，并探寻其工艺参数的影响规律，因此本试验主要考察磨削工艺参数对磨削力、表面粗糙度、表面微观形貌及比磨削能等参数的影响。试验的具体步骤如下：

① 将相应砂轮安装在砂轮主轴上，并确保其周边圆跳动量不超过 $10\mu m$。

② 采用相应的工艺参数磨削一定体积的试件材料，并监测磨削力，直至其变化稳定为止。

③ 依据表 4.15 中的工艺参数进行工艺试验，并记录相应的考察参数。需要注意的是，每进行一组试验，就要重复步骤②监测磨削力，若磨削力稳定则进行下一组试验，否则采用氧化铝油石对其进行修锐，以确保砂轮状态一致。

④ 为确保试验的可靠性，针对每组参数，需进行三次重复试验，并记录相应的考察参数。

2）试验结果与分析

（1）试验结果。

表 4.16 和表 4.17 分别给出了用砂轮 1 和 2 对金属陶瓷材料进行高速/超高速磨削工艺试验的试验结果，且均为平均值。

表 4.16　砂轮 1 磨削试验数据

序号	砂轮线速度 v_s/(m/s)	工作台速度 v_w/(mm/min)	磨削深度 a_p/mm	水平磨削力 F_x/N	垂直磨削力 F_z/N	表面粗糙度 R_a/μm
1	60	600	0.1	43.2	636.5	0.29
2	80	600	0.1	38.1	558.6	0.28
3	100	600	0.1	32.4	493.5	0.26
4	120	600	0.1	29.0	458.4	0.22
5	140	600	0.1	38.4	530.2	0.27
6	160	600	0.1	46.0	568.8	0.28
7	120	600	0.1	29.0	458.4	0.22
8	120	1200	0.1	40.0	809.7	0.25
9	120	2400	0.1	52.1	1008.5	0.26
10	120	3600	0.1	74.0	1453.1	0.31
11	120	4800	0.1	98.7	2000.0	0.32
12	120	6000	0.1	122.6	2878.8	0.29
13	120	8000	0.1	90.0	1583.6	0.27
14	120	10000	0.1	76.9	883.6	0.28
15	120	600	0.1	29.0	458.4	0.22
16	120	600	0.2	65.9	1246.3	0.29
17	120	600	0.3	93.3	2075.2	0.32
18	120	600	0.4	148.4	2540.7	0.33
19	160	600	0.1	46.0	568.8	0.28
20	160	600	0.2	82.3	1597.6	0.30
21	160	600	0.3	129.9	2259.8	0.34
22	160	600	0.4	173.4	2704.4	0.36
23	80	10000	0.1	120.6	2941	0.30
24	100	10000	0.1	105.2	2720.9	0.33
25	120	10000	0.1	98.0	2425.3	0.28
26	140	10000	0.1	90.5	2225.3	0.34
27	160	10000	0.1	85.5	2012.7	0.29
28	60	25	0.1	5.4	84.5	0.31
29	80	25	0.1	4.7	122.2	0.30
30	100	25	0.1	4.5	173.1	0.27
31	120	25	0.1	5.3	197.4	0.24
32	140	25	0.1	5.3	208.4	0.29
33	160	25	0.1	5.5	237.3	0.32

表 4.17　砂轮 2 磨削试验数据

序号	砂轮线速度 v_s/(m/s)	工作台速度 v_w/(mm/min)	磨削深度 a_p/mm	水平磨削力 F_x/N	垂直磨削力 F_z/N	表面粗糙度 R_a/μm
1	60	300	0.2	67.8	578.6	0.30
2	90	300	0.2	47.0	467.0	0.28
3	120	300	0.2	38.1	422.9	0.19
4	160	300	0.2	26.4	320.7	0.25

（2）磨削力。

① 砂轮线速度的影响。图 4.46 为砂轮线速度 v_s 对垂直磨削力 F_z、水平磨削力 F_x 及磨削分力比 C_f 的影响情况。由图 4.46（a）和（b）可以看出，当 $v_w=$ 10000mm/min 时，垂直磨削力与水平磨削力均随着砂轮线速度的增加而减小。这是因为当工作台速度和磨削深度一定，即材料比磨除率为常数时，砂轮线速度的提高意味着增加了单位时间内通过磨削区的有效磨刃数，这将导致单颗磨粒未变形切屑厚度减小，每颗有效磨粒所承受的磨削力随之降低，所以磨削力降低。当 $v_w=600$mm/min 时，垂直磨削力与水平磨削力均在砂轮线速度为 120m/s 时达到最小，而在此之前则单调递减，之后有所增加。这是由于随着砂轮线速度的增加，机床的振动逐渐加剧，进而影响到磨削过程。当 $v_w=25$mm/min 时，随砂轮线速度的增加，水平磨削力的变化并不明显，而垂直磨削力则单调递增，但幅度不大。这是由于此时水平磨削力较小，与磨削液所引起的水平力相当，无法准确辨别；而磨削液所引起的垂直方向力，由于液体动压效应的存在，随着砂轮线速度的增加而大幅增加，它与垂直方向磨削力叠加从而造成了垂直磨削力随砂轮线速度的增加而增加。随着工作台速度由 25mm/min 增加到 10000mm/min，磨削力会大幅增加。这是由于当工作台速度由 25mm/min 提高到 10000mm/min 时，材料比磨除率大幅增加，这将导致单颗磨粒未变形切屑厚度增大，因此磨削力增加。由图 4.46（c）可以看出，在工作台速度为 600mm/min 时，磨削分力比随着砂轮线速度的增加基本没有太大的变化；在工作台速度为 10000mm/min 时，磨削分力比随着砂轮线速度的增加有所减小，且与工作台速度为 10000mm/min 时相比总体上要小得多。这是因为试验采用的砂轮是粒度为 240 的树脂结合剂金刚石砂轮，砂轮容屑空间较小。当工作台速度为 600mm/min 时，材料比磨除率较小，单颗磨粒未变形切屑厚度相应较小，砂轮容屑空间能够满足需要；而当工作台速度为 10000mm/min 时，材料比磨除率大幅提高，单颗磨粒未变形切屑厚度也大幅增加，砂轮容屑空间不能满足需要，使砂轮堵塞，从而降低了砂轮的锐利程度，增加了切入工件的难度。而金属陶瓷的材料去除以脆性去除为主，在磨粒的法向载荷作用下，工件表面层下方产生横向裂纹，磨粒去除工件只是将破碎的材料去除，因此砂

轮堵塞将使垂直磨削力大幅增加,而水平磨削力增加幅度相应较小,从而使磨削分力比增加。

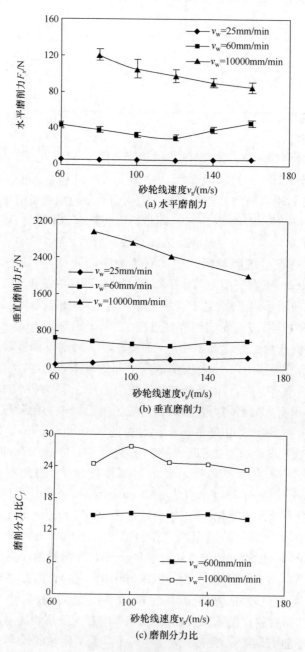

(a) 水平磨削力

(b) 垂直磨削力

(c) 磨削分力比

图 4.46　砂轮线速度对磨削力、磨削分力比的影响

$(a_p = 0.1\text{mm})$

② 工作台速度的影响。图 4.47 为工作台速度 v_w 对垂直磨削力 F_z 和水平磨削力 F_x 的影响情况。由图 4.47(a)和(b)可以看出,在工作台速度小于 6000mm/min 时,磨削力均随着工作台速度的提高而增加;而在其后,磨削力则随着工作台速度的增加而减小。此外,在工作台速度超过 6000mm/min 后,金属陶瓷工件出现了崩裂现象。这是因为随着工作台速度的增大,材料比磨除率增加,这使单颗磨粒最大未变形切屑厚度增大,所以磨削力增加。随着工作台速度增大到一定程度,即单颗磨粒最大未变形切屑厚度超过砂轮的容屑空间,砂轮的磨削能力大大降低,砂轮与工件之间的相互挤压作用增强,金属陶瓷属于硬脆性材料,从而产生崩裂现象,而这种现象的产生具有一定卸载作用,使得磨削力有所下降。

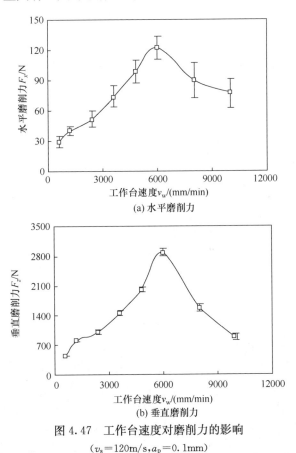

(a) 水平磨削力

(b) 垂直磨削力

图 4.47　工作台速度对磨削力的影响

($v_s=120\text{m/s}, a_p=0.1\text{mm}$)

③ 磨削深度的影响。图 4.48 为磨削深度 a_p 对垂直磨削力 F_z 和水平磨削力 F_x 的影响情况。由图可知,在不同的砂轮线速度下,水平磨削力和垂直磨削力均随磨削深度的增大单调上升,但是上升趋势比较缓慢,比图 4.47 中随工作台速度上升的趋势要缓慢得多。这是因为磨削深度的增大使材料比磨除率成比例增长,单颗磨粒未

变形切屑厚度增大,从而使磨削力增大;但同时磨削深度增大还会增加有效磨刃数,有更多的磨粒参与工件材料的磨削,所以每颗磨粒承受的载荷变化相对较小。

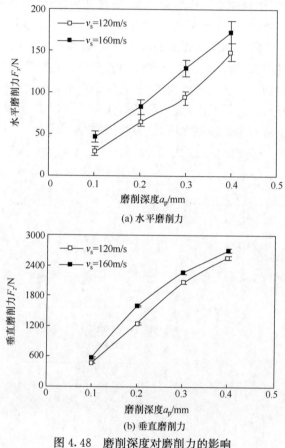

(a) 水平磨削力

(b) 垂直磨削力

图 4.48　磨削深度对磨削力的影响

($v_w=600\text{mm/min}$)

　　④ 砂轮残留磨料层厚度的影响。由于砂轮制造工艺自身的问题,砂轮不同磨料层厚度处的磨削性能并不一致。图 4.49 给出了砂轮残留磨料层厚度 t 对磨削力的影响。由图可知,随着残留磨料层厚度的减小,水平磨削力和垂直磨削力逐渐变小,且随着磨削深度的变化,均具有类似的变化趋势,即磨削力逐渐增大。

　　⑤ 电镀砂轮的影响。图 4.50 给出了采用电镀金刚石砂轮磨削时砂轮线速度 v_s 对磨削力的影响情况。由图可以看出,垂直磨削力与水平磨削力均随着砂轮线速度的增加而减小。这是因为工作台速度和磨削深度一定,即在材料比磨除率为常数时,砂轮线速度的提高意味着增加了单位时间内通过磨削区的有效磨刃数,这将导致单颗磨粒未变形切屑厚度减小,使得每颗有效磨粒所承受的磨削力随之降低,所以磨削力降低。

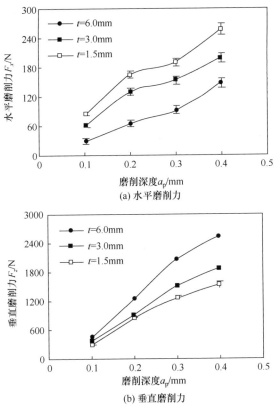

(a) 水平磨削力

(b) 垂直磨削力

图 4.49　砂轮残留磨料层厚度对磨削力的影响

$(v_s = 120\text{m/s}, v_w = 600\text{mm/min})$

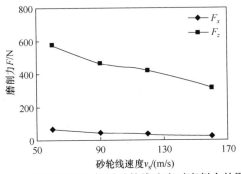

图 4.50　采用电镀砂轮时砂轮线速度对磨削力的影响

$(v_w = 300\text{mm/min}, a_p = 0.2\text{mm})$

（3）表面粗糙度。

① 砂轮线速度的影响。图 4.51 为砂轮线速度 v_s 对磨削表面粗糙度 R_a 的影响。由图可知，当 $v_w = 25\text{mm/min}$ 和 $v_w = 600\text{mm/min}$ 时，工件表面粗糙度随着砂轮线速度的增加先减小后增加，并在砂轮线速度为 120m/s 时达到最小值。这是

因为在工作台速度为 25mm/min 和 600mm/min、砂轮线速度小于 120m/s 时,砂轮处于正常的磨削状态,随着砂轮线速度的增加,单位时间通过磨削区的有效磨刃数增加,单颗磨粒未变形切屑厚度减小,工件表面上磨痕深度变小,表面上残留凸峰变小,表面粗糙度得到改善;而当砂轮线速度超过 120m/s 后,由于主轴振动的增大,影响了工件加工质量,使表面粗糙度有所上升,但幅度不大。与 $v_w=25$mm/min 和 $v_w=10000$mm/min 时相比,$v_w=600$mm/min 时的表面粗糙度最小,但相差不大,均处于 $0.2\sim0.4\mu$m。当 $v_w=10000$mm/min 时,随着砂轮线速度的增大,工件表面粗糙度出现了较大幅度的波动。这是因为在工作台速度为 10000mm/min 时,由于材料比磨除率大幅增加,单颗磨粒未变形切屑厚度超过了砂轮容屑空间,砂轮处于非正常的磨削状态,所以工件表面粗糙度有较大幅度波动。

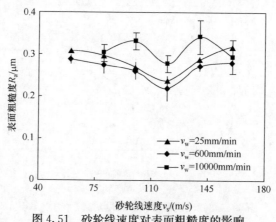

图 4.51　砂轮线速度对表面粗糙度的影响

($a_p=0.1$mm)

② 磨削深度的影响。图 4.52 为磨削深度 a_p 对磨削表面粗糙度 R_a 的影响。由图可知,在砂轮线速度为 120m/s 和 160m/s 时,随着磨削深度的增加,工件表面

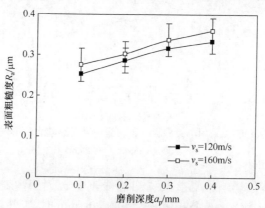

图 4.52　磨削深度对表面粗糙度的影响

($v_w=600$mm/min)

粗糙度均有上升的趋势,且前者的值均比后者的略小一些。这是因为随着磨削深度的增加,材料比磨除率成比例增大,单颗磨粒未变形切屑厚度增大,工件表面上磨痕深度变大,表面上残留凸峰变大,表面粗糙度也随之增大。而在砂轮线速度为 160m/s 时,机床主轴的振动加大,动不平衡量由 120m/s 的 $0.127\mu m$ 上升到 160m/s 的 $0.8\mu m$,从而使工件表面粗糙度增大。

③ 工作台速度的影响。图 4.53 为工作台速度 v_w 对磨削表面粗糙度 R_a 的影响。由图可以看出,工件表面粗糙度随着工作台速度的增加呈现先上升后下降并逐渐平稳的状态,并且在工作台速度为 6000mm/min 时达到最大值。这是因为在工作台速度低于 6000mm/min 时,随着工作台速度的增加,工件材料比磨除率成比例增加,单位时间内通过磨削区的有效磨刃数并没有变化,所以单颗磨粒未变形切屑厚度相应增加,工件表面上磨痕深度变大,表面上残留凸峰变大,表面粗糙度也随之增大。而在工作台速度超过 6000mm/min 后,由于工件材料比磨除率的进一步增加,单颗磨粒未变形切屑厚度超过了砂轮的容屑空间,使砂轮磨削能力下降并处于非正常磨削状态(可由工件出现崩裂现象证明),从而使砂轮与工件的挤压、滑擦作用增强,进而使工件表面粗糙度下降。

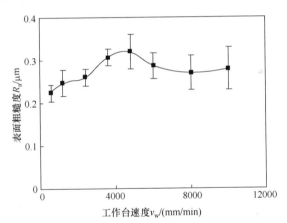

图 4.53　工作台速度对表面粗糙度的影响

($v_s = 120m/s, a_p = 0.1mm$)

④ 砂轮残留磨料层厚度的影响。图 4.54 为砂轮残留磨料层厚度 t 对工件表面粗糙度 R_a 的影响。由图可知,当砂轮残留磨料层厚度由 6.0mm 减小到 3.0mm 时,所磨工件的表面粗糙度逐渐由 $0.2\sim0.4\mu m$ 增大到 $0.6\sim0.7\mu m$,而当砂轮残留磨料层厚度减小到 1.5mm 时,工件表面粗糙度增大到 $0.9\sim1.0\mu m$。金属陶瓷刀片的技术要求表明,刀片表面粗糙度不可超过 $0.8\mu m$,因此对于金属陶瓷刀片来说,树脂结合剂金刚石砂轮的有效寿命受到砂轮残留磨料层厚度的限制,t 不可少于 3mm。

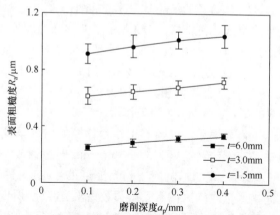

图 4.54　砂轮残留磨料层厚度对工件表面粗糙度的影响

$(v_s = 120\text{m/s}, v_w = 600\text{mm/min})$

⑤ 电镀砂轮的影响。图 4.55 为采用电镀金刚石砂轮磨削时砂轮线速度对磨削表面粗糙度的影响。由图可知,工件表面粗糙度随着砂轮线速度的增加先减小后增加,并在 120m/s 时达到最小值。这是因为在工作台速度为 300mm/min、砂轮线速度小于 120m/s 时,砂轮处于正常的磨削状态,随着砂轮线速度的增加,单位时间通过磨削区的有效磨刃数增加,单颗磨粒未变形切屑厚度减小,工件表面上磨痕深度变小,表面上残留凸峰变小,表面粗糙度得到改善;而当砂轮线速度超过 120m/s 后,由于主轴振动的增大,影响了工件加工质量,使表面粗糙度有所上升,但幅度不大。

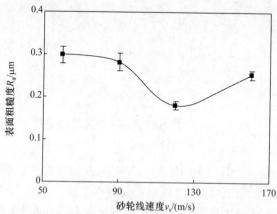

图 4.55　电镀砂轮时砂轮线速度对表面粗糙度的影响

$(v_w = 300\text{mm/min}, a_p = 0.2\text{mm})$

(4) 表面微观形貌。

① 砂轮线速度的影响。图 4.56 为不同砂轮线速度磨削时的工件表面微观形

貌。由图可知,当砂轮线速度为 60m/s 时,工件表面有一些较大的崩碎凹坑,与砂轮线速度为 120m/s 时相比,表现出了更显著的脆性断裂去除的趋势。这表明砂轮线速度的提高使最大未变形切屑厚度减小,进而使脆性材料的去除由以脆性为主向以塑性为主转换[13]。然而,当砂轮线速度继续增加至 160m/s 时,工件表面的崩碎凹坑又有增多的迹象,这表明随砂轮线速度的增加,机床的振动也会大幅增强,并对工件表面的去除方式产生重要影响。因此,砂轮线速度的提高并不总是给工件的加工带来正面影响,应具体结合机床的刚度来确定。

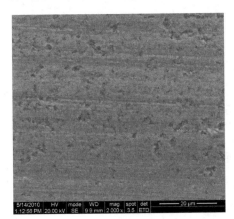

(a) v_s =60m/s

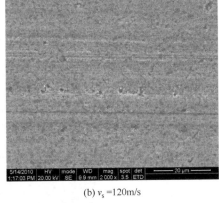

(b) v_s =120m/s

(c) v_s =160m/s

图 4.56 砂轮线速度对工件表面微观形貌的影响

(a_p = 0.1mm, v_w = 600mm/min)

② 磨削深度的影响。图 4.57 为不同磨削深度磨削时的工件表面微观形貌。由图可知,随着磨削深度的增加,工件表面的沟槽加深,崩碎凹坑增加。这表明磨削深度的增加使最大未变形切屑厚度增加,进而使材料脆性去除趋势增强,工件表

面质量下降。

(a) a_p =0.1mm　　　　　　　　　　(b) a_p =0.2mm

图 4.57　磨削深度对工件表面微观形貌的影响

（v_s＝120m/s, v_w＝600mm/min）

③ 工作台速度的影响。图 4.58 为不同工作台速度磨削时的工件表面微观形貌。由图可知，随着工作台速度的增加，工件表面的沟槽加深，崩碎凹坑增加。这表明工作台速度的增加使最大未变形切屑厚度增加，进而使材料脆性去除趋势增强。

④ 砂轮残留磨料层厚度的影响。图 4.59 为不同砂轮残留磨料层厚度时的工件表面微观形貌。由图可以看出，随着砂轮残留磨料层厚度由 6mm 减小到 1.5mm，工件表面的耕犁沟槽逐渐加深，脆性断裂的面积逐渐加大，工件表面质量大大下降。

(a) v_w =600mm/min　　　　　　　　(b) v_w =3600mm/min

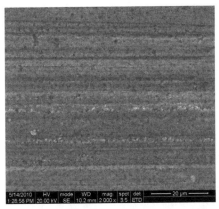

(c) v_w =6000mm/min

图 4.58　工作台速度对工件表面微观形貌的影响

(a) t=6mm

(b) t=3mm

(c) t=1.5mm

图 4.59　砂轮残留磨料层厚度对工件表面微观形貌的影响

(v_s=120m/s,a_p=0.3mm,v_w=600mm/min)

　　⑤ 电镀砂轮的影响。图 4.60 为采用电镀砂轮磨削时不同砂轮线速度对应的工件表面微观形貌。由图可知,当砂轮线速度为 60m/s 时,工件表面有一些较大的崩碎凹坑,与砂轮线速度为 120m/s 时相比,表现出了更显著的脆性断裂去除的趋势。这表明砂轮线速度的提高使最大未变形切屑厚度减小,进而使脆性材料的去除由以脆性为主向以塑性为主转换。然而,当砂轮线速度继续增加至 160m/s 时,工件表面的崩碎凹坑又有增多的迹象。这表明随砂轮线速度的增加机床的振动也会大幅增强,并对工件表面的去除方式产生重要影响。因此,砂轮线速度的提高并不总是给工件的加工带来正面影响,应具体结合机床的刚度来确定。

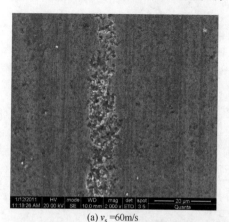

(a) v_s =60m/s　　　　　　　　　　(b) v_s =120m/s

(c) v_s =160m/s

图 4.60　电镀砂轮磨削时的工件表面微观形貌

(v_w =300mm/min, a_p =0.2mm)

（5）比磨削能 E_e 与最大未变形切屑厚度 h_{max} 的关系。

　　比磨削能是表征磨削过程能量消耗的一个重要指标[14]。单颗磨粒最大未变形切屑厚度 h_{max} 是磨粒磨削工件模型中重要的物理量,不仅影响作用在磨粒上力的大小,同时还影响比磨削能的大小、表面粗糙度及磨削区的温度,从而造成对砂轮的磨损以及对加工表面完整性的影响。

图 4.61 为比磨削能与最大未变形切屑厚度之间的关系。由图可知,比磨削能随最大未变形切屑厚度的减小而增加,且近似成反比关系。这是由于在金属陶瓷等硬脆性材料的磨削中,工件材料的去除并存着两种形式:脆性断裂与塑性去除,并以脆性断裂为主。最大未变形切屑厚度的减小增强了材料塑性去除的趋势,而塑性去除比脆性去除需要消耗更多的能量;更重要的是,由于尺寸效应的存在,即材料内部的缺陷,使磨削时产生应力集中。随着切屑变薄,单位剪应力和单位剪切能量变大,这两方面因素的综合作用使比磨削能增加。这表明通过改变工艺参数,尤其是提高砂轮线速度使单颗磨粒最大未变形切屑厚度减小,可以增强金属陶瓷等硬脆性材料的塑性去除趋势,实现延性域磨削,进而改善工件表面质量,减少裂纹或崩边现象的产生。

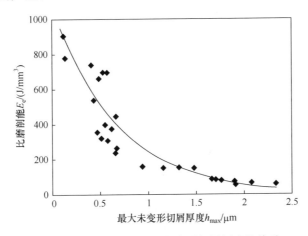

图 4.61 比磨削能与最大未变形切屑厚度的关系

3) 试验结论

由上述金属陶瓷材料高速/超高速磨削工艺试验研究可得出以下结论:

(1) 在不同的工作台速度条件下,砂轮线速度对磨削过程的影响规律并不相同:当工作台速度较低($v_w = 25mm/min$)时,随着砂轮线速度的增加,磨削力的变化规律受到磨削液诱发力的强烈影响,水平磨削力变化不明显,垂直磨削力显著增大;当工作台速度适中($v_w = 600mm/min$)时,砂轮线速度对磨削力的影响又受到机床自身刚度的影响,在 $v_s = 120m/s$ 时达到最小,表面粗糙度和表面完整性也均在此时达到最佳值;当工作台速度较高($v_w = 10000mm/min$)时,磨削力随着砂轮线速度的增加而明显减小,但受到砂轮容屑空间的限制,此时并不处在正常磨削状态,表面粗糙度没有明显变化规律,且材料的去除方式以脆性断裂为主,材料的崩边和裂纹现象概率增加。

(2) 磨削深度和工作台速度对磨削过程的影响规律比较明显:随着磨削深度

的增加,磨削力和表面粗糙度单调递增,材料的脆性断裂趋势增加;随着工作台速度的增加,磨削力先增加后下降,并在 6000mm/min 时达到最大值,且表面粗糙度逐渐增大,材料脆性断裂趋势增强,在工作台速度超过 6000mm/min 后,裂纹和崩边现象开始出现,概率也逐渐增加。

(3) 改变工艺参数,尤其是提高砂轮线速度使单颗磨粒最大未变形切屑厚度减小,可以增强金属陶瓷等硬脆性材料的塑性去除趋势,实现延性域磨削,进而改善工件表面质量,减少裂纹或崩边现象的产生。

(4) 由于砂轮制造工艺的限制,砂轮残留磨料层厚度对磨削过程也有影响,随着砂轮残留磨料层厚度的减少,砂轮的磨削性能逐渐下降。

3. 金属陶瓷刀片加工工艺路径分析研究

这里的研究对象是三角形和正方形金属陶瓷刀片,零件工艺图如图 4.62 所示。其中,虚线轮廓表示刀片毛坯形状,实线表示刀片的形状,两者之间的剖面线部分表示经磨削加工去除的材料。刀片的技术要求是齿形加工刃部不允许有崩刃缺口,表面粗糙度在 0.8μm 以下。通过分析可知,加工 3-5°/5°时,两大面的磨削余

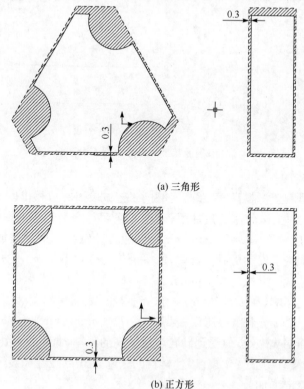

(a) 三角形

(b) 正方形

图 4.62　金属陶瓷刀片零件工艺图(单位:mm)

量为 0.2mm；加工周边时，磨削余量为 0.3mm；加工刃部时，最大磨削余量为 3.0mm。加工正方形时，两大面的磨削余量为 0.2mm；加工周边时，磨削余量为 0.3mm；加工刃部时，最大磨削余量为 4.4mm。目前的加工工艺是将整个工艺分为两大面、周边和刃部三个工序，具体参数如表 4.18 所示。

表 4.18　刀片加工工艺参数表

序号	工序名称	总加工余量 /mm	砂轮线速度 /(m/s)	工作台速度 /(mm/min)	磨削深度链 /mm	加工对象
1	两大面 与周边	0.3	60	25（粗磨）	0.1-0.1-0.05	三角形和 正方形
				15（精磨）	0.03-0.01-0.01-0	
2	刃部	3.0	60	15	0.5-0.5-0.5-0.5-0.5- 0.2-0.1-0.1-0.05- 0.05-0	三角形
3	刃部	4.4	60	15	0.5-0.5-0.5-0.5-0.5- 0.5-0.5-0.5-0.2-0.1- 0.05-0.05-0	正方形

基于金属陶瓷材料 GN20 的超高速磨削工艺试验结果与上述当前加工工艺的分析，初步认为，可将超高速磨削技术应用于金属陶瓷刀片的加工，这不仅可能提高材料磨除率，还可将粗、精磨工序合并，缩短加工工艺链，进而提高加工效率，降低加工成本。

4. 金属陶瓷刀片超高速磨削工艺试验研究

以三角形和正方形金属陶瓷刀片为研究对象，本项目开展了一系列超高速磨削工艺试验研究。针对这两种刀片的特点，本项目拟将整个加工分为两大面—周边—刃部三大工序。其中，从加工参数来说，两大面及周边的加工基本相同，因此合并起来进行研究；而刃部的成型磨削有其自身特点，需单独进行，因此整个试验分两部分进行。

1) 试验条件

(1) 磨床：同上。

(2) 砂轮：选用电镀金刚石成型砂轮和树脂结合剂金刚石砂轮，前者用于刀片刃部的磨削，后者用于刀片两大面及周边的磨削，具体规格如表 4.19 所示，成型砂轮的具体形状如图 4.63 所示。

表 4.19　试验用砂轮规格

序号	磨料	粒度（#）	浓度/%	磨料层厚度/mm	结合剂类型	砂轮宽度/mm	最高线速度/(m/s)	砂轮直径/mm	备注
1	金刚石	240	100	6	树脂	10	160	350	三角形和正方形两大面及周边
2	金刚石	240	100	—	电镀	10	160	350	三角形和正方形刃部

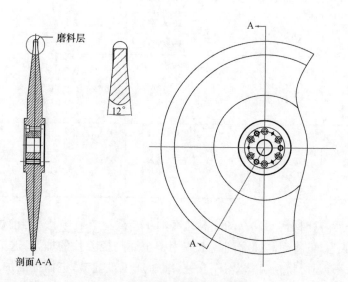

图 4.63　电镀金刚石成型砂轮

（3）工装夹具：

① 三角形金属陶瓷刀片（图 4.64）。

(a) 磨削三角形刀片周边

(b) 磨削三角形刀片大端面

(c) 磨削三角形刀片小顶面   (d) 磨削三角形刀片成型槽

图 4.64 三角形金属陶瓷刀片的工装夹具示意图

② 正方形金属陶瓷刀片(图 4.65)。

(a) 磨削正方形刀片周边   (b) 磨削正方形刀片大端面

(c) 磨削正方形刀片成型槽

图 4.65 正方形金属陶瓷刀片的工装夹具示意图

（4）磨削液:同上。

2）试验工艺链参数（表 4.20）

表 4.20　金属陶瓷刀片加工工艺链参数

序号	工序名称	总加工余量 /mm	砂轮线速度 /(m/s)	工作台速度 /(mm/min)	磨削深度链 /mm
1	两大面及周边	0.3	120	600	0.3-0
2					0.2-0.1-0
3					0.2-0.05-0.05-0
4					0.15-0.15-0
5					0.15-0.1-0.05-0
6					0.15-0.05-0.05-0.05-0
7					0.1-0.1-0.1-0
8					0.1-0.08-0.07-0.05-0
9			60	25（粗磨）	0.1-0.1-0.05
				15（精磨）	0.03-0.01-0.01-0
10	刃部	4.4	120	120	1-1-1-0.5-0.5-0.3-0.1-0
11					0.8-0.8-0.8-0.8-0.8-0.3-0.1-0
12					0.6-0.6-0.6-0.6-0.6-0.6-0.4-0.3-0.1-0
13					0.5-0.5-0.5-0.5-0.5-0.5-0.5-0.5-0.3-0.1-0
14			60	15	0.5-0.5-0.5-0.5-0.5-0.5-0.5-0.2-0.1-0.05-0.05-0

　　由上述金属陶瓷材料高速/超高速磨削工艺试验可知,当砂轮线速度为120m/s时,其磨削性能（包括磨削力、表面粗糙度等指标）最佳,而当工作台速度为600mm/min 时,材料塑性去除的趋势较强,基本无裂纹或崩边现象出现,且能满足加工效率指标。此时,材料最大磨削深度可达 0.4mm 以上,大于金属陶瓷刀片的最大加工余量。因此,试验取 $v_s=120\text{m/s}$、$v_w=600\text{mm/min}$,并通过改变磨削深度来构成整个工艺链。为了对比高速/超高速磨削工艺的优越性,本研究还采用当前的加工工艺链,针对正方形金属陶瓷刀片的自身工艺特点,得出如表 4.20 所示的

试验工艺链参数。由于两大面与周边的加工方式及加工余量相近,下面以周边和刃部的磨削工艺为主要对象。关于三角形金属陶瓷刀片的情形与正方形的类似,这里不再赘述。

3) 试验结果及分析

(1) 试验结果。

表 4.21 和表 4.22 分别给出了金属陶瓷刀片超高速磨削周边和刃部时的试验结果,试验结果均为三次试验的平均值。

表 4.21　金属陶瓷刀片周边工艺试验结果

序号	砂轮线速度 /(m/s)	工作台速度 /(mm/min)	磨削深度链 /mm	有效加工 时间/s	表面粗糙度 /μm
1			0.3-0	13.12	0.59
2			0.2-0.1-0	19.68	0.39
3			0.2-0.05-0.05-0	26.24	0.47
4	120	600	0.15-0.15-0	19.68	0.58
5			0.15-0.1-0.05-0	26.24	0.42
6			0.15-0.05-0.05-0.05-0	32.08	0.52
7			0.1-0.1-0.1-0	26.24	0.42
8			0.1-0.08-0.07-0.05-0	32.08	0.51
9	60	25(粗磨)	0.1-0.1-0.05	1521.92	0.58
		15(精磨)	0.03-0.01-0.01-0		

表 4.22　金属陶瓷刀片刃部工艺试验结果

序号	砂轮线速度 /(m/s)	工作台速度 /(mm/min)	磨削深度链 /mm	有效加工 时间/s	表面粗糙度 /μm
10			1-1-1-0.5-0.5-0.3-0.1-0	60.928	0.59
11			0.8-0.8-0.8-0.8-0.8-0.3-0.1-0	60.928	0.53
12	120	150	0.6-0.6-0.6-0.6-0.6-0.6-0.4-0.3-0.1-0	76.160	0.46
13			0.5-0.5-0.5-0.5-0.5-0.5-0.5-0.5-0.3-0.1-0	83.776	0.42
14	60	15	0.5-0.5-0.5-0.5-0.5-0.5-0.5-0.5-0.2-0.1-0.05-0.05-0	990.080	0.47

（2）磨削两大面及周边。

① 磨削工艺链对零件表面粗糙度的影响。图 4.66 为磨削工艺链对零件表面粗糙度的影响。由图可以看出，当采用试验所制定的各种磨削工艺链时，零件的表面粗糙度有较大的变化，但均能满足零件的技术要求，即不超过 $0.8\mu m$，且无明显的裂纹。磨削工艺链 9 是目前实际生产中所采用的，与其他磨削工艺链相比，表面粗糙度值较大；磨削工艺链 2 的表面粗糙度最小。

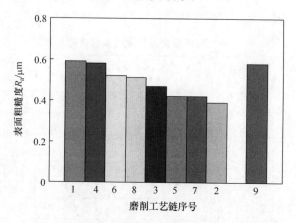

图 4.66　磨削工艺链对零件表面粗糙度的影响

② 磨削工艺链对有效加工时间的影响。图 4.67 为磨削工艺链对有效加工时间的影响。此处的有效加工时间是指采用各磨削工艺链加工单个零件相应工序所需的实际加工时间。由图可以看出，目前实际生产中所采用的磨削工艺链 9 的有效加工时间要远远大于试验中其他的磨削工艺链，而磨削工艺链 1、2 和 4 的有效加工时间相对较小。

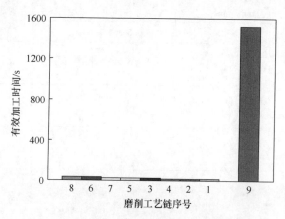

图 4.67　磨削工艺链对有效加工时间的影响

③ 亚表面损伤微观形貌对比。图 4.68 为分别以磨削工艺链 2 和 9 磨削正方形金属陶瓷刀片周边时的亚表面损伤微观形貌图。由图可知,以这两种磨削工艺链对工件进行磨削时,工件的亚表面形貌没有明显差异,只是采用工艺链 2 磨削的工件加工面更为平整,且材料均以脆性去除为主,无微观裂纹出现。

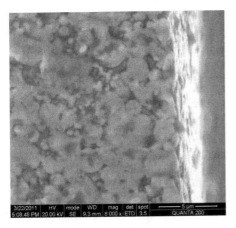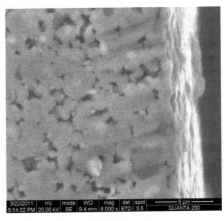

(a) 工艺链2　　　　　　　　　　　　　　　　(b) 工艺链9

图 4.68　磨削工艺链对工件亚表面损伤的影响

④ 砂轮损耗对比。图 4.69 为分别以磨削工艺链 2 和 9 磨削正方形金属陶瓷刀片周边和两大面时砂轮磨削比 G 的对比。由图可知,与磨削工艺链 9 相比,当以磨削工艺链 2 磨削时,砂轮磨削比 G 有所增加,由 400 左右提高到 600 左右。这是因为当砂轮线速度增加后,单颗磨粒最大未变形切屑厚度减小,进而使磨削力大大下降,使砂轮的损耗有所减小。

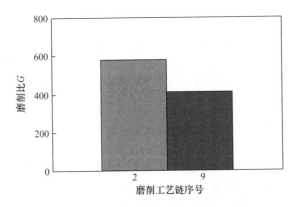

图 4.69　磨削工艺链 2 和 9 的磨削比对比

　　综合考虑金属陶瓷刀片两大面和周边加工的表面质量和效率,目前实际生产中所采用的磨削工艺链9的表面质量能满足基本要求,但加工效率极低,其有效加工时间需 1520.92s,且偶有崩裂现象产生;而采用磨削工艺链2时的表面质量最好,且加工效率较高,其有效加工时间仅需 19.68s,与磨削工艺链9相比,降低了98%以上。以磨削工艺链2进行批量性验证,磨削正方形金属陶瓷刀片的周边 100片,结果表明,未出现裂纹或崩边现象,加工表面粗糙度基本保持在 0.4μm 左右。

　　(3) 磨削刃部。

　　① 磨削工艺链对零件表面粗糙度的影响。图 4.70 为磨削工艺链对零件表面粗糙度的影响。由图可以看出,当采用试验所制定的各种磨削工艺链时,零件的表面粗糙度变化不大,均能满足零件的技术要求,即不超过 0.8μm,且无明显的裂纹。磨削工艺链14是目前实际生产中所采用的,与其他磨削工艺链相比,表面粗糙度较大;磨削工艺链13的表面粗糙度最小。

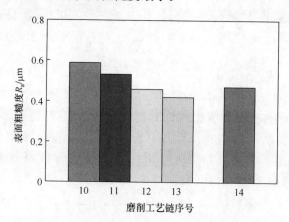

图 4.70　磨削工艺链对零件表面粗糙度的影响

　　② 磨削工艺链对有效加工时间的影响。图 4.71 为磨削工艺链对有效加工时间的影响。此处的有效加工时间是指采用各磨削工艺链加工单个零件相应工序所需的实际加工时间。由图可以看出,目前实际生产中所采用的磨削工艺链14的有效加工时间要远远大于试验中其他的磨削工艺链;而在高速磨削中,磨削工艺链10、11的有效加工时间最小,而磨削工艺链13的有效加工时间最长。

　　③ 亚表面损伤微观形貌对比。图 4.72 为分别以磨削工艺链13和14磨削正方形金属陶瓷刀片刃部时的亚表面损伤微观形貌图。由图可知,以这两种磨削工艺链对工件进行磨削时,工件的亚表面形貌没有明显差异,无微观裂纹出现,只是采用工艺链13磨削的工件加工面更为平整。

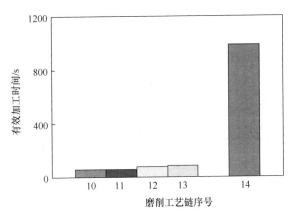

图 4.71　磨削工艺链对有效加工时间的影响

(a) 工艺链13

(b) 工艺链14

图 4.72　磨削工艺链对工件亚表面损伤的影响

　　综合考虑金属陶瓷刀片刃部加工的表面质量和效率,并以表面质量为优先,本研究采用磨削工艺链 13,将其与目前实际生产中所采用的磨削工艺链 14 相比,表面质量(表面粗糙度、亚表面形貌)基本相当,但加工效率大大提高,其有效加工时间由 990.08s 降低到 83.776s,降低了 90%以上。图 4.73 为采用磨削工艺链 2 和 13 加工而成的金属陶瓷刀片照片。以磨削工艺链 13 进行批量性验证,磨削正方形金属陶瓷刀片的刃部 100 片,结果表明,未出现裂纹或崩边现象。

(a) 正方形　　　　　　　(b) 三角形

图 4.73　以试验优化参数所加工出的零件成品照片

4.2.4　结论

通过上述金属陶瓷刀片的超高速磨削工艺试验,可得出以下结论:

(1) 当采用粒度为 240 的树脂结合剂金刚石砂轮磨削时,随着砂轮线速度的增加,磨削力逐渐减小,并在 $v_s = 120\text{m/s}$ 处取得最小值,而在此之后,磨削力又逐渐增大;工件表面质量也有类似的规律,在 $v_s = 120\text{m/s}$ 处达到最佳;随着磨削深度(0.1~0.4mm)的增加,磨削力和表面粗糙度均逐渐增大;随着工作台速度(600~10000mm/min)的增加,磨削力和表面粗糙度均先增加后减小,并在 $v_w = 6000\text{mm/min}$ 处达到最大值,而工件表面质量则逐渐下降,并在 $v_w = 6000\text{mm/min}$ 后出现崩碎现象,且发生的概率逐渐增大。总的来说,工作台速度的提高和磨削深度的增大会给磨削效果带来负面作用,而砂轮线速度则起正面作用,但也要受到机床刚度和主轴功率的限制。

(2) 树脂结合剂金刚石砂轮的残留磨料层厚度对磨削结果也有影响,当其不超过 3mm 时,采用试验中所有的工艺参数,均能满足工件表面粗糙度小于 $0.8\mu\text{m}$ 的技术要求。

(3) 保守计算,当 $v_s = 120\text{m/s}$、$v_w = 600\text{mm/min}$、$a_p = 0.1\text{mm}$ 时,材料比磨除率可达 $60\text{mm}^3/(\text{mm} \cdot \text{min})$ 以上,与目前工艺中最大材料比磨除率不超过 $2.5\text{mm}^3/(\text{mm} \cdot \text{min})$ 相比,可提高 20 倍以上。

(4) 在材料工艺试验中,当 $v_s = 120\text{m/s}$、$v_w = 600\text{mm/min}$ 时,磨削深度可达 0.3mm 以上,而金属陶瓷刀片的单边加工余量在 0.3mm 以下,在加工其周边和两大面时,还具有将粗、精磨工序合并的能力。

(5) 采用超高速磨削技术对金属陶瓷刀片进行加工时,对于周边和两大面,可采用磨削工艺链 2;对于刃部,可采用磨削工艺链 13。这样,不仅可获得良好的加工质量,还可使单件加工时间减少 96.95%,砂轮耐用度提高 40.3%;同时,改善了精磨时的加工质量,解决了刀片的裂纹和崩边问题,降低了产品的废品率。

4.3　淬硬钢材料高速/超高速磨削工艺

4.3.1　研究背景

凸轮轴是汽车发动机和其他内燃机的高速精密传动机构的核心部件,是在汽车、摩托车、内燃机、工程机械、国防、纺织、机械制造等行业广泛应用的、量大面广的关键零件之一,其种类繁多,型面复杂。凸轮轴的加工精度和质量直接影响到发动机的质量、废气排放、使用寿命、节能和效率,其加工效率直接影响着整个汽车、摩托车、内燃机、工程机械等行业的发展。凸轮通常是由具有多段高次曲线型面的非圆轮廓面组成,其升程、转角与砂轮半径之间存在非线性关系,且大部分凸轮轴属细长的轴类零件,磨削加工工艺性较差[15,16]。汽车淬硬钢凸轮轴在磨削加工时,通常先在普通磨床上采用白刚玉砂轮进行粗磨,然后在数控磨床上采用 CBN 磨料砂轮进行半精和精磨加工,工序分散且加工效率低下。因此,采用新的磨削技术和工艺方法,提高凸轮轴的加工精度、质量和加工效率,从而避免烧伤,具有重要的社会和经济效应。

在高速磨削加工过程中,在保持其他参数不变的条件下,随着砂轮线速度的大幅度提高,单位时间内磨削区的磨粒数增加,每个磨粒切下的磨屑厚度变薄,从而导致每个磨粒承受的磨削力大大减小,所以总磨削力大大降低。若通过调整参数使磨屑厚度保持不变,由于单位时间内参与磨削的磨粒数增加,磨除的磨屑增多,磨削效率会大大提高。高速磨削时,由于磨削速度很高,单个磨屑的形成时间极短。在极短时间内完成磨屑的高应变率(可认为近似等于磨削速度)形成过程与普通磨削有很大的差别,表现为工件表面的弹性变形层变浅,磨削沟痕两侧因塑性流动而形成的隆起高度变小,磨屑形成过程中的耕犁和滑擦距离变小,工件表面层硬化及残余应力倾向减小。此外,高速磨削时磨粒在磨削区上的移动速度和工作台速度均大大加快,加上应变率响应温度滞后的影响,会使工件表面磨削温度有所降低,因而能越过容易发生磨削烧伤的区域,从而极大扩展了磨削工艺参数的应用范围[17~20]。

CBN 即立方氮化硼,显微硬度为 800~900MPa,略低于金刚石,但其耐热性达 1400℃,热稳定性较好,所以 CBN 砂轮可用于高速/超高速磨削。而且,CBN 对铁族元素的化学惰性高,这是它和金刚石的最大区别。和普通磨料磨具相比,CBN 磨削具有高速、高效、高加工质量、长寿命、低成本的特点,在汽车、机床、工具和轴承等工业领域有着广泛的应用。

本节采用 CBN 砂轮,对淬硬 45♯钢凸轮轴进行高速/超高速磨削加工,首先对淬硬 45♯钢的高速磨削机理进行研究,然后在此基础上,对淬硬 45♯钢凸轮轴零件进行高速/超高速磨削加工和工艺路线方法的研究。

4.3.2　解决的主要技术问题与研究方案

1. 技术问题

针对淬硬钢材料磨削过程加工效率低下、易回火烧伤、表面完整性差、砂轮修整频繁的现状,开发淬硬 45♯钢高速/超高速磨削工艺。对现有分散的工步进行合并,提高加工效率,优化产能结构,改善淬硬钢的磨削加工性能,提高磨削质量和效率。

2. 研究方案

基于对淬硬 45♯钢材料的机械性能分析与加工性能分析,将工艺研究分为以下几个阶段:第一阶段为材料的高速/超高速磨削机理试验,在该阶段的研究过程中应系统了解淬硬 45♯钢材料的高速磨削性能、材料去除机理,并优化工艺路线;第二阶段为零件的高速/超高速磨削工艺试验,基于第一阶段对材料去除性能和机理的了解,结合零件加工的特殊要求,进行系统的工艺试验,并对各工况的试验结果进行分析,得出高效优质低成本的工艺路线;第三阶段将得出的工艺路线进行批量零件加工验证。

4.3.3　检测方法

磨削是加工淬硬钢最常用的方法,磨削过程中去除单位体积的材料需要的能量很大,大部分的磨削能转化为磨削热引起磨削区温度上升,导致工件表面变形和热损伤,如烧伤相变、回火软化、残余应力等。而磨削往往又是最终加工,磨削后的表面特性直接影响工件的使用性能,如疲劳强度、耐磨性和耐腐蚀性等。

硬度通常是指材料抵抗弹塑性变形和破坏的能力。虽然表示方法各不相同,但硬度值与材料的弹性极限、弹性模量、屈服极限、韧性、脆性,材料的结晶状态、分子结构和原子间键结合力,以及测量条件和测量方法等一系列因素均密切相关。因此,硬度的测量或预测对确定合理的磨削加工工艺,检验磨削烧伤和预测磨削后效果非常有意义。而且,硬度检验是金属机械性能试验中最简单、方便的方法。

本试验按图 4.74 所示,在凸轮上加工出可供测量凸轮亚表面的斜面,然后对凸轮加工面和斜面进行维氏硬度测量,如图 4.75 所示。

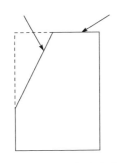
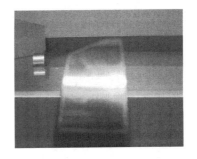

图 4.74 微观硬度测量示意图   图 4.75 微观硬度测量试件图

采用 402MVA 自动转塔显微维氏硬度计检测硬度,如图 4.76 所示。参照标准 EN-ISO 6507 和 ASTM E384 执行。精度:EN-ISO 6507 和 ASTM E384;测量范围:$200\mu m$;硬度标尺:HV 1;压头载荷:1kgf;测量位置:加工表面/亚表面。

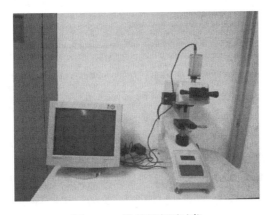

图 4.76 微观硬度测试仪

4.3.4 淬硬 45♯钢材料工艺试验与机理分析

本节针对工程中常用的淬硬 45♯钢进行高速磨削工艺研究,分析各加工参数对磨削力、表面粗糙度、金属比磨除率的影响,揭示高速磨削在一定加工对象上的磨削力、表面粗糙度的变化规律和机理,为淬硬 45♯钢零件在高速磨削条件下的加工提供了参考依据。

1. 试验条件

1) 机床

试验在湖南大学国家高效磨削工程技术研究中心自行研制的高速深磨磨削试验台上进行。

2) 砂轮

本试验使用陶瓷结合剂 CBN 砂轮,砂轮磨粒尺寸为 $160\mu m$。砂轮直径为 350mm,宽度为 10mm,磨料层厚度为 6mm。本试验采用碳化硅制动式修整器对砂轮进行修整,修整至砂轮外圆跳动约为 $10\mu m$。

3) 试件材料

45♯钢,热处理 HRC 50;试件尺寸(长×宽×高):40mm×20mm×15mm。

2. 试验参数

本试验采用的是平面磨削,磨削方向为逆磨。本试验对 45♯钢材料进行高速磨削加工,分析砂轮线速度 v_s、工作台速度 v_w、磨削深度 a_p 等磨削参数对磨削力和表面/亚表面质量的影响。取砂轮线速度为 80~160m/s,磨削深度为 0.03~0.12mm,工作台速度为 600~4800mm/min。

3. 试验结果及分析

1) 磨削力

磨削力通常可以分解为相互垂直的三个力,即沿砂轮切向的切向磨削力,沿砂轮径向的法向磨削力,以及沿砂轮轴向的轴向摩擦力。由于轴向力较小,可以忽略不计,这里只讨论法向磨削力和切向磨削力。

当工作台速度为 2400mm/min 时,分别测得在砂轮线速度为 150m/s 和 120m/s 时,在不同磨削深度下法向磨削力和切向磨削力的变化,如图 4.77 和图 4.78 所示。由图可知,工作台速度和砂轮线速度一定时,法向磨削力和切向磨削力随着磨削深度的增加而提高;且 150m/s 和 120m/s 时的法向磨削力大小相当,而砂轮线速度为 150m/s 时的切向磨削力要高于 120m/s 时。这是因为在相同情况下,增加磨削深度,使参加磨削的磨粒增多,切屑增厚,所以磨削力也会相应增大。

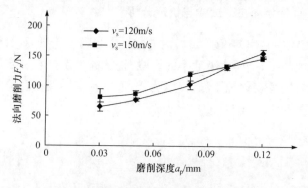

图 4.77　法向磨削力与磨削深度的关系

(v_w=2400mm/min)

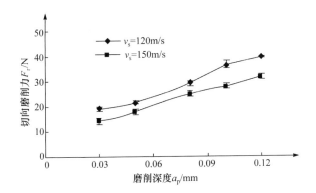

图 4.78　切向磨削力与磨削深度的关系

（$v_w = 2400\text{mm/min}$）

不同砂轮线速度下磨削力的变化,如图 4.79 和图 4.80 所示。由图可知,当工作台速度和磨削深度一定时,磨削力随着砂轮线速度的增加而降低。这是因为工作台速度和磨削深度一定,即在金属比磨除率为常数的情况下,砂轮线速度的提高意味着增加单位时间内通过磨削区域的磨粒数,这将导致每颗磨粒的磨削深度减小,切屑减薄,切屑横断面积随之减小,所以每颗有效磨粒承受的磨削力随之降低,因而磨削力降低。从图 4.79 和图 4.80 还可以看出,磨削力随砂轮线速度的提高先快速降低,然后逐渐趋于缓和。这将导致超高速磨削时,砂轮线速度越高,消耗的磨削能越大。

当工作台速度变化时,磨削力的变化如图 4.81 和图 4.82 所示。由图可知,随着工作台速度的提高,磨削力增大。即提高工作台速度,金属磨除率增大,使得单位时间内切屑厚度增大,磨削力因而相应增加。

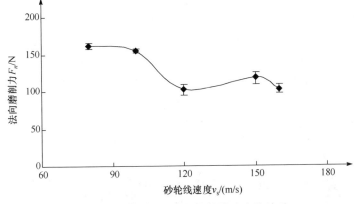

图 4.79　法向磨削力与砂轮线速度的关系

（$v_w = 2400\text{mm/min}, a_p = 0.08\text{mm}$）

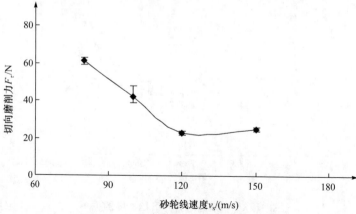

图 4.80　切向磨削力与砂轮线速度的关系

(v_w＝2400mm/min，a_p＝0.08mm)

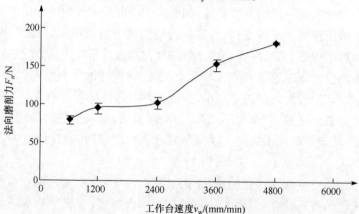

图 4.81　法向磨削力与工作台速度的关系

(v_s＝120m/s，a_p＝0.08mm)

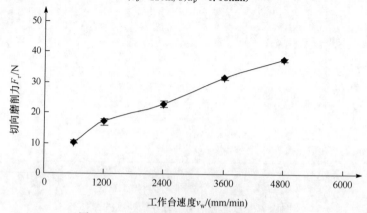

图 4.82　切向磨削力与工作台速度的关系

(v_s＝120m/s，a_p＝0.08mm)

2）表面粗糙度

当工作台速度为 2400mm/min 时，分别测得在砂轮线速度为 150m/s 和 120m/s 时，在不同磨削深度下试件表面粗糙度的变化，如图 4.83 所示。由图可知，工作台速度和砂轮线速度一定时，表面粗糙度随着磨削深度的增加波动增加，且变化范围不大，且 150m/s 时的表面粗糙度要低于 120m/s 时。由图 4.84 和图 4.85 可知，随着砂轮线速度和工作台速度增加，工件的表面粗糙度变化均不大。总的来说，各磨削参数对试件的表面粗糙度影响不大，表面粗糙度保持在 $0.4\mu m$ 以下。

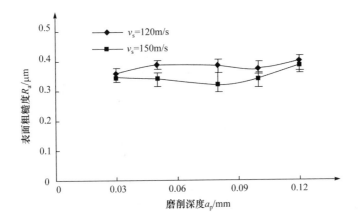

图 4.83　表面粗糙度与磨削深度的关系

（$v_w = 2400mm/min$）

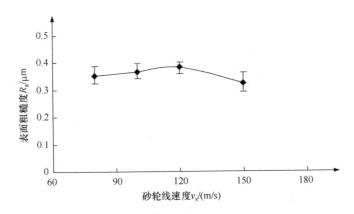

图 4.84　表面粗糙度与砂轮线速度的关系

（$v_w = 2400mm/min, a_p = 0.08mm$）

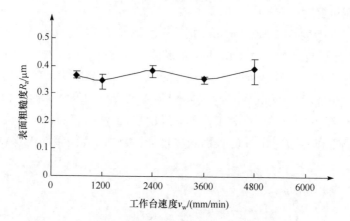

图 4.85　表面粗糙度与工作台速度的关系曲线
$(v_s=120\text{m/s},a_p=0.08\text{mm})$

4. 结论

（1）在金属比磨除率不变的情况下，提高砂轮线速度，可减小磨削力，降低工件表面粗糙度，但数值变化不大。

（2）磨削深度加大，使得磨削力加大，表面粗糙度变化不大，从而使得在大磨削深度时，仍能保证工件表面质量，大大提高了磨削效率。

（3）提高工作台速度，可增大金属比磨除率，大大提高磨削效率，且对工件表面粗糙度影响不是很大。特别是在大磨削深度时，砂轮线速度越高，越有可能通过提高工作台速度来提高磨削效率。

（4）合理选择磨削参数对于提高磨削效率和保证加工质量是十分重要的。

4.3.5　凸轮轴零件工艺试验与参数优化

本节在淬硬 45♯钢材料的高速磨削工艺试验的基础上，对柴油机 4100 凸轮轴进行高速磨削工艺研究。对凸轮的基圆、导程和顶圆的磨削表面粗糙度、表面形貌和表面/亚表面的显微硬度进行检测，并对其变化规律和产生机理进行探讨，最后得出该凸轮轴优质高效磨削加工的工艺路线。

1. 试验条件

1）试件

本试验使用柴油机用淬硬 45♯钢 4100 凸轮轴，热处理 HRC 60（HV 700），如图 4.86 所示。

图 4.86　工件

2) 机床

试验在湖大海捷精密工业有限公司自行研制开发的 CNC 8325B 高速非圆复合磨床上进行,如图 4.87 所示。

图 4.87　工件磨削加工

3) 砂轮

本试验使用陶瓷结合剂 CBN 砂轮,砂轮磨粒的粒度为 100/120,砂轮直径为 400mm,宽度为 18mm。砂轮整形使用专用金刚石修整轮,一次整形量为 0.02mm,其规格说明如表 4.23 所示。

表 4.23　砂轮规格说明

磨料	粒度 (#)	浓度 /%	磨料厚度 /mm	结合剂类型	砂轮直径 /mm	砂轮宽度 /mm	最高线速度 /(m/s)	修整方式
CBN	100/120	100	6	陶瓷	ϕ400	18	200	整形

2. 试验参数

本试验采用高速/超高速外圆磨削,主要研究砂轮线速度 v_s、工作台头架转速 n 和磨削深度 a_p 等磨削参数对磨削表面质量的影响。取砂轮线速度为 60～150m/s,磨削基圆时头架转速为 50～200r/min,单边磨削深度为 0.05～0.2mm。

3. 试验结果及分析

1) 表面粗糙度

凸轮各部位的表面粗糙度随砂轮线速度的变化如图 4.88 所示。由图可知,随着砂轮线速度的提高,各处的表面粗糙度均有降低的趋势。在砂轮线速度由60m/s提高至90m/s时,顶圆的表面粗糙度急剧降低,然后趋于平缓,保持在 0.15～0.2μm;在砂轮线速度由 60m/s 提高至 120m/s 时,基圆的表面粗糙度也明显降低,然后趋于平缓,保持在 0.25μm 左右;在砂轮线速度提高的过程中,导程的表面粗糙度降低,变化范围不大。相同的磨削条件下,顶圆和导程的表面粗糙度要低于基圆的表面粗糙度。在砂轮线速度为 120m/s 和 150m/s 时,顶圆、基圆和导程的表面粗糙度保持在 0.3μm 以下,且数值较为接近。

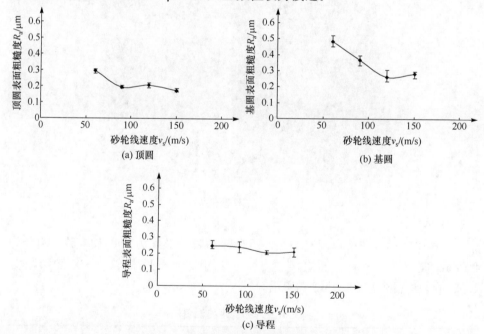

图 4.88　凸轮表面粗糙度值随砂轮线速度的变化

($n=100$r/min, $\delta=0.1$mm)

　　砂轮头架转速对凸轮表面粗糙度的影响如图 4.89 所示。由图可知,随着磨削基圆时头架转速的提高,顶圆和导程的表面粗糙度略有提高,在磨削基圆时头架转速为 200r/min 时,顶圆的表面粗糙度还有所降低。总的来说,磨削基圆时头架转速对凸轮表面粗糙度的影响不大,所有工况的表面粗糙度都保持在 0.3μm 以下。

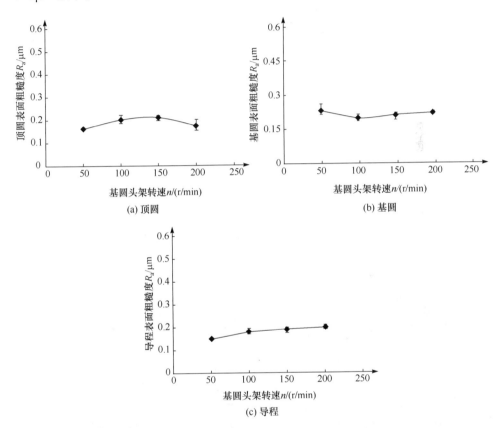

(a) 顶圆　　　　　　　　　　　　　(b) 基圆

(c) 导程

图 4.89　凸轮表面粗糙度随磨削基圆时头架转速的变化

(v_s＝120m/s,δ＝0.1mm)

　　单边磨削深度对凸轮表面粗糙度的影响如图 4.90 所示。由图可知,随着单边磨削深度的提高,顶圆的表面粗糙度有降低的趋势;基圆的表面粗糙度提高幅度较大,导程的表面粗糙度稍有提高。顶圆和导程的表面粗糙度保持在 0.2μm 以下,基圆的表面粗糙度在 0.2~0.45μm。

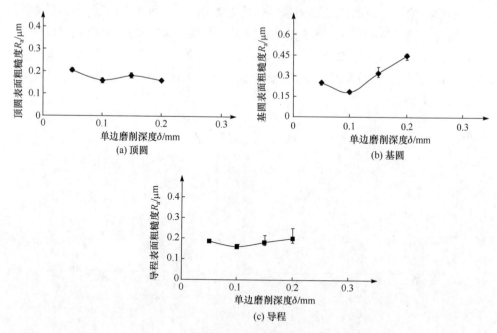

图 4.90 凸轮表面粗糙度随单边磨削深度的变化

($n=100\text{r/min}, v_\text{s}=120\text{m/s}$)

2) 表面形貌

各工况下凸轮顶圆和基圆的表面形貌如图 4.91～图 4.94 所示。由图 4.91 可知,当砂轮线速度为 60m/s、磨削基圆时头架转速为 100r/min、单边磨削深度为 0.1mm 时,磨削表面由塑性沟槽、光滑平面和涂覆层组成。由图 4.92 可知,当砂轮线速度为 150m/s、头架转速为 100r/min、单边磨削深度为 0.1mm 时,磨削表面由塑性沟槽和光滑平面组成,说明随着砂轮线速度提高,磨削表面的塑性去除增加,表面质量提高。由图 4.93 和图 4.94 可知,随着单边磨削深度增加,磨削表面形貌变化不大,都由塑性沟槽和光滑平面组成。由图 4.91～图 4.94 可知,在不同工况下,顶圆的磨削表面质量要好于基圆;顶圆的塑性沟槽痕迹要明显多于基圆表面,这和表面粗糙度情况一致。

3) 表面微观硬度

砂轮线速度对凸轮表面微观硬度的影响如图 4.95 所示。由图可知,$v_\text{s}=$ 60m/s 时凸轮表面的微观硬度降低,其余情况不变。

基圆头架转速对凸轮表面微观硬度的影响如图 4.96 所示。由图可知,不同头架转速下,凸轮表面的微观硬度未发生变化。

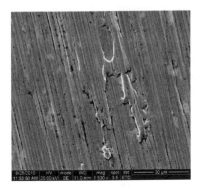

(a) 顶圆

(b) 基圆

图 4.91　凸轮表面形貌

$(v_s=60\text{m/s}, n=100\text{r/min}, \delta=0.1\text{mm})$

(a) 顶圆

(b) 基圆

图 4.92　凸轮表面形貌

$(v_s=150\text{m/s}, n=100\text{r/min}, \delta=0.1\text{mm})$

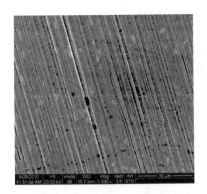

(a) 顶圆

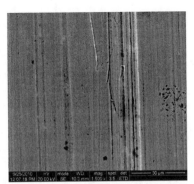

(b) 基圆

图 4.93　凸轮表面形貌

$(v_s=120\text{m/s}, n=100\text{r/min}, \delta=0.15\text{mm})$

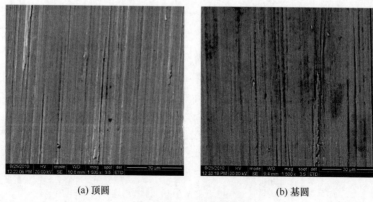

(a) 顶圆　　　　　　　　　　　　　　　(b) 基圆

图 4.94　凸轮表面形貌

($v_s=120\text{m/s},n=100\text{r/min},\delta=0.2\text{mm}$)

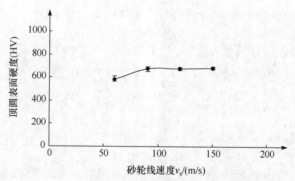

图 4.95　凸轮表面微观硬度随砂轮线速度的变化

($n=100\text{r/min},\delta=0.1\text{mm}$)

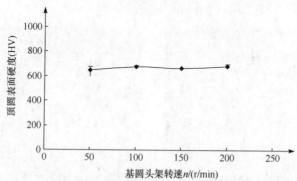

图 4.96　凸轮表面微观硬度随磨削基圆时头架转速的变化

($v_s=120\text{m/s},\delta=0.1\text{mm}$)

　　单边磨削深度对凸轮表面微观硬度的影响如图 4.97 所示。由图可知,不同单边磨削深度下,凸轮表面的微观硬度未发生变化。

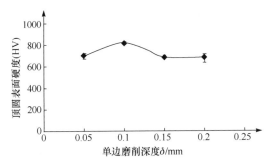

图 4.97　凸轮表面微观硬度随单边磨削深度的变化

($n=100\text{r/min}, v_s=120\text{m/s}$)

通常在磨削淬硬金属时,如发生硬度降低则意味着发生回火烧伤(温度为 400~600℃),硬度提高则意味着发生二次淬火(温度 800℃)。因此,在砂轮线速度为 60m/s、头架转速为 100r/min、单边磨削深度为 0.1mm 的磨削工况下,磨削区的温度为 400~600℃,其余工况磨削温度低于 400℃。

4) 亚表面微观硬度

凸轮亚表面微观硬度的变化情况如图 4.98 所示。由图 4.98(a)和(b)可知,这两种工况下表面和亚表面的微观硬度一致;由图 4.98(c)可知,回火烧伤层深度不大于 0.04mm。

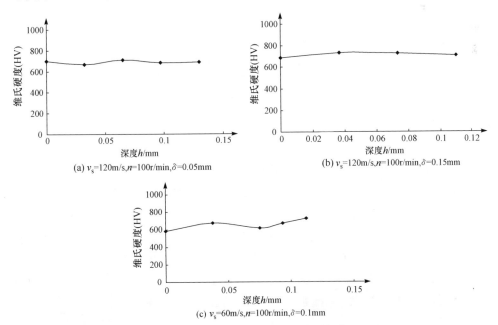

(a) v_s=120m/s,n=100r/min,δ=0.05mm

(b) v_s=120m/s,n=100r/min,δ=0.15mm

(c) v_s=60m/s,n=100r/min,δ=0.1mm

图 4.98　凸轮亚表面微观硬度的变化

4. 工艺路线优化

由于淬硬钢传统磨削半精和精加工的进给量一般仅为十几微米到几十微米,使得淬硬钢凸轮轴的现有加工方法通常为在普通磨床上采用白刚玉砂轮以 30m/s 的线速度对其进行粗磨,然后在数控磨床上采用 CBN 磨料砂轮对其进行半精和精磨加工。本课题通过 45# 钢材料高速磨削机理试验和零件的加工试验,对凸轮轴的磨削工艺路线进行优化,实现粗磨和精磨工序的合并,减少了零件加工过程中装夹次数,提高了加工精度,从而使磨削加工效率相应提高。工艺优化方法步骤如下:

(1) 将各磨削工况分为两个部分:第一部分,为了获得较高的磨削效率,允许损伤产生的工况;第二部分,以得到一定加工精度为目标的精磨工况。

(2) 将各优化磨削工况进行组合,用于零件加工,再进行磨削深度为零的光磨加工,在确保零件最终加工质量的前提下,使得磨削效率最高。优化磨削工况是指工件表面质量好、亚表面损伤最小、磨削加工效率最高时的磨削工况。图 4.99 是优化工艺链示意图。其中,零件的总去除余量深度为 H,分 n 次进给对其进行去除,每次的磨削深度为 $a_{pi}(i=1,2,3,\cdots,n)$,产生的损伤层深度为 $h_i(i=1,2,3,\cdots,n)$,其中最后一次为进给量为零的光磨。

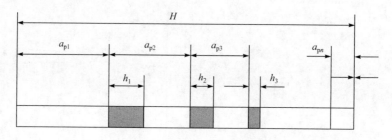

图 4.99　优化工艺链示意图

(3) 确定最优的工艺路线,实现在同一台磨床上一次装夹定位完成工件的粗加工与精加工。

通过 45# 钢材料高速磨削机理试验和零件的加工试验,可对凸轮轴采用如下磨削工艺路线(表 4.24)。从微观硬度来看,第二组发生了二次淬火,表面硬度有较大幅度增加,而第四组可能已发生了回火烧伤,其余各组的结果良好,表面粗糙度较低。该工艺路线实现了粗磨和精磨工序的合并,减少了零件加工过程中的装夹次数,提高了加工精度,使磨削加工效率相应提高。

表 4.24　凸轮轴磨削工艺链

砂轮线速度 /(m/s)	头架转速 /(r/min)	进给深度 /mm	微观硬度 (HV)	表面粗糙度 $R_a/\mu m$		
				顶圆	基圆	导程
120	150	0.1,0.1,0.05,0.05,光磨	711	0.21	0.18	0.18
150	250	0.1,0.1,0.05,0.05,光磨	796	0.17	0.17	0.16
150	200	0.1,0.1,0.05,0.05,光磨	690	0.2	0.17	0.18
150	150	0.15,0.15,光磨	432	0.16	0.18	0.15

5. 砂轮耐用度评估

为了研究淬硬 45♯ 钢材料磨削时砂轮的耐用度,我们用砂轮在两次修整之间去除的材料体积来评定砂轮耐用度。通过实时测量磨削过程中的磨削力,确定砂轮的状态,若磨削力出现大幅增加,就认定砂轮需要整形或修锐,以此来统计一次修整后砂轮可磨除的材料体积(表 4.25)。实时磨削力采用 Kistler 测力仪进行测量。

表 4.25　单次修整砂轮磨除的材料体积

砂轮线速度/(m/s)	工作台速度/(mm/min)	磨削深度/mm	磨除材料体积/mm³
120	4800	0.15	3860

4.3.6　技术对比

1. 材料磨削试验(表 4.26、图 4.100)

表 4.26　材料比磨除率比较

砂轮线速度/(m/s)	工作台速度/(mm/min)	磨削深度/mm	比磨除率/[mm³/(mm·s)]
30	4800	0.05	4
120	4800	0.15	12

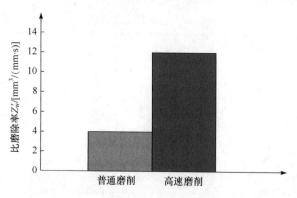

图 4.100　材料比磨除率对比

2. 零件磨削工艺试验(表 4.27、图 4.101)

表 4.27　零件加工时间比较

砂轮线速度 /(m/s)	头架转速 /(r/min)	单边进给深度/mm			单件加工时间 /min
		粗磨	精磨＋光磨		
120	150	0.1×2 次	0.05×2 次	光磨	10
150	200	0.1×2 次	0.05×2 次	光磨	10
30	150	0.05×5 次	0.02×2 次 0.01×1 次	光磨	18

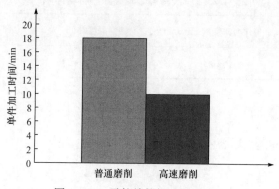

图 4.101　零件单件加工时间对比

由图 4.100 和 4.101 可知,与普通磨削工艺相比,高速磨削工艺的材料比磨除率提高了 2 倍,零件的加工效率提高了近 1 倍。

4.3.7　结论

本节针对淬硬钢凸轮轴开展了系统广泛的高速/超高速磨削工艺研究,主要分为三个阶段:①淬硬钢材料的机理试验,对磨削过程中磨削力、表面粗糙度、表面形貌和表面/亚表面微观硬度等参数进行了检测,了解了材料高速/超高速磨削机理以及磨削参数对磨削结果的影响,得出理想的工艺参数,为确保结论可信,各工况的机理试验重复 3～5 次;②淬硬钢凸轮轴零件高速/超高速磨削工艺优化试验,基于材料机理试验的研究结论,到联合单位的生产现场开展零件的工艺优化试验,根据零件的加工效率和质量,经多次重复对磨削工艺路线进行优化;③对优化后的工艺在联合单位进行批量的重复试验,确保工艺的加工质量的稳定性和可行性。

淬硬钢凸轮轴高速/超高速磨削工艺试验研究结果表明:

(1) 凸轮各部位的表面粗糙度随砂轮线速度升高而降低。相同的磨削条件下,随着磨削基圆时头架转速的提高,凸轮的表面粗糙度有所提高,但变化不大;单边磨削深度对凸轮表面粗糙度的影响较复杂,随着单边磨削深度的提高,顶圆的表面粗糙度有降低的趋势,基圆的表面粗糙度提高幅度较大,导程的表面粗糙度稍有提高;相同磨削条件下,顶圆和导程的表面粗糙度要低于基圆的表面粗糙度。

(2) 除了当 $v_s=60\mathrm{m/s}$、$n=100\mathrm{r/min}$、$\delta=0.1\mathrm{mm}$ 时,磨削表面出现了涂覆层组成外,其他磨削参数下,磨削表面均由塑性沟槽和光滑平面组成,未出现涂覆层组成;与表面粗糙度结果对应的是,在不同工况下,顶圆的磨削表面质量要好于基圆。

(3) 当 $v_s=60\mathrm{m/s}$ 时,凸轮表面发生回火烧伤,微观硬度降低,由亚表面微观硬度检测可知,回火烧伤层深度不大于 0.04mm。

(4) 本节开发的零件效率和质量最优化的工艺链,为凸轮轴磨削加工提出了成套技术解决工艺方案,实现了粗磨和精磨工序的合并,减少了零件加工过程中装夹次数,提高了加工精度,使磨削加工效率相应提高。

4.4　工程陶瓷材料高速/超高速磨削工艺

4.4.1　研究背景

工程陶瓷以其高强度、低膨胀率、耐磨损及高化学稳定性等优越的性能被广泛应用于机械、冶金和化工等工程领域中[21]。目前,陶瓷加工主要采用普通磨削和高速浅磨加工方法,导致加工效率低、成本高。高效深磨以大磨削深度(0.1～30mm)、高砂轮线速度(80～200m/s)、不降低工作台速度(0.5～10m/min)为主要工艺特征,既能实现高的磨除率,又能保证高的加工表面质量[17,18]。高效深磨以前的研究大多是针对塑性材料,因此深入系统地研究如何采用高效深磨技术实现工程陶瓷的低成本、高质量加工,是陶瓷磨削加工研究中一个值得探讨的重要技术问题。

现有文献关于陶瓷材料高效磨削的研究主要集中在提高砂轮线速度对陶瓷加工表面和加工效率的影响[22~27]。Kovach 等[22]对应用高速磨削技术实现工程陶瓷材料的低损伤磨削进行研究,发现提高砂轮线速度,可降低磨削力和磨削表面粗糙度。Hwang 等[23,24]采用电镀金刚石砂轮高速磨削氮化硅陶瓷时发现,砂轮磨损和磨粒与工件间的总滑移长度存在单值关系,提高砂轮线速度,可降低磨削力,减少砂轮磨损。Julathep[25]对热压氮化硅和烧结氮化铝陶瓷进行了高速磨削试验研究,结果表明,提高砂轮线速度,可降低磨削表面粗糙度,提高被磨工件保留的强度。Huang 等[26,27]用树脂结合剂金刚石砂轮分别磨削氧化锆、氧化铝、氮化硅和碳化硅陶瓷,结果表明,在磨削过程中,当材料的塑性去除方式占主导时,提高砂轮线速度会改善磨削表面质量。Huang 等[28,29]对陶瓷进行了高速深磨的研究,极大地提高了陶瓷的加工效率,发现增加磨削深度不会恶化表面/亚表面质量,还可在很大程度上提高砂轮的利用率;提高砂轮线速度,可使磨削表面质量稍有提高,但缩短了砂轮的使用寿命。

　　本试验采用树脂结合剂金刚石砂轮对不同的陶瓷材料进行更广泛的高效深磨研究。通过探讨不同砂轮线速度、磨削深度和同一磨除率下不同工作台速度对三种陶瓷材料磨削表面状况、磨削力、比磨削能和材料去除方式的影响,力图证实陶瓷材料高效深磨的可行性,揭示陶瓷材料高效深磨的材料去除机理,从而找出陶瓷高效深磨的最佳磨削工况区域。在本试验中,最高砂轮线速度为 160m/s,比磨除率达 $120mm^3/(mm \cdot s)$,最大磨削深度为 6mm。

4.4.2　研究方案

1. 试件

　　为了研究陶瓷材料性能对磨削机理的影响,试验选用应用广泛且力学性能和化学性能差异较大的氧化钇部分稳定氧化锆、氮化硅和 99.5%氧化铝这三种材料为试验材料,如图 4.102 所示。这三种材料均为上海硅酸盐研究所提供,规格分别为:50mm×10mm×15mm、50mm×10mm×15mm 和 45mm×6.7mm×20mm。

(a) 氧化钇部分稳定氧化锆　　　　　　　　　　　　(b) 氮化硅

(c) 99.5%氧化铝

图 4.102　陶瓷材料的显微结构

由图 4.102 可知,氧化锆的晶粒尺寸一般不大于1μm,其中颗粒较大的是氧化钇晶粒;氮化硅晶粒尺寸为1~2μm,晶粒间接触紧密;氧化铝的晶型均呈粒状,晶粒间接触紧密,晶粒尺寸为2~10μm。三种材料中均存在一定量的气孔。由表 4.28可知,氧化锆具有高的强度和断裂韧性;氮化硅的强度和断裂韧性均要次于氧化锆;在三种材料中氧化铝的硬度最高,强度和断裂韧性最低。

表 4.28　材料的力学性能参数

材料参数	氧化钇部分稳定氧化锆	氮化硅	99.5%氧化铝
规格 $abh/(\text{mm}\times\text{mm}\times\text{mm})$	50×10×15	50×10×15	45×6.7×20
晶粒尺寸 $d/\mu m$	≤1	1~2	2~10
烧结方式	常压烧结	气压烧结	常压烧结
密度 $\rho/(\text{g/cm}^3)$	6	3.3	3.9
抗弯强度 σ_b/MPa	946	550	250
维氏硬度 $/\text{GPa}$	11.8	14.7	16.7
断裂韧性 $K_{IC}/(\text{MPa}\cdot\text{m}^{1/2})$	8.1	5.5	4.99
弹性模量 E/GPa	205	300	320

2. 磨削试验条件

试验在湖南大学国家高效磨削工程技术研究中心自行研制的超高速平面磨削试验台上进行。该试验台主轴功率达40kW,最高转速为20000r/min,砂轮直径为350mm,工作台电机驱动功率为5kW;采用 SBS4500 砂轮动平衡系统对砂轮进行实时动平衡;冷却系统压力范围为 0~25MPa,采用水基冷却液,供液压力为 8MPa。

本试验采用郑州富莱特磨具公司提供的超高速砂轮,其参数如表 4.29 所示。

首先参照表 4.30 所示参数对砂轮进行修整,直至砂轮外圆跳动不大于 $10\mu m$;然后用粒度为 200 的氧化铝砂条对其修锐。在磨削不同陶瓷材料前均用砂条修锐砂轮,以使砂轮状态保持一致。

表 4.29　砂轮参数

磨料	外径 d_s/mm	宽度 w/mm	粒度(♯)	浓度/%	结合剂
金刚石	348	6	120/140	100	树脂

表 4.30　砂轮修整参数

修整参数	修整步骤
修整器	粒度为 80 的碳化硅制动式修整器
砂轮线速度 v_s/(m/s)	4.5
修整滚轮线速度 v_g/(m/s)	0.4(固定值)
工作台速度 v_w/(mm/min)	200
进给量 d/μm	5,3,2(从砂轮两侧轮流进给)
进给次数	60
修锐	粒度为 200 的氧化铝砂条,2~3cm³/次

3. 磨削参数

本试验采用顺磨方式,对氧化铝在 45mm×6.7mm 面沿 6.7mm 方向磨削,氮化硅和氧化锆在 50mm×10mm 面沿 10mm 方向磨削。

试验考察了不同砂轮线速度、磨削深度和同一比磨除率下不同工作台速度对不同陶瓷磨削性能的影响,所采用的磨削参数如表 4.31 所示。

表 4.31　磨削参数

序号	砂轮线速度 v_s/(m/s)	工作台速度 v_w/(mm/s)	磨削深度 a_p/mm	比磨除率 Z'_w/[mm³/(mm · s)]
1	40,60,90,120,160	20	2	40
2	120,160	20	1,2,4,6	20,40,80,120
3	120	10,20,40, 60,80,100	6,3,1.5,1, 0.75,0.6	60

4. 磨削表面状态和磨削力的测量

1) 磨削表面的观测

通过 JSM-5610LV 扫描电子显微镜对加工面进行观测。

2) 磨削表面粗糙度的测量

使用 Hommel Werke T8000 表面粗糙度测试仪在垂直于磨削纹理方向测量试件表面粗糙度。每种工况在三个不同位置测量并取其平均值。

3) 磨削力的测量

磨削力使用 Kistler 压电晶体测力仪测量。在高速磨削加工中,由于冷却液的供液压力较高,会对工件产生较大的作用力,因此将磨削过程中所测力值减去相同工况下空磨削时所得力值作为最终磨削力值。

测力仪测得的是 x 方向和 z 方向磨削力,根据下式可得到法向和切向磨削力,并由此计算出比磨削能:

$$\begin{cases} F_n = F_x \sin\theta + F_z \cos\theta \\ F_\tau = F_z \sin\theta - F_x \cos\theta \end{cases} \tag{4-5}$$

$$\theta = \frac{2}{3}\arccos\left(1 - \frac{2a_p}{d_s}\right) \tag{4-6}$$

其中,F_x 为测力仪测得的 x 向磨削力;F_z 为测力仪测得的 z 向磨削力;F_n 为法向磨削力;F_τ 为切向磨削力;θ 为法向磨削力与工作台垂直方向的夹角;d_s 为砂轮直径;a_p 为磨削深度。

由于本试验所采用工件沿磨削方向的尺寸要小于完成整个接触弧长磨削所需的尺寸且大小不一致,为使磨削力具有可比性,故采用单位磨削面积磨削力作为衡量磨削力的参数。单位面积法向和切向磨削力计算公式为

$$\begin{cases} F_{pn} \approx \dfrac{(F_x \sin\theta + F_z \cos\theta)\sqrt{d_s - a_p}}{wb\sqrt{d_s}} \\[3mm] F_{p\tau} \approx \dfrac{(F_z \sin\theta - F_x \cos\theta)\sqrt{d_s - a_p}}{wb\sqrt{d_s}} \end{cases} \tag{4-7}$$

式中,F_{pn} 为单位面积法向磨削力;$F_{p\tau}$ 为单位面积切向磨削力;w 为砂轮宽度;b 为工件宽度。

比磨削能的重要意义在于它可以反映磨粒与工件的干涉机理和干涉程度,还可以反映加工过程参数[20]。其数学表达式为

$$E_e = \frac{(F_z \sin\theta - F_x \cos\theta)v_s}{a_p w v_w} \tag{4-8}$$

其中,v_w 为工作台速度;v_s 为砂轮线速度。

4.4.3　试验结果

1. 表面形貌观测

1) 不同砂轮线速度下的磨削表面形貌

图 4.103～图 4.105 分别是三种陶瓷材料在工作台速度为 20mm/s、磨削深度为 2mm、砂轮线速度为 40m/s 和 160m/s 下磨削表面的 SEM 照片。由图 4.103 和图 4.104 可知,在该磨削条件下氧化锆磨削表面主要由光滑区域、塑性沟槽、涂覆区和脆性断裂区构成;氮化硅磨削表面主要由塑性沟槽、涂覆区和脆性断裂区构成。图 4.103(b)、图 4.104(b)中的塑性去除痕迹分别多于图 4.103(a)、图 4.104(a)中。由图 4.105 可知,氧化铝磨削表面主要由脆性断裂区构成。图 4.105(b)与图 4.105(a)相比,磨削表面出现了一些涂覆层。

由图 4.103～图 4.105 还可以看到,氧化锆和氮化硅磨削表面的塑性沟槽在砂轮线速度为 160m/s 时比在 40m/s 时有增加的趋势,但这种趋势不是很明显。在砂轮线速度为 160m/s 时氧化铝的磨削表面出现了一些涂覆层,在砂轮线速度为 40m/s 时均为脆性断裂。

(a) $v_s=40\text{m/s}$　　　　　　　　　　　　　　(b) $v_s=160\text{m/s}$

图 4.103　氧化锆 SEM 照片

($v_w=20\text{mm/s}, a_p=2\text{mm}$)

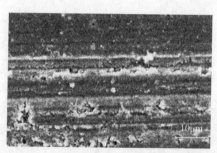 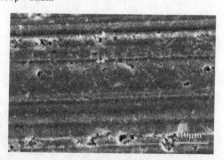

(a) $v_s=40\text{m/s}$　　　　　　　　　　　　　　(b) $v_s=160\text{m/s}$

图 4.104　氮化硅 SEM 照片

($v_w=20\text{mm/s}, a_p=2\text{mm}$)

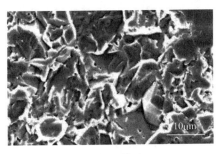
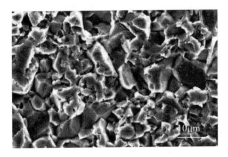

(a) v_s=40m/s　　　　　　　　　　　(b) v_s=160m/s

图 4.105　氧化铝 SEM 照片

($v_w = 20mm/s, a_p = 2mm$)

2) 不同磨削深度下的磨削表面形貌

图 4.106～图 4.108 分别是三种陶瓷材料在工作台速度为 20mm/s、砂轮线速度为 120m/s 和不同磨削深度下磨削表面的 SEM 照片。图 4.106～图 4.108 中呈现的状态与图 4.103～图 4.105 中基本一致。图 4.106(b) 中的光滑区域少于图 4.106(a)。图 4.107(b) 与图 4.107(a) 相比，其脆性断裂痕迹多，而塑性沟槽少。图 4.108(a) 中氧化铝的磨削表面有较明显的涂覆层，图 4.108(b) 中的磨削表面均由脆性断裂方式产生，包括穿晶断裂和晶间断裂。

由图 4.106～图 4.108 还可以看到，磨削深度为 1mm 时，氧化锆和氮化硅磨削表面的塑性去除痕迹要比磨削深度为 6mm 和 4mm 时稍明显，但很难量化。在磨削深度为 1mm 时氧化铝的磨削表面有少许涂覆层，在磨削深度为 6mm 时磨削表面均为脆性断裂。

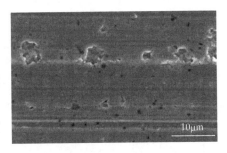

(a) a_p=1mm　　　　　　　　　　　(b) a_p=6mm

图 4.106　氧化锆 SEM 照片

($v_w = 20mm/s, v_s = 120m/s$)

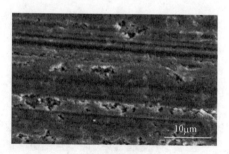

(a) a_p=1mm　　　　　　　　　　　　　　(b) a_p=4mm

图 4.107　氮化硅 SEM 照片

(v_w=20mm/s, v_s=120m/s)

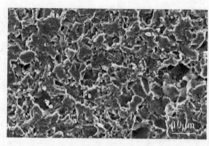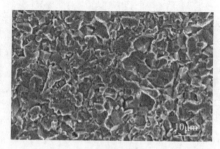

(a) a_p=1mm　　　　　　　　　　　　　　(b) a_p=6mm

图 4.108　氧化铝 SEM 照片

(v_w=20mm/s, v_s=120m/s)

3) 同一比磨除率下不同工作台速度和磨削深度下的磨削表面形貌

图 4.109～图 4.111 是三种材料在单位宽度磨除率为 60mm³/(mm·s),砂轮线速度为 120m/s,工作台速度和磨削深度分别为工况①v_w=10mm/s、a_p=6mm和工况②v_w=100mm/s、a_p=0.6mm 时磨削表面的 SEM 照片。图 4.109(a)中氧化锆的磨削表面主要由光滑区域和塑性沟槽部分组成,图 4.109(b)则出现了明显的涂覆区和脆性断裂区。图 4.110(a)中氮化硅的磨削表面主要由塑性沟槽和脆性断裂部分组成,图 4.110(b)则出现了相对较少的塑性沟槽及明显增多的涂覆区。由图 4.111(a)可知,氧化铝的磨削表面主要由脆性断裂区构成,图 4.111(b)出现了许多的晶粒破碎的痕迹。

由图 4.109～图 4.111 还可以看到,氧化锆和氮化硅在工况①的磨削表面状态比工况②好。两种工况对氧化铝的磨削表面影响不明显,但工况②时氧化铝的磨削表面出现许多晶粒破碎的痕迹。

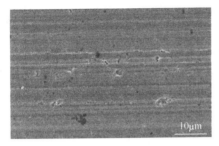

(a) v_w=10mm/s, a_p=6mm　　　　　　　　　　(b) v_w=100mm/s, a_p=0.6mm

图 4.109　氧化锆 SEM 照片

(v_s＝120m/s)

(a) v_w=10mm/s, a_p=6mm　　　　　　　　　　(b) v_w=100mm/s, a_p=0.6mm

图 4.110　氮化硅 SEM 照片

(v_s＝120m/s)

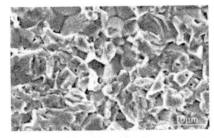
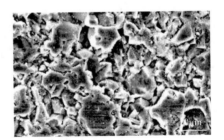

(a) v_w=10mm/s, a_p=6mm　　　　　　　　　　(b) v_w=100mm/s, a_p=0.6mm

图 4.111　氧化铝 SEM 照片

(v_s＝120m/s)

2. 表面粗糙度

图 4.112 为不同磨削条件下的磨削表面粗糙度。图 4.112(a)是三种陶瓷材料在工作台速度为 20mm/s、磨削深度为 2mm 及不同砂轮线速度下的磨削表面粗糙度。随着砂轮线速度的提高，氧化锆磨削表面粗糙度不规律变化，变化范围不大。氮化硅的磨削表面粗糙度随砂轮线速度的提高略有下降趋势，但变化也很小。砂轮线速度的提高对氧化铝表面粗糙度的影响也没有明显的规律。图 4.112(b)

是三种陶瓷材料在工作台速度为20mm/s、砂轮线速度为120m/s及不同磨削深度下的磨削表面粗糙度。在试验范围内,磨削深度对工件表面粗糙度的影响没有明显的规律且变化范围不大。图4.112(c)是砂轮线速度为120m/s和比磨除率为60mm³/(mm·s)的情况下,改变工作台速度和磨削深度时的磨削表面粗糙度。由图4.112可知,磨除率一定时,磨削表面粗糙度与工作台速度及磨削深度间没有确定的关系且表面粗糙度变化不大。

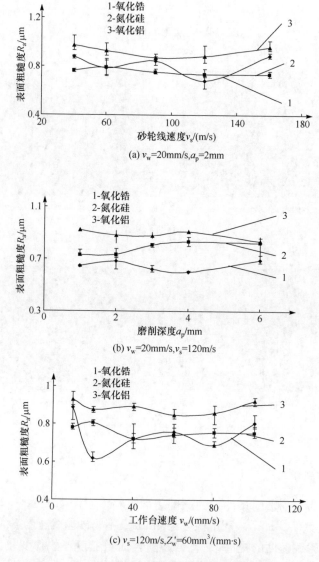

(a) v_w=20mm/s,a_p=2mm

(b) v_w=20mm/s,v_s=120m/s

(c) v_s=120m/s,Z_w'=60mm³/(mm·s)

图4.112　不同磨削条件下的磨削表面粗糙度

　　总体来讲,在整个试验过程中,表面粗糙度没有受到磨削条件的显著影响。而在每种试验工况下,氧化铝的表面粗糙度总是略大于氧化锆和氮化硅的表面粗糙度。

3. 磨削力和比磨削能

　　图 4.113 为单位面积磨削力和比磨削能随砂轮线速度的变化情况。由图 4.113(a)和(b)可知,三种材料的单位面积法向和切向磨削力都随着砂轮线速

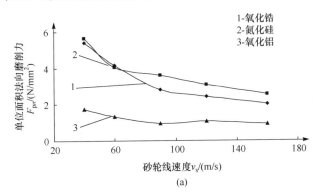

(a)

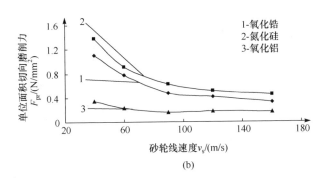

(b)

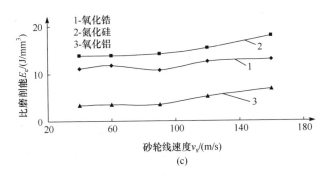

(c)

图 4.113　$v_w = 20\text{mm/s}$、$a_p = 2\text{mm}$ 时磨削力和比磨削能随砂轮线速度的变化情况

度的提高而减小;当砂轮线速度高于 120m/s 时单位面积磨削力的变化趋势变缓。氮化硅和氧化锆的单位面积磨削力相近,氧化铝的单位面积磨削力最小且变化趋势最为平缓。由图 4.113(c)可知,随着砂轮线速度提高,三种材料的比磨削能均增加,其中氧化铝的比磨削能最小。

　　图 4.114 为不同磨削深度下的单位面积磨削力和比磨削能。由图 4.114(a)和(b)可知,三种材料的单位面积法向和切向磨削力都随着磨削深度的提高而增加;由图 4.114(c)可知,随着磨削深度的提高三种材料的比磨削能减小,其中氧化铝的比磨削能最小。

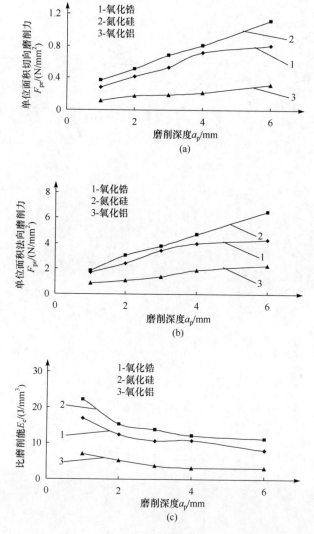

图 4.114　$v_w = 20\text{mm/s}$、$v_s = 120\text{m/s}$ 时磨削力和比磨削能随磨削深度的变化情况

　　图 4.115 是比磨除率一定、不同工作台速度和磨削深度时的单位面积磨削力。由图 4.115(a)和(b)可知,比磨除率一定时,随着工作台速度的降低、磨削深度的增加,单位面积磨削力逐渐减小,并在深度达到 3mm 后趋于稳定。

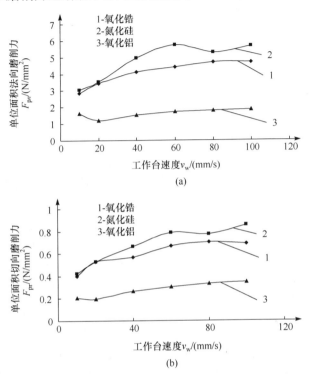

图 4.115　$v_s = 120\text{m/s}$、$Z_w' = 60\text{mm}^3/(\text{mm}\cdot\text{s})$ 时磨削力随工作台速度和磨削深度的变化情况

4.4.4　讨论

　　由图 4.103~图 4.111 可见,氧化锆和氮化硅的磨削表面由塑性和脆性方式去除材料形成,且氧化锆表面的塑性去除痕迹要多于氮化硅。与前两种陶瓷不同的是氧化铝的表面由脆性断裂方式去除材料形成,且磨削条件对其磨削表面的影响不大。由图 4.112 可知,氧化铝的表面粗糙度一般大于氮化硅的表面粗糙度。这些结果表明,陶瓷材料磨除机理除受加工条件影响外,还受到材料的显微结构(图 4.102)和力学性能的影响[29]。

　　现有文献关于陶瓷磨削的研究结果[26,27,30]普遍认为,如果最大未变形切屑厚度小于产生裂纹的临界切深,则陶瓷材料将实现延性域磨削;Bifano 等[31]也提出了实现材料延性和脆性去除转变的临界切深,其数学表达式为

$$d_c = \beta\left(\frac{E}{H}\right)\left(\frac{K_{IC}}{H}\right)^2 \tag{4-9}$$

其中,d_c 为临界切深;β 为与砂轮有关的常数;E 为材料弹性模量;H 为材料硬度。

从 Bifano 的公式可以看出,材料的力学性能,如弹性模量、显微硬度和断裂韧性,都明显地影响临界切深。大的弹性模量、断裂韧性和小的微观硬度将增大临界切深,即弹性大、断裂韧性好且硬度低的材料容易实现延性磨削。由表 4.28 可知,氧化锆的综合延性指标在这三种材料中最好,而氧化铝最差。因此,在同一磨削条件下,氧化锆磨削表面的塑性痕迹应最多,而氧化铝最少。这与试验结果是相当吻合的。

如果比磨除率一定,则选择大磨削深度、低工作台速度的磨削条件比选择小磨削深度、高工作台速度的磨削条件更有利于材料的塑性去除,并减小单位面积磨削力(图 4.109～图 4.111、图 4.115)。这个现象可以用磨削条件对最大未变形切屑厚度 h_{max} 的影响来解释。假定单个切屑截面为三角形且整个切屑不变形,h_{max} 可用式(1-2)表示[31]。从式(1-2)可知,v_w 的指数为 $1/2$,而 a_p 的指数为 $1/4$,因此 v_w 对 h_{max} 的影响要比 a_p 强烈,即选择高工作台速度比大磨削深度更容易导致最大未变形切屑厚度的增加,单颗磨粒的磨削力增大。

由式(1-2)同样得知,在其他参数不变的情况下,提高砂轮线速度,也将使最大未变形切屑厚度减小,单颗磨粒的磨削力减小,比磨削能增加[32]。因此,通过分析最大未变形切屑厚度这一磨削几何参数可以更深入地理解高效深磨对磨削性能产生的影响。基于这一因素,图 4.113～图 4.115 中磨削力和比磨削能的结果被重新展示于图 4.116 和图 4.117 中,以便于观察最大未变形切屑厚度与力和能量之间的关系。如图 4.116 和图 4.117 所示,随着最大未变形切屑厚度增加,单位面积磨削力增大、比磨削能减小。另外,图 4.117 还表现出,在最大未变形切屑厚度较小时,比磨削能随最大未变形切屑厚度的增大而快速降低,当超过某一临界值后,比磨削能随最大未变形切屑厚度的增加而缓慢降低并趋于定值。这说明在这一临界值的前后材料去除方式可能发生了变化[29]。可能的情况有两种,第一是发生了小尺寸断裂向大尺寸断裂的转变;第二是由塑性去除为主向脆性去除为主转变。根据磨削表面的扫描电镜分析结果,前者发生的可能性较大。

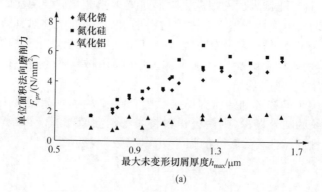

(a)

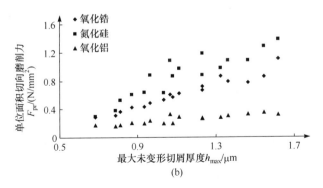

图 4.116　磨削力随最大未变形切屑厚度的变化情况

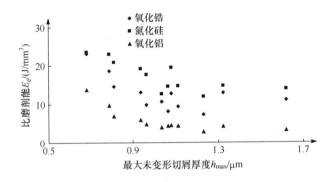

图 4.117　比磨削能随最大未变形切屑厚度的变化情况

4.4.5　结论

（1）将高效深磨技术应用于陶瓷材料的加工是一种切实可行的加工方法，能极大地提高陶瓷材料的加工效率、降低加工成本。

（2）砂轮线速度由 40m/s 提高至 160m/s，可明显增加材料的塑性去除比例，改善磨削表面形貌。砂轮线速度大于 120m/s 时，磨削深度为 6mm 与 1mm 的磨削表面相比，磨削深度为 6mm 的表面质量稍有下降，而比磨除率得到很大的提高，所以陶瓷高效加工中可选取高速深磨工艺。

（3）在陶瓷材料高效深磨中，陶瓷材料磨除机理除受加工条件影响外，还受到材料的显微结构和力学性能的影响。

（4）增加磨削深度、降低工作台速度，不但能保证比磨除率不变，而且更有利于材料的塑性去除。

（5）砂轮线速度增加、磨削深度减小、最大未变形切屑厚度减小，导致单位面积磨削力减小，比磨削能增加，加工表面塑性去除痕迹增多。

4.5　不锈钢材料高速/超高速磨削工艺

4.5.1　研究背景

不锈钢材料具有优异的耐蚀性、成型性、相容性以及在很宽温度范围内的强韧性等特点,因此在重工业、轻工业、生活用品及建筑装饰等行业中获得了广泛的应用。不锈钢零件为达到表面质量和加工精度要求,通常采用磨削加工方法。由于不锈钢韧性大、导热系数小、弹性模量小,在磨削加工中常存在如下问题:①砂轮易黏附堵塞;②加工表面易烧伤;③加工硬化现象严重;④工件易变形。不锈钢材料在传统加工方法下的加工难题导致了不锈钢材料难以实现工业上的进一步广泛应用[21]。因此,研究高效率、高质量、低成本的不锈钢材料的加工方法及工艺显得尤为重要。不锈钢轴的传统磨削工艺通常是:外圆磨削,砂轮线速度 20~30m/s,粗磨深度 0.02~0.05mm,精磨深度≤0.01mm,加工效率低。

高速/超高速磨削加工中砂轮线速度得到极大提高,导致磨粒最大未变形切屑厚度降低,磨削力减小,磨削表面质量改善。特别是超高速磨削时磨粒在磨削区的移动速度和工作台速度大大加快,使得温度响应滞后,工件表面磨削温度有所降低,能越过容易发生热损伤的区域,而极大扩展了磨削工艺参数的应用范围。这一加工工艺产生的技术优势和经济效益受到了极大的关注,被誉为“现代磨削技术的高峰”[17,18]。高速/超高速磨削可以对硬脆材料实现延性域磨削加工,对塑性材料实现类似弹性加工,对难磨材料均具有良好的磨削表现。本试验拟通过高速/超高速磨削加工技术,对不锈钢的典型材料和零件进行磨削工艺试验,优化不锈钢磨削工艺路线,改善不锈钢的磨削质量、提高加工效率、降低加工成本。

4.5.2　材料特性与加工特性

不锈钢的磨削加工特性:

(1) 不锈钢的韧性大、热强度高,而砂轮磨粒的磨削刃具有较大的负前角,磨削过程中磨屑不易被切离,磨削阻力大,磨粒的挤压、摩擦剧烈;单位面积磨削力很大,磨削温度可达 1000~1500℃。同时,在高温高压的环境下,磨屑易黏附在砂轮上,填满磨粒间的空隙,使磨粒失去磨削作用。而且,磨削不锈钢的型号不同,产生砂轮堵塞的情况也不同,如磨削耐浓硝酸不锈钢及耐热不锈钢时,黏附堵塞现象比 1Cr18NiTi 不锈钢严重,而 1Cr13、2Cr13 等马氏体不锈钢的情况较好。磨削不锈钢时,减小砂轮的黏附堵塞是提高磨削效率的重要因素,加工中要经常修整砂轮,保持磨削刃的锋利。

(2) 不锈钢的导热系数小,因此磨削时的高温不易导出,工件表面易产生烧伤、退火等现象,退火层深度有时可达 0.01~0.02mm。磨削过程中产生严重的挤压变形,导致磨削表面产生加工硬化,特别是磨削奥氏体不锈钢时,由于奥氏体组织不够稳定,易转变成马氏体组织,使表面硬化严重。

(3) 多数类型的不锈钢不能被磁化,在平面磨削时,只能靠机械夹固或专用夹具来夹持工件,利用工件侧面压力夹紧工件,易产生变形和造成形状或尺寸误差,薄板工件更为突出。同时,也会引起磨削过程中的颤振而出现鳞斑状的波纹。

(4) 磨料选择是非常重要的,CBN 砂轮适用于不锈钢的精磨,CBN 硬度很高、热稳定性好、化学惰性好、耐高温、磨料不容易变钝。微晶刚玉砂轮具有微晶结构,可以自动脱落,有很好的自锐性,主要用于磨削工具钢、模具钢、不锈钢、耐热合金材料。

4.5.3　解决的主要技术问题与研究方案

1. 主要技术问题

针对不锈钢材料磨削过程中砂轮易黏附,磨削温度过高,使得磨削烧伤严重,表面完整性差,磨削加工效率低下等问题,开发不锈钢高速/超高速磨削工艺,改善不锈钢的磨削加工性能,提高磨削质量和效率。

2. 研究方案

基于对不锈钢材料的机械力学性能分析与加工性能分析,将工艺研究分为以下三个阶段:第一阶段为材料的高速/超高速磨削机理试验,在该阶段的研究过程中要系统了解不锈钢材料的高速磨削性能、材料的去除机理,并优化工艺路线;第二阶段为零件的高速/超高速磨削工艺试验,基于第一阶段对材料去除性能和机理的研究,结合零件加工的特殊要求,进行系统的工艺试验,并对各工况的试验结果进行分析比较,得出高效优质低成本的工艺路线;第三阶段将得出的工艺路线进行批量零件加工验证,并得到用户的认可。

4.5.4　不锈钢材料工艺试验与机理分析

1. 试验条件

1) 机床

试验在湖南大学国家高效磨削工程技术研究中心自行研制的 314m/s 高速磨削试验台上进行。

2) 砂轮

本试验使用陶瓷结合剂 CBN 砂轮。砂轮磨粒尺寸为 $160\mu m$,砂轮直径为350mm,宽度为 10mm,磨料层厚度为 6mm。本试验采用碳化硅制动式修整器对砂轮进行修整,修整至砂轮外圆跳动约为 $10\mu m$。

3）试件材料

试件材料为 0Cr18Ni9 不锈钢(SUS304)，试件尺寸为 18mm×18mm×25mm，其组织特征为奥氏体型，作为耐热不锈钢在食品用设备、一般化工设备和原子能用工业设备中使用最为广泛。其力学性能见表 4.32。

表 4.32 不锈钢的力学性能参数

抗拉强度 σ_b/MPa	条件屈服强度 $\sigma_{0.2}$/MPa	伸长率 δ_5/%	断面收缩率 ψ/%	硬度(HV)
≥520	≥205	≥40	≥60	≤240

2. 试验参数

本试验采用平面磨削，磨削方向为逆磨。试验中对不锈钢材料进行高速磨削加工，分析砂轮线速度 v_s、工作台速度 v_w、磨削深度 a_p 等磨削参数对磨削力和表面质量的影响。磨削过程的具体参数如表 4.33 所示。

表 4.33 磨削工艺参数

编号	砂轮线速度 v_s/(m/s)	工作台速度 v_w/(mm/min)	磨削深度 a_p/mm
1	40～200	1200	0.03
2	120	600～10000	0.03
3	200	600～10000	0.03
4	120	1200	0.01～0.05

3. 试验结果及分析

1）试验结果

(1) 砂轮线速度对表面粗糙度和磨削力的影响。

图 4.118 为不锈钢试件在不同砂轮线速度下表面粗糙度和磨削力的变化情况。可以看出，在磨削深度和工作台速度一定的情况下，不锈钢的表面粗糙度、法向磨削力和切向磨削力均随着砂轮线速度的增大，呈现出明显的下降趋势。这是由于其他参数不变，砂轮线速度升高时，单颗磨粒的磨削深度降低，磨削表面质量得到改善；砂轮表面参与磨削的磨粒减少，总的磨削力降低。

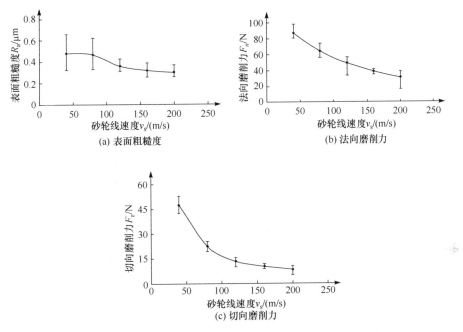

图 4.118　砂轮线速度对表面粗糙度和磨削力的影响

($v_w = 1200 \text{mm/min}, a_p = 0.03 \text{mm}$)

(2) 工作台速度对表面粗糙度和磨削力的影响。

图 4.119 为两种砂轮速度下,工作台速度对不锈钢表面粗糙度和磨削力的影响。由图可知,砂轮线速度一定时,随着工作台速度的提高,工件的表面粗糙度变化不大;法向磨削力和切向磨削力均不断增加。砂轮线速度为 200m/s 时的磨削力小于 120m/s 时的磨削力;当工作台速度低于 6000mm/min 时,砂轮线速度为 200m/s 时的表面粗糙度小于 120m/s 时的表面粗糙度,工作台速度进一步提高后情况发生了改变。这是因为随着工作台速度的升高,单颗磨粒的磨削深度增加,单颗磨粒的磨削力增加,使总的磨削力增大,表面粗糙度增大。

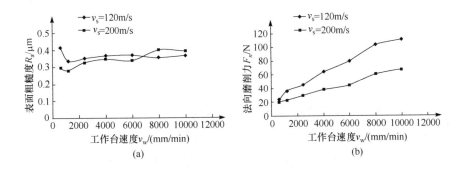

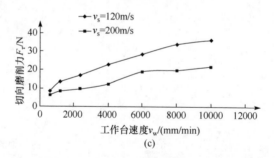

图 4.119　工作台速度对表面粗糙度和磨削力的影响

($a_p = 0.03\text{mm}$)

（3）磨削深度对表面粗糙度和磨削力的影响。

图 4.120 为磨削深度对不锈钢表面粗糙度和磨削力的影响。由图可知，磨削表面粗糙度随着磨削深度的增加略有增加；随着磨削深度的增大，磨削力呈上升趋势，但趋势逐渐变缓。在高速磨削条件下，磨削深度增加，最大未变形切屑厚度增加，磨削接触区变长，磨削力增加。

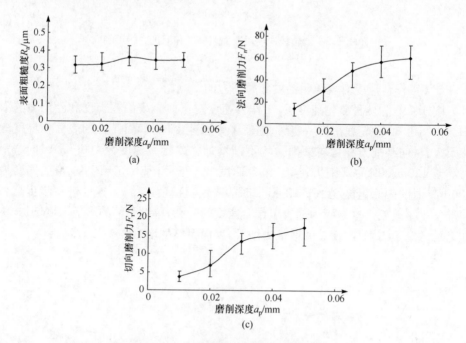

图 4.120　磨削深度对磨削性能的影响

($v_s = 120\text{m/s}, v_w = 1200\text{mm/min}$)

2）磨削表面微观形貌结果

如图 4.121 所示，磨削表面的形态由于众多因素的影响而变得复杂，其中磨粒断裂造成的磨削中断、脱落磨粒残渣引起的划伤、材料本身的黏附等是主要的影响因素。从图 4.121 可以看出,磨削表面呈现塑性去除沟槽和少量黏附现象。图 4.121(a)和(b)比较了不同砂轮线速度下的磨削表面形貌,超高速下的磨削质量较普通速度下有明显的改善。这是因为砂轮线速度的升高,使得单颗磨粒的磨削深度和切屑截面积减小,单颗磨粒磨削力减小,从而改善了表面粗糙度和磨削烧伤;由图 4.121(c)和(d)比较可知,图 4.121(c)的表面明显光滑,图 4.121(d)由于工作台速度的提高,单颗磨粒未变形切屑厚度增大,单颗磨粒的磨削力加大,材料去除产生的塑性沟槽加深,表面纹理变得粗糙,部分磨屑被挤压后与磨粒底部接触产生涂覆,造成磨削表面质量下降;图 4.121(e)和(f)的差别是磨削深度的变化,较小的磨削深度有利于磨削表面质量的改善,增大磨削深度量加剧了砂轮的堵塞,使工件表面的黏附加重,其中图 4.121(f)磨削表面有明显烧伤。

(a) v_s=80m/s

(b) v_s=160m/s

v_w=1200mm/min,a_p=0.05mm

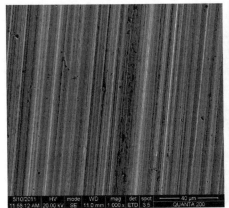

(c) v_w=600mm/min

(d) v_w=3600mm/min

a_p=0.03mm,v_s=150m/s

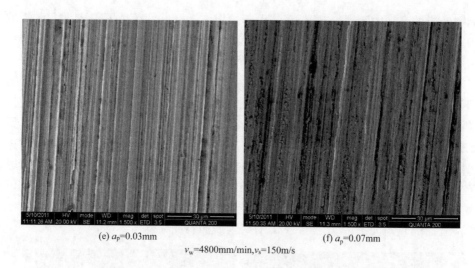

(e) a_p=0.03mm 　　　　　　　　　　　(f) a_p=0.07mm

v_w=4800mm/min,v_s=150m/s

图 4.121　磨削加工表面微观形貌

3) 磨削温度结果

由图 4.122 可以看出,干磨磨削条件下的温度受工作台速度影响较小,且基本都达到不锈钢烧伤温度,在磨削深度很小时温度较低;不锈钢的温度在磨削深度为0.03mm 时受砂轮线速度的影响也不大;不锈钢各个工况下的干磨磨削温度都超过 600℃,只有磨削深度低于 0.02mm 时温度较低。

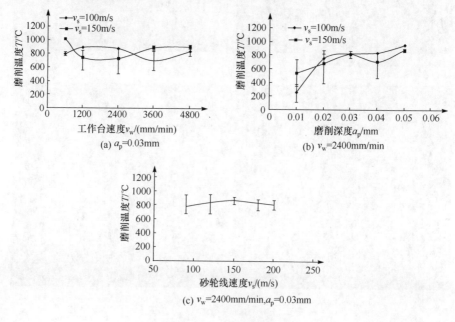

图 4.122　干磨磨削温度

如图 4.123 所示,湿磨磨削条件下不锈钢在磨削深度很小时的温度较低,加大磨削深度后温度急剧上升,冷却液的作用受到影响,可能与薄膜沸腾理论相关;不锈钢在高速磨削下的温度都未超过其烧伤温度(约 600℃)。其温度随磨削深度和工作台速度的增大而升高,在超高速磨削状态下温度有所降低。

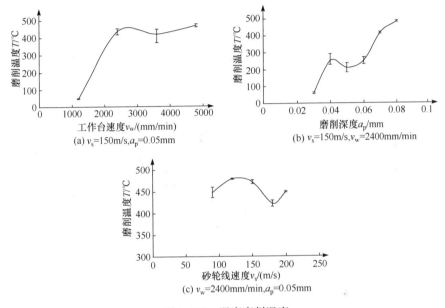

图 4.123　湿磨磨削温度

4) 磨削后砂轮表面检测

砂轮的堵塞是不锈钢材料磨削加工中的普遍现象。砂轮的种类和加工条件对砂轮的堵塞有较大的影响,但主要的影响因素还是被加工材料的物理和力学性能。本试验在三个不同工况下观察磨削后砂轮表面,不同工况试验前砂轮都采用氧化铝砂条进行修锐,保证各工况加工前的砂轮状态一致。

图 4.124(a)为修整后砂轮形貌,图 4.124(b)～(d)为相应工况磨削 50 次后的砂轮形貌。如图 4.124 所示,相比于修整后未参加磨削的砂轮表面来看,三种工况下的砂轮表面都有不同程度的堵塞黏附,且磨屑都是黏附在砂轮结合剂气孔部位,磨粒也有不同程度的磨损。由图 4.124(a)可知,新修整后的砂轮磨粒轮廓清晰,磨削刃锋利;由图 4.124(b)～(d)可知,三种工况下的砂轮表面都有不同程度的堵塞黏附,且都属于嵌入型堵塞。图 4.124(b)和图 4.124(c)比较可以看出,增大磨削深度后,黏附程度明显加重,被磨平磨粒数明显增加,部分磨粒连同黏附物一起脱落,加快了砂轮磨损,使得磨削条件恶化;图 4.124(b)和图 4.124(d)的区别在于不同的工作台速度,图 4.124(d)的砂轮黏附状况明显较前者严重,个别磨粒周围结合剂处已被磨屑围住。随着工作台速度的增大,磨粒黏附加重,更多的磨屑嵌入砂轮气孔处,磨粒的磨损断裂加剧,砂轮黏附状况趋于严重。

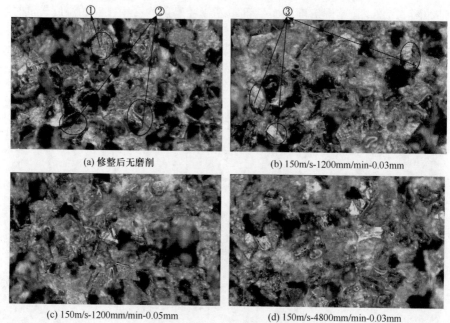

(a) 修整后无磨削　　　　　　　　(b) 150m/s-1200mm/min-0.03mm

(c) 150m/s-1200mm/min-0.05mm　　　　(d) 150m/s-4800mm/min-0.03mm

图 4.124　磨削后砂轮表面形貌
①陶瓷结合剂；②磨粒；③磨屑

4. 结论

（1）随着砂轮线速度升高，最大未变形切屑厚度减小，单颗磨粒的磨削力降低，砂轮表面有效磨粒数减少，磨削力降低，磨削表面粗糙度降低，磨削温度出现波动变化；在高速磨削条件下，工作台速度和磨削深度升高，最大未变形切屑厚度增大，磨削力升高，工件表面粗糙度变化不大，消耗的磨削功率增加，磨削温度升高。

（2）不锈钢在高速磨削条件下，采用新型的冷却液注入装置，能有效清洗砂轮表面、减少加工中磨削表面产生的黏附层，使磨削温度被控制在一定的范围，并可提高加工效率，保证加工质量。

（3）高速磨削不锈钢材料均以塑性方式去除，且在砂轮线速度为 200m/s 时，工作台速度越高，磨削表面的完整性越好。

4.5.5　不锈钢轴工艺试验与参数优化

针对不锈钢轴在磨削加工中常存在的砂轮易黏附堵塞、加工表面易烧伤、加工硬化现象严重、工件易变形，导致磨削效率极低、表面质量难以保障等问题，在广泛针对不锈钢材料高速磨削机理试验的基础上，开发不锈钢轴类零件的高速/超高速磨削工艺，优化高效优质低成本的工艺路线。

1. 试验条件

1）试件

本试验使用 0Cr18Ni9 锻造不锈钢轴，试件尺寸为 $\phi50mm \times 200mm$，其组织特征为奥氏体型。其基本的物理和力学性能与 4.5.4 节中的不锈钢试件一致。

2）机床

在 CNC 8325B 高速非圆复合磨床上进行加工试验，如图 4.125 所示。

图 4.125　工件及机床

3）砂轮

本试验使用陶瓷结合剂粒度为 120 的 CBN 砂轮。

2. 试验参数

本试验采用高速/超高速外圆磨削，主要研究砂轮线速度 v_s、工作台头架转速 n、磨削深度 a_p 等磨削参数对磨削表面质量的影响。磨削过程的具体工艺参数如表 4.34 所示。

表 4.34　磨削工艺参数

编号	砂轮线速度 /(m/s)	头架转速 /(r/min)	工作台速度 /(mm/min)	磨削深度 /mm
1	60～150	200	100	0.03
2	150	100～275	100	0.03
3	150	200	100	0.01～0.07
4	150	200	50～150	0.03
5	150	200	50～400	0.013～0.1

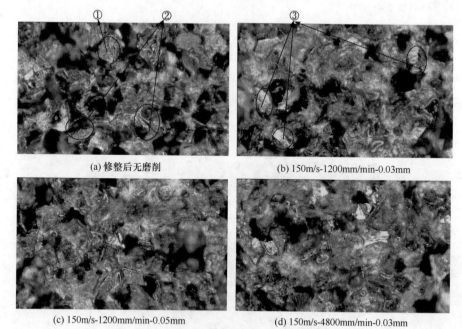

(a) 修整后无磨削　　　　　　　　(b) 150m/s-1200mm/min-0.03mm

(c) 150m/s-1200mm/min-0.05mm　　　(d) 150m/s-4800mm/min-0.03mm

图 4.124　磨削后砂轮表面形貌

①陶瓷结合剂;②磨粒;③磨屑

4. 结论

(1) 随着砂轮线速度升高,最大未变形切屑厚度减小,单颗磨粒的磨削力降低,砂轮表面有效磨粒数减少,磨削力降低,磨削表面粗糙度降低,磨削温度出现波动变化;在高速磨削条件下,工作台速度和磨削深度升高,最大未变形切屑厚度增大,磨削力升高,工件表面粗糙度变化不大,消耗的磨削功率增加,磨削温度升高。

(2) 不锈钢在高速磨削条件下,采用新型的冷却液注入装置,能有效清洗砂轮表面、减少加工中磨削表面产生的黏附层,使磨削温度被控制在一定的范围,并可提高加工效率,保证加工质量。

(3) 高速磨削不锈钢材料均以塑性方式去除,且在砂轮线速度为 200m/s 时,工作台速度越高,磨削表面的完整性越好。

4.5.5　不锈钢轴工艺试验与参数优化

针对不锈钢轴在磨削加工中常存在的砂轮易黏附堵塞、加工表面易烧伤、加工硬化现象严重、工件易变形,导致磨削效率极低、表面质量难以保障等问题,在广泛针对不锈钢材料高速磨削机理试验的基础上,开发不锈钢轴类零件的高速/超高速磨削工艺,优化高效优质低成本的工艺路线。

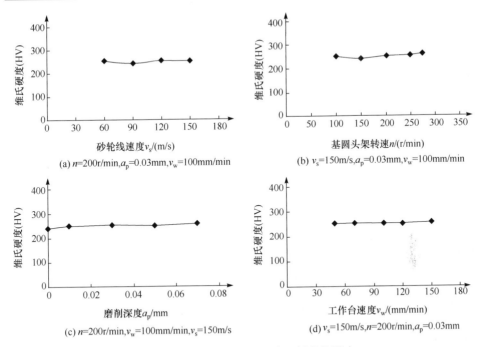

(a) $n=200r/min, a_p=0.03mm, v_w=100mm/min$　　　(b) $v_s=150m/s, a_p=0.03mm, v_w=100mm/min$

(c) $n=200r/min, v_w=100mm/min, v_s=150m/s$　　　(d) $v_s=150m/s, n=200r/min, a_p=0.03mm$

图 4.127　不同磨削参数对表面硬度的影响

表 4.35　相同比磨除率时的表面粗糙度

工作台速度/(mm/min)	400	250	200	100	50
磨削深度/mm	0.013	0.02	0.025	0.05	0.1
表面粗糙度/μm	0.249	0.273	0.263	0.288	0.177

从表 4.35 可以看出,表面粗糙度在工作台速度最低时最好。

4. 优化工艺试验及结果

由于不锈钢韧性大、导热系数小、弹性模量小,常存在如下问题:①砂轮易黏附堵塞;②加工表面易烧伤;③加工硬化现象严重;④工件易变形。本研究通过对304 不锈钢材料的高速磨削机理试验和零件的加工试验,对不锈钢轴的磨削工艺路线进行优化。可对不锈钢轴采用如表 4.36 所示工艺路线。从图 4.127 中的硬度值来看,各组结果良好,表面粗糙度较低。该工艺路线实现了粗磨和精磨工序的合并,减少了零件加工过程中的装夹次数,提高了加工精度,从而使磨削加工效率相应提高。

在完成所有工况组合的试验后,根据磨削后质量和效率的结果,制定四组完整的不锈钢轴高速磨削工艺链,并检测了实际工况下最终的表面粗糙度。

表 4.36　不锈钢轴磨削工艺链

序号项目	普通磨削	工艺链 1	工艺链 2	工艺链 3	工艺链 4	工艺链 5	工艺链 6
砂轮线速度 v_s/(m/s)	30	120	120	120	150	150	150
头架转速 n/(r/min)	250	250	250	250	250	250	250
磨削深度 a_p/mm	0.05×2 0.04×2 0.02×1 光磨	0.1-0.07-0.03 光磨	0.07-0.06-0.05-0.02 光磨	0.05-0.05-0.05-0.03-0.02 光磨	0.1-0.07-0.03 光磨	0.07-0.06-0.05-0.02 光磨	0.05-0.05-0.05-0.03-0.02 光磨
工作台速度 v_w/(mm/min)	30	50	80	100	50	80	100
表面粗糙度 R_a/μm	0.177	0.126	0.132	0.145	0.126	0.159	0.142
总去除深度 /mm	0.2	0.2	0.2	0.2	0.2	0.2	0.2

4.5.6　磨削工艺参数的对比与选择

1) 材料磨削试验(表 4.37、图 4.128)

表 4.37　材料比磨除率比较

砂轮线速度/(m/s)	工作台速度/(mm/min)	磨削深度/mm	比磨除率/[mm³/(mm·s)]
30	4800	0.03	2.4
200	10000	0.03	5

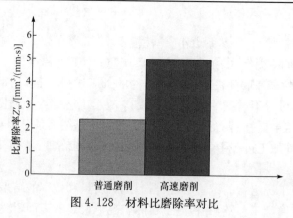

图 4.128　材料比磨除率对比

2) 零件磨削工艺试验(表 4.38、图 4.129)

表 4.38　零件单件加工时间比较(单位:min)

普通磨削	超高速磨削工艺链					
工艺链	工艺链 1	工艺链 2	工艺链 3	工艺链 4	工艺链 5	工艺链 6
46	20	17	15	20	17	15

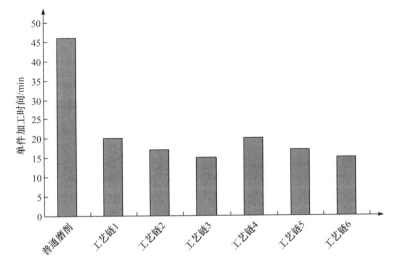

图 4.129　零件单件加工时间对比

由图 4.128 和图 4.129 可知,与普通磨削工艺相比,超高速磨削工艺的材料磨削效率提高了 1 倍,零件的加工效率提高了 1 倍以上。

4.5.7　结论

本节针对不锈钢轴开展了系统广泛的高速/超高速磨削工艺研究,不锈钢轴高速/超高速磨削工艺试验研究结果表明,相比于普通外圆磨削中,砂轮线速度为 20~30m/s、粗磨深度为 0.02~0.05mm、精磨深度低于 0.01mm 的磨削加工现状,作者开发的不锈钢轴超高速外圆磨削技术中,磨削深度可达 0.1mm,表面粗糙度 R_a=0.177mm;通过优化可实现该零件效率和质量最优化的工艺链,表面粗糙度可达 R_a=0.126mm。

参 考 文 献

[1] Engqvist H, Axen N. Abrasion of cemented carbides by small grits. Tribology International,

1999,32:527-534

[2] Liu K,Li X P,Rahman M,et al. CBN tool wear in ductile cutting of tungsten carbide. Wear, 2003,255:1344-1351

[3] 基费尔 P,施华尔茨柯普弗 Ⅱ. 硬质合金. 北京:中国工业出版社,1963

[4] 王国栋. 硬质合金生产原理. 北京:冶金工业出版社,1988

[5] 株洲硬质合金厂. 硬质合金的使用. 北京:冶金工业出版社,1973

[6] 拉柯夫斯基 B C,安捷尔斯 H P. 硬质合金的生产原理. 北京:冶金工业出版社,1958

[7] 谢桂芝. 工程陶瓷高效深切机理及热现象研究. 长沙:湖南大学博士学位论文,2009

[8] 谢桂芝,黄红武,黄含,等. 工程陶瓷材料高效深磨的试验研究. 机械工程学报,2007,43(1):176-184

[9] 吴能章. 数控刀具技术的最新进展. 西华大学学报(自科版),2007,26(5):14-21

[10] 周曦亚,方培育. 现代陶瓷刀具材料的发展. 中国陶瓷,2005,41(1):49-54

[11] 陆庆忠,张福润,余立新. Ti(C,N)基金属陶瓷的研究现状及发展趋势. 武汉科技学院学报,2002,15(5):43-46

[12] 陆名彰,熊万里,黄红武,等. 超高速磨削技术的发展及其主要相关技术. 湖南大学学报(自科版),2002,10(5):44-48

[13] Kitahima K,Cai G Q,Kumagal N,et al. Study on mechanism of ceramics grinding. Manufacturing Technology,1992,(41):367-371

[14] 盛晓敏. 超高速磨削技术. 北京:机械工业出版社,2010

[15] 华达勋. 数控机床与汽车工业. 磨床与磨削,1996,(1):20-23

[16] 余坚. CIMT'95 中的凸轮轴与曲轴精加工工艺及其装备. 磨床与磨削,1996,(1):31-33

[17] 赵恒华,冯宝富,高贯斌,等. 超高速磨削技术在机械制造领域中的应用. 东北大学学报,2003,24(6):564-568

[18] 李伯明,赵波. 现代磨削技术. 北京:机械工业出版社,2003

[19] Tawakoli T. High Efficiency Deep Grinding:Technology,Process Planning and Economic Application. London:Mechanical Engineering Publications,1993

[20] 马尔金. 磨削技术理论及应用. 蔡光起,巩亚东,宋贵亮,译. 沈阳:东北大学出版社,2002

[21] 任敬心,康仁科,史兴宽. 难加工材料磨削. 北京:国防工业出版社,1999

[22] Kovach J A,Laurich M A,Maljin S,et al. A feasibility investigation of high-speed,low-damage grinding for advanced ceramics. Fifth International Grinding Conference,Cincinnati,1993:26-28

[23] Hwang T W,Evans C J,Whitenton E P,et al. High speed grinding of silicon nitride with electroplated diamond wheels. Part 1:Wear and wheel life. Journal of Manufacturing Science and Engineering,2000,122(2):32-41

[24] Hwang T W,Evans C J,Malkin S. High speed grinding of silicon nitride with electroplated diamond wheels. Part 2:Wheel topography and grinding mechanisms. Journal of Manufacturing Science and Engineering,2000,122(2):42-50

[25] Julathep K. Abrasive machining of ceramics:Assessment of near-surface characteristics in

high speed grinding. Storrs:University of Connecticut,2000

[26] Huang H,Yin L,Zhou L B. High speed grinding of silicon nitride with resin bond diamond wheels. Journal of Materials Processing Technology,2003,141:329-336

[27] Yin L,Huang H. Ceramic response to high speed grinding. Machining Science and Technology, 2004,8(1):21-37

[28] Huang H. Machining characteristics and surface integrity of yttria stabilized tetragonal zirconia in high speed deep grinding. Materials Science and Engineering,2003,A345:155-163

[29] Huang H,Liu Y C. Experimental investigations of machining characteristics and removal mechanisms of advanced ceramics in high speed deep grinding. International Journal of Machine Tools & Manufacture,2003,43:811-823

[30] Malkin S,Hwang T W. Grinding mechanisms for ceramics. Annals of CIRP,1996,45(2): 569-580

[31] Bifano T G,Dow T,Scattergood R O. Ductile-regime:A new technology for machining brittle material. Transactions of the ASME,Journal of Engineering for Industry,1991,113 (5):184-189

[32] Klocke F,Brinksmeier E,Evans C,et al. High speed grinding:Fundamental and state of art in Europe. Annals of CIRP,1997,46(2):715-724

第5章 超声速火焰喷涂材料高速/超高速磨削工艺

本章针对超声速火焰喷涂材料的特点,采用高速/超高速磨削工艺方法,通过大量的工艺试验与参数优化,研究不同磨削工艺参数对磨削力、表面粗糙度、磨削温度、残余应力、表面/亚表面损伤等的影响,探讨超声速火焰喷涂材料高速/超高速磨削工艺的规律与特点,寻求外圆磨削加工效率与质量较优的工艺参数。

5.1 研究概述

5.1.1 研究背景

超声速火焰喷涂(high velocity oxy fuel,HVOF)技术是美国 Browning Engineering 公司于 1982 年在普通热喷涂基础上推出的一种新型热喷涂技术。它利用氢、乙炔、丙烯、煤油等燃料与氧气在燃烧室或特殊的喷嘴中燃烧,产生温度高达 2000~3000℃、速度在 2100m/s 以上的超声速燃焰,同时将粉末送进火焰中,形成熔化或半熔化的粒子流,高速撞击在基体表面上形成沉积层,并往复喷涂以达到一定厚度的涂层。

HVOF 技术首先应用于 WC-Co 类金属陶瓷涂层材料。HVOF 技术因其具有较低的焰流温度和较高的焰流速度,可以减少涂层的孔隙率以及涂层在喷涂过程中 WC 粉末颗粒的脱碳、氧化等反应,使耐磨 WC 相的氧化分解得到抑制,因此涂层的耐磨性能优良。由于喷涂粒子的冲击速度极高,能在金属基材上结合形成致密的涂层,WC 金属陶瓷涂层与基体的结合强度超过 70MPa,孔隙率低;并且由于涂层残余应力为压应力,涂层的结合强度几乎不随其厚度的增加而变化,因此涂层厚度最高可达数毫米。与普通火焰喷涂涂层和等离子喷涂涂层相比,HVOF 涂层结合强度更高、更致密,因而耐磨性更好;与电镀硬铬涂层相比,其沉积速率更高、对环境更友好、对基体疲劳性能影响更低。

HVOF WC 涂层材料具有环境污染小、硬度大(硬度是硬铬涂层的 1.5 倍)和耐磨性能高(磨损寿命是硬铬涂层的 3 倍)等特点,因此应用逐渐增多。HVOF 涂层在耐磨、耐腐蚀、耐高温、抗氧化等关键机械零部件的表面工程以及尺寸和精度的修护领域得到广泛应用。

在航空航天领域,HVOF 一经出现便备受青睐,WC-Co、MCrAlY、FeCrNi、Cu-Ni-Yi、NiCr-Cr$_2$C$_3$ 等涂层材料在该领域的应用非常成功,并在逐步替代电镀硬铬和等离子喷涂工艺。例如,航空飞机的起落架动作筒、襟翼滑轨等重要的结构部件以前均采用电镀硬铬涂层保护低合金超高强钢或钛合金等材料制成的基体,以增强接触面的耐磨性,防止因基体材料的表面缺口敏感性而造成零件的强度降低和可靠性下降。

HVOF 涂层材料较高的耐腐蚀性使其在石油化工领域有非常大的应用前景。例如,在对加氢反应器、萃取装置、流化床、高压裂解容器、重整阀杆等石油化工设备做防腐处理中,HVOF 涂层得到了成功的应用。此外,HVOF 涂层在化工、冶金、汽车等领域的应用使一些关键零部件的使用寿命大幅提高。例如,在造纸行业中,在工作辊轮表面喷涂 0.1mm 厚的 HVOF WC-Co 涂层用以替代原有的电镀硬铬表面,使其表面光洁度保持时间从半个月到 4 个月提高到 15 个月;钢铁冶金领域使用的张力辊,在其表面采用 HVOF 技术喷涂 1mm 厚的 WC-Co 涂层替代电镀硬铬涂层,其使用寿命从 2.5 年提高到 5 年以上。

HVOF 技术的应用带来了显著的经济效益和社会效益,据市场估计,目前每年 HVOF 技术服务费高达 2.1 亿美元,占热喷涂行业 1/4 的市场份额[1]。

5.1.2　材料特性、加工特点与研究现状

1. 材料特性

HVOF WC 涂层材料具有良好的韧性和抗腐蚀性能。用 HVOF 技术制备的涂层材料,涂层致密,孔隙率小于 1%;涂层与基体的结合为机械和半冶金结合,涂层与基体的结合强度大于 76MPa,硬度可以达到 HV 1100~1300;而且可以获得很高的耐磨性能,通过耐磨损试验发现,HVOF 涂层的耐磨性能是传统电镀硬铬的 2 倍以上。HVOF 材料 WC-10Co-4Cr 与 WC-17Co 的性能参数见表 5.1 与表 5.2。

表 5.1　HVOF 硬质合金 WC-10Co-4Cr 基体和涂层的性能参数

材料	密度 ρ/(g/cm³)	比热容 c/[J/(kg·K)]	热导率 k/[W/(m·K)]	泊松比	弹性模量/GPa
45#钢	7.85	480	50.2	0.31	210
300M 钢	7.74	—	—	0.32	198
涂层	12.508	312	16.1	0.24	554

表 5.2　HVOF WC-17Co 涂层的性能参数

涂层材料	密度 ρ/(g/cm³)	断裂韧性 K_{IC}/(MPa·m^{1/2})	维氏硬度(HV)	弹性模量 E/GPa
WC-17Co	13.6	5.91	≥1100	252

由于受涂层喷涂工艺的限制,经喷涂后的涂层表面粗糙度通常在 $3\sim6\mu m$,需进行精密加工后才能满足使用要求。

2. 性能与加工特点

1）喷涂涂层材料的性能特点

（1）HVOF WC 涂层磨削力与磨削温度对结合面的强度影响较大。涂层与基体间为机械结合，结合强度相对较低，磨削力与磨削温度对结合面的强度影响较大，不合理的磨削工艺易引起结合面失效。

（2）材料去除机理尚不明确。涂层材料由硬质 WC 相、黏结剂 Co 相和少量气孔组成，成分较多，组织结构复杂，磨削加工表面质量难以保障。

（3）涂层材料磨削温度较高。涂层和基体界面处的导热效果不佳，磨削过程中的热积累会造成基体的热损伤，从而改变基体的晶相组织，影响零件的力学性能，所以探索磨削温度的影响机理和控制方法显得尤为重要。

（4）涂层内部应力状态为压应力。应力状态易受磨削力和磨削温度的影响转变为拉应力，从而影响裂纹扩展和使用性能，但影响的程度及机理尚不明确，有待系统研究。

以上技术难点制约了 HVOF WC 涂层加工效率和质量的提高，磨削加工过程对 WC 涂层的组织、性能、力学状态都存在影响。目前，国内外对于 WC 涂层的磨削仍采用砂轮线速度为 30m/s 的传统磨削，HVOF 涂层材料本身的高硬度、高耐磨性及基体受热温度的特殊限制给其加工带来很大难度，易引起表面/亚表面裂纹，甚至涂层剥落，且加工效率极低，表面质量难以控制，加工成本高[2]。

2）喷涂涂层材料的加工特点

由于喷涂涂层材料以上性能特点，给磨削加工中带来较大的困难，其加工特点表现在以下几个方面：

（1）砂轮损耗大。由于喷涂涂层具有高硬度，比磨削能极高，砂轮损耗大，磨削过程中砂轮容易钝化、堵塞，甚至出现磨粒脱落现象，磨削比比较小，需要频繁修整砂轮，砂轮耐用度较差。

（2）加工效率低。磨削深度非常小，因而磨削所需的工时特别长。

（3）质量难以控制。磨削过程中的热积累会造成基体的热损伤，热损伤的产生容易带来工件表面粗糙度高、残余应力等表面质量缺陷。

（4）零件寿命受到影响。HVOF 制备的 WC 涂层内部为压应力状态，磨削加工会对这种应力状态有所影响，从而影响裂纹扩展和疲劳寿命。

3. 研究现状

以上的技术难题吸引了不少国内外学者对涂层材料的磨削特性与去除机理进行研究。例如，周文[3]等研究了 AZ91 镁合金涂层砂带磨削特性，分析了磨削过程中砂带的磨损特征，提出了提高材料磨除率的方法；孟鉴等[4]对纳米结构陶瓷涂层的外圆磨削力和磨削表面的精度进行了试验研究,讨论了加工参数对切向磨削力的影响,揭示了表面粗糙度与加工参数的关系;Dey[5]等进行了陶瓷涂层的外圆磨削试验,试验结果表明,涂层的光洁度和质量与磨削力有关,且主要由磨削参数和磨削条件决定;邓朝晖[6]等对纳米结构金属陶瓷(n-WC/Co)涂层材料精密磨削进行了试验研究,试验结果表明,一般情况下,在 n-WC/Co 涂层材料精密磨削过程的材料去除机理中,占主导的方式是塑性去除;刘伟香[7]等用压痕断裂力学模型和切削加工模型来研究纳米结构陶瓷涂层的磨削去除机理,切削加工模型证明了虽然材料去除通常由脆性去除实现,但大部分磨削能消耗与塑性变形有关。以上研究主要集中在传统磨削领域,砂轮线速度小且磨削效率较低,因此在保证表面质量的前提条件下提高加工效率成为涂层材料磨削技术发展的当务之急。

国内外许多学者对难加工材料的高速/超高速磨削技术进行了研究,并取得了丰硕的成果。例如,尚振涛等[8]研究了金属陶瓷材料高速/超高速磨削性能,试验结果表明,高速/超高速磨削技术能够降低金属陶瓷材料出现崩边和裂纹现象的概率,并实现高效精密加工;钱源等[9]进行了 CBN 砂轮高速磨削镍基高温合金磨削力与比磨削能的研究,研究结果表明,单层钎焊 CBN 砂轮在高速条件下更适合难加工材料的磨削,同时也验证了尺寸效应的存在及作用;郭力等[10]对 HVOF WC-10Co-4Cr 涂层的高速/超高速磨削试验得出,提高砂轮线速度并适当增大磨削深度和进给量,可以提高涂层磨削效率,磨削机理由以脆性去除为主转为以塑性去除为主,涂层的表面质量和磨削加工效率以及砂轮的使用寿命都有明显提高。可见,高速/超高速磨技术不仅可以提高陶瓷、高温合金等难加工材料的加工效率,保证磨削的表面质量,而且同样适用于 HVOF 涂层材料。

5.1.3 工艺方法与技术方案

1. 目标

本章针对两种 WC 硬质合金涂层(WC-18Co 和 WC-10Co-4Cr)的 HVOF 材料,研究在高速/超高速磨削条件下,不同的磨削工艺参数对磨削力、表面粗糙度、磨削温度、残余应力、表面/亚表面损伤等的影响,探讨喷涂材料高速/超高速磨削工艺的规律与特点。

2. 技术路线

采用高速/超高速精密磨削方法,通过大量工艺试验与参数优化,探讨材料与零件的磨削规律,得出磨削参数与磨削力、磨削温度、表面粗糙度、表面损伤等磨削质量表征指标的关系,开发高效低损伤的高速/超高速磨削工艺。对于高硬喷涂涂层材料的磨削工艺开发采用如图 5.1 所示的技术路线。

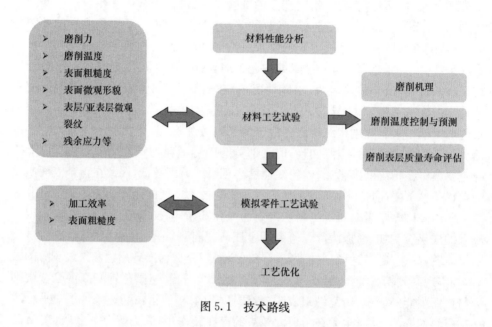

图 5.1　技术路线

5.2　工艺试验条件

5.2.1　试验对象

磨削试验材料选用 HVOF WC-10Co-4Cr 与 HVOF WC-17Co 两种材料。其特性分别如下。

1. HVOF WC-10Co-4Cr 涂层材料试件

1) 材料试件(平面磨削)

材料试件采用 JK3400 型 HVOF 系统喷涂,喷涂时以航空煤油为燃料,氧气为助燃气,氩气为进粉载气。

涂层喷涂所用粉末为 Praxair 公司生产的符合 BSS7072 标准的飞机起落架喷涂专用 WC-Co 粉末,成分为 WC 86%、Co 10%、Cr 4%。图 5.2 为试验用 WC-Co 粉末的微观形貌,粉末呈均匀球状,直径为 $20\sim40\mu m$。

通过检测,HVOF WC 涂层空隙率很低,在 0.6% 左右,WC 的保留率可以达到 95%,涂层表面的显微硬度超过 HV 1300,涂层与基体的结合强度大于 76MPa。通过耐磨损试验发现,HVOF 涂层的耐磨性能是传统的电镀硬铬的 2 倍以上。图 5.3 为涂层表面及横切面的 SEM 照片。

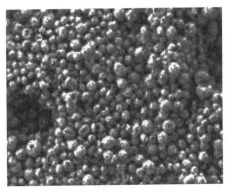

图 5.2　WC-Co 粉末的微观形貌

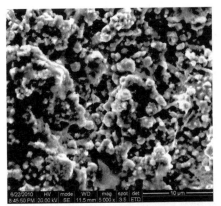

(a) 涂层表面的SEM照片(5000倍)

(b) 涂层表面的SEM照片(1000倍)

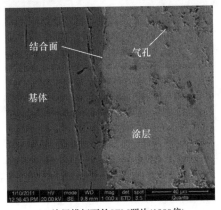

(c) 涂层横切面的SEM照片(1000倍)

图 5.3　涂层微观形貌

从图 5.3 中可见,涂层表面呈现凹凸不平,且存在少量的孔洞。这是由熔融的WC 粉末被高速气流喷射到基体上,与基体结合的同时产生了飞溅和少部分未熔的颗粒造成的。通过测量未加工前涂层表面粗糙度发现,其表面粗糙度 R_a 平均值为 $3\mu m$。

平面磨削试验用涂层试块尺寸为 $44mm \times 20mm \times 15mm$,其中 $44mm \times 15mm$ 的表面采用 HVOF 喷涂有 $0.2 \sim 0.25mm$ 厚的涂层,试块基体为45♯钢,如图 5.4 所示。

图 5.4　平面磨削试验用涂层试块

基体和涂层的性能见表 5.3、图 5.5 和图 5.6。

表 5.3　基体和涂层物理性能参数

材料	密度/(g/cm^3)	比热容/$[J/(kg \cdot K)]$	热导率/$[W/(m \cdot K)]$	泊松比	弹性模量/GPa
45♯钢	7.85	480	50.2	0.31	210
300M钢	7.74	见图 5.5	见图 5.6	0.32	198
涂层	12.51	312	16.1	0.24	554

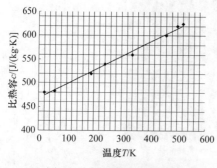

图 5.5　比热容-温度曲线

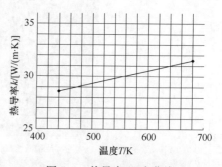

图 5.6　热导率-温度曲线

基体材料为300M钢,最终热处理为870℃油淬加两次300℃回火。由于其回火温度较低,使用过程中材料表面温度容易超过回火温度,热损伤比较容易发生,并对其性能影响较大,因此在涂层磨削过程中需要控制基体温度,磨削过程中基体温度不能超过 150℃。

2) 模拟件套筒(外圆磨削)

飞机起落架动作筒为圆柱形结构,为了模拟飞机起落架动作筒的磨削加工,加工了一批外圆模拟件。

起落架动作筒模拟件尺寸分别为 $\phi50.4\text{mm}\times500\text{mm}$ 和 $\phi50.4\text{mm}\times250\text{mm}$,外圆表面采用 HVOF 喷涂有 $0.2\sim0.25\text{mm}$ 厚的涂层,模拟件的基体材料分别为 45♯钢和 300M 钢。图 5.7~图 5.9 为模拟件基体和模拟件照片。

图 5.7　模拟件的基体

图 5.8　喷涂后的模拟件

图 5.9　模拟件 $\phi50.4\text{mm}\times500\text{mm}$

模拟件基体的性能参数见表 5.4。

表 5.4　基体的性能参数

基体材料	密度/(g/cm³)	比热容/[J/(kg·K)]	热导率/[W/(m·K)]	泊松比	弹性模量/GPa
45♯钢	7.85	480	50.2	0.31	210
300M 钢	7.74	见图 5-5	见图 5-6	0.32	198

2. HVOF WC-17Co 涂层材料试件

HVOF WC-17Co 涂层材料试件由中国民航大学材料工艺技术研究所研制的 JK3400 型 HVOF 系统喷涂,该喷涂系统以航空煤油为燃料,氧气为助燃气,氩气为进粉载气,喷涂工艺参数如表 5.5 所示。

表 5.5　喷涂工艺参数

喷枪尺寸 /in	喷枪移动速度 /(mm/s)	氧气流量 /(m³/h)	煤油流量 /(cm³/min)	喷涂距离 /mm	燃烧室压力 /MPa
4	400	51081	300	250	0.627

涂层喷涂所用粉末是由 Praxair 公司生产的符合 BSS7072 标准的飞机起落架热喷涂专用粉末,成分为 WC 82%~85%、Co 15%~18%,粉末呈空心球体状,直径为 $20\sim40\mu m$。

试件材料是以钛合金(Ti-6Al-4V)为基体,在其上采用 HVOF 技术喷涂 $0.2\sim0.3mm$ 厚的 WC-17Co 涂层,喷涂后其表面微观形貌如图 5.10 所示。喷涂的粉末与基体表面以半熔融冶金方式结合在一起,粉末之间存在一定数量的气孔,整个表面凹凸不平。涂层与基体的结合强度大于 76MPa;通过耐磨损试验发现,HVOF WC-17Co 涂层的耐磨性能是传统电镀硬铬的 2 倍以上。该涂层材料的相关性能参数如表 5.6 所示。根据试验的实际条件,将试件尺寸确定为 $45mm\times20mm\times20mm$,并以逆磨方式在 $45mm\times20mm$ 面上沿宽度方向进行磨削试验,试验试件如图 5.11 所示。

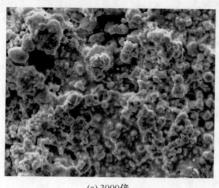 

(a) 3000倍　　　　　　　　　　　　　　(b) 1000倍

图 5.10　未加工涂层表面 SEM 照片

表 5.6　涂层的性能参数

涂层材料	密度/(g/cm³)	断裂韧性/(MPa·m$^{1/2}$)	维氏硬度(HV)	弹性模量/GPa
WC-17Co	13.6	5.91	≥1100	252

图 5.11　平面磨削试验用涂层试件

5.2.2　砂轮

1. HVOF WC-10Co-4Cr 试验用砂轮

1) 材料试件平面磨削用砂轮

(1) 砂轮结构。

砂轮结构如图 5.12 所示。

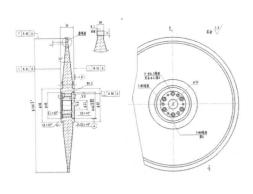

图 5.12　试件平面磨削用砂轮结构

(2) 砂轮参数。

采用金刚石高速/超高速砂轮,其技术参数见表 5.7。

表 5.7　平面磨削用砂轮参数

磨料	粒度（#）	埋入率	磨料层厚度/mm	结合剂类型	砂轮直径/mm	砂轮宽度/mm	最高线速度/(m/s)	供应商
金刚石	220/240	2/3～4/5	10	树脂	350	10	160	三磨所
金刚石	350/400	2/3～4/5	10	树脂	350	10	160	三磨所
金刚石	350/400	2/3～4/5	10	树脂	350	10	160	泰利莱

（3）砂轮修整参数。

为了保证砂轮的圆度,在试验之前用碳化硅滚轮修整器修整砂轮,使砂轮径向圆跳动小于 0.01mm。金刚石高速/超高速砂轮修整参数见表 5.8。

表 5.8　砂轮修整参数

修整参数	修整步骤
修整器	80#碳化硅制动式修整器
修整比	10
工作台速度/(m/min)	0.2
进给量/μm	2(从砂轮两侧轮流进给)
进给次数	100

2）模拟件外圆磨削用砂轮

（1）砂轮参数。

采用金刚石高速/超高速砂轮,结构见图 5.13 与图 5.14。

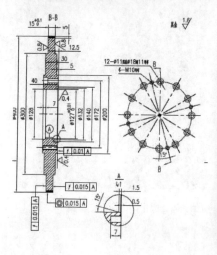 

图 5.13　模拟件外圆磨削用砂轮结构

 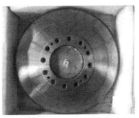 

(a) 上海鑫轮400#树脂金刚石砂轮　(b) 上海鑫轮240#树脂金刚石砂轮　(c) 泰利莱400#树脂金刚石砂轮

(d) 三磨所400#树脂金刚石砂轮　　(e) 三磨所400#陶瓷金刚石砂轮

图 5.14　磨削试验选用的五种砂轮

（2）砂轮参数与修整参数。

采用金刚石高速/超高速砂轮，试验分别采用七种不同磨粒粒度、不同结合剂、不同厂家生产的砂轮，砂轮的具体参数如表 5.9 所示。

表 5.9　外圆磨削砂轮参数

磨料	粒度 （#）	埋入率	磨料层厚度 /mm	结合剂 类型	砂轮直径 /mm	砂轮宽度 /mm	最高线速度 /(m/s)
金刚石	400	2/3~4/5	10	树脂	400	15	160
金刚石	400	2/3~4/5	10	陶瓷	400	15	160
金刚石	240	2/3~4/5	10	树脂	400	15	160
金刚石	400	2/3~4/5	10	树脂	400	15	160
金刚石	400	2/3~4/5	10	树脂	400	15	160

金刚石砂轮采用软钢修整法整形，用油石进行修锐。砂轮修整参数如表 5.10 所示。

表 5.10　外圆磨削砂轮软钢修整参数

修整参数	修整步骤
修整材料	SUS304 不锈钢 ϕ30mm×200mm
砂轮线速度/(m/s)	30
头架转速/(r/min)	100
纵向进给速度/(mm/min)	200
进给量/μm	2
总进给量/mm	0.2

砂轮整形以后,还需用油石进行修锐,油石修锐作用有以下三个方面:

(1) 去除砂轮表层包裹磨粒的结合剂;

(2) 去除因砂轮整形而残留的磨屑;

(3) 使磨粒获得微刃。

油石修锐采用的油石可以选粒度为 80 或者更细的氧化铝或碳化硅油石。

2. HVOF WC-17Co 试验用砂轮

1) 砂轮参数与结构

本试验选用粒度为 120 和 400 的砂轮,用于粗加工和精加工。砂轮的外观结构如图 5.15 所示。

(a) 砂轮 I 　　　　　　　(b) 砂轮 II 　　　　　　　(c) 砂轮 III

图 5.15　磨削试验用砂轮

砂轮具体规格参数如表 5.11 所示。

表 5.11　砂轮参数

砂轮代号	砂轮 I	砂轮 II	砂轮 III
厂商	国外某厂	国外某厂	国内某厂
磨料种类	金刚石	金刚石	金刚石
粒度(♯)	120	400	120
浓度/%	100	100	100
磨料层厚度/mm	6	6	6
硬度	中硬	中硬	中硬
结合剂类型	陶瓷	树脂	树脂
砂轮宽度/mm	10	10	10
最高线速度/(m/s)	160	160	160
砂轮直径/mm	350	350	350

2）整形与修锐参数

砂轮整形参数见表 5.12，砂轮修锐参数如表 5.13 所示。

表 5.12　砂轮整形参数

整形参数	整形步骤
修整器	80♯碳化硅制动式修整器
修整比	10
砂轮线速度/(m/s)	30
工作台速度/(m/min)	0.2
进给量/μm	2（从砂轮两侧轮流进给）
进给次数	100

表 5.13　砂轮修锐参数

修锐参数	修锐步骤
修锐器	油石
砂轮线速度/(m/s)	30
工作台速度/(m/min)	0.5
进给量/mm	0.05
磨削行程/mm	40
进给次数	160

5.2.3　磨削液

磨削液具有冷却、润滑、清洗、防锈等功能，按成分大致可以分为油基磨削液和水基磨削液两大类，油基磨削液主要特征是润滑性，水基磨削液主要特征是冷却性。本试验选择好富顿（中国）有限公司生产的 HOCUT 795 乳化液，用水稀释成浓度为 4% 的水基磨削液，作为试验用磨削液。

5.2.4　试验方案

磨削工艺试验方案如表 5.14～表 5.17 所示。

表 5.14　HVOF WC-10Co-4Cr 涂层试件平面磨削工艺试验方案

编号	砂轮	磨削液	砂轮线速度/(m/s)	工作台速度/(m/min)	磨削深度/mm
1	泰利莱 350/400♯	SY-1	30～160	3.6	0.01
2			160	0.6～4.8	0.01
3			160	3.6	0.002～0.05

编号	砂轮	磨削液	砂轮线速度/(m/s)	工作台速度/(m/min)	磨削深度/mm
4	泰利莱 350/400#	HOCUT 795	30~160	3.6	0.01
5			160	0.6~4.8	0.01
6			160	3.6	0.002~0.05
7	三磨所 350/400#	HOCUT 795	30~160	3.6	0.01
8			160	0.6~4.8	0.01
9			160	3.6	0.002~0.05
10	三磨所 220/240#	HOCUT 795	30~160	3.6	0.01
11			160	0.6~4.8	0.01
12			160	3.6	0.002~0.05

表 5.15　HVOF WC-10Co-4Cr 涂层模拟件外圆磨削工艺试验方案

水平	因素			
	砂轮线速度/(m/s)	磨削深度/mm	纵向进给速度/(m/min)	头架转速/(r/min)
1	30	0.002	0.4	100
2	60	0.005	0.8	150
3	90	0.01	1.2	200
4	120	0.015	1.6	250
5	150	0.02	2.0	275

表 5.16　HVOF WC-17Co 涂层试件平面磨削工艺试验方案

砂轮线速度/(m/s)	工作台速度/(m/min)	磨削深度/μm
30~150	2.5	20
60	1	5~25
90	1~9	15

表 5.17　HVOF WC-17Co 涂层模拟件外圆磨削工艺试验方案

试验序号	磨削参数(粗磨;精磨)			
	砂轮线速度/(m/s)	工作台速度/(m/min)	磨头进给速度/(mm/min)	单行程磨削深度/mm
A1	60	3	15	0.01
A2	60	3	20	0.01
A3	120	2	20	0.01

续表

试验序号	磨削参数(粗磨;精磨)			
	砂轮线速度/(m/s)	工作台速度/(m/min)	磨头进给速度/(mm/min)	单行程磨削深度/mm
A4	120,60	5,3.5	30,20	0.02,0.005
A5	120,60	5,2	30,15	0.02,0.005
A6	120,60	4,2	30,15	0.015,0.01
A7	120,60,60	5,3,2	30,15,15	0.02,0.01,0.005
A8	120,60,60	5,3,2	30,20,15	0.02,0.01,0.005

5.3　磨　削　力

5.3.1　砂轮线速度对磨削力的影响

图 5.16 为对 HVOF WC-10Co-4Cr 涂层试件进行平面磨削工艺试验时,采用 400♯树脂结合剂砂轮磨削涂层工件,磨削液为 HOCUT 795 乳化液(浓度 4%),在工作台速度为 3.6m/min、磨削深度为 0.01mm、砂轮线速度为 160m/s 条件下的法向磨削力实测图。经 MATLAB 滤波处理后可看出,法向磨削力约为 35N。其中,每一组加工参数均进行三次试验,由三次试验结果取平均值得到最终结果。

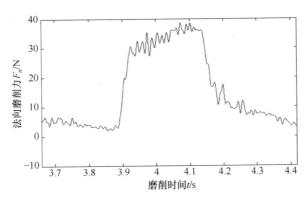

图 5.16　平面磨削 HVOF WC-10Co-4Cr 涂层试件时的法向磨削力

图 5.17 和图 5.18 为平面磨削 HVOF WC-10Co-4Cr 涂层试件时,在工作台速度为 3.6m/min、磨削深度为 0.01mm 的条件下,磨削力随砂轮线速度的变化关系。图中,每一组试验参数的磨削结果均为四次磨削结果的平均值。由图看出,随着砂轮线速度的大幅度提高,法向磨削力和切向磨削力均减小。

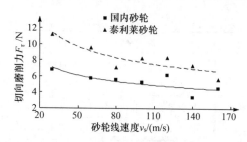

图 5.17　平面磨削 HVOF WC-10Co-4Cr 涂层试件时切向磨削力与砂轮线速度的关系

$(v_w=3.6\text{m/min}, a_p=0.01\text{mm})$

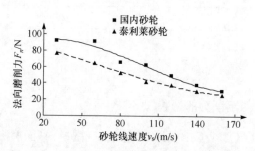

图 5.18　平面磨削 HVOF WC-10Co-4Cr 涂层试件时法向磨削力与砂轮线速度的关系

$(v_w=3.6\text{m/min}, a_p=0.01\text{mm})$

由图 5.17 和图 5.18 可知,切向磨削力和法向磨削力都随砂轮线速度的增大而降低,砂轮线速度变化对磨削力影响非常显著。当平面磨削 WC-10Co-4Cr 涂层试件时,由于砂轮线速度的大幅增加,使得单位时间内磨削区参与磨削的磨粒数大大增加,在磨削深度一定的情况下,单颗磨粒最大未变形切屑厚度变薄,磨刃作用在工件上的磨削力也相应减小,所以测量出的磨削力都随砂轮线速度增大而降低。

另外,随着磨削力的降低,每颗磨粒的负荷减小,磨粒磨削时间相应延长,因而也有利于提高砂轮使用寿命。

5.3.2　磨削深度对磨削力的影响

图 5.19 为对 HVOF WC-10Co-4Cr 涂层试件进行平面磨削工艺试验时,采用 400♯树脂结合剂砂轮磨削涂层工件,磨削液为 HOCUT 795 乳化液(浓度 4%),在工作台速度为 3.6m/min、磨削深度为 0.02mm、砂轮线速度为 160m/s 条件下的法向磨削力实测图。经 MATLAB 滤波处理后可看出,法向磨削力约为 45N。其中,每一组加工参数均进行三次试验,由三次试验结果取平均值得到最终结果。

图 5.20 和图 5.21 为平面磨削 HVOF WC-10Co-4Cr 涂层试件时,在 $v_s=$ 160m/s、$v_w=3.6$m/min 的条件下,磨削力随磨削深度的变化情况。图中,每一组试验参数的磨削结果均为四次磨削结果的平均值。由图看出,随着磨削深度的增

大,切向磨削力和法向磨削力均增大。

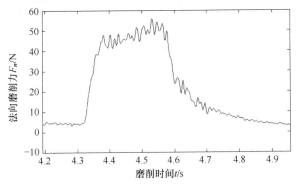

图 5.19 平面磨削 HVOF WC-10Co-4Cr 涂层试件时的法向磨削力

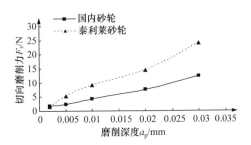

图 5.20 平面磨削 HVOF WC-10Co-4Cr
涂层试件时切向磨削力与磨削深度的关系
($v_s=160\text{m/s}$,$v_w=3.6\text{m/min}$)

图 5.21 平面磨削 HVOF WC-10Co-4Cr
涂层试件时法向磨削力与磨削深度的关系
($v_s=160\text{m/s}$,$v_w=3.6\text{m/min}$)

图 5.22 和图 5.23 为平面磨削 HVOF WC-17Co 涂层试件时,采用三片不同砂轮的切向磨削力和法向磨削力随磨削深度的变化情况。磨削参数为 $v_w=1\text{m/min}$,$v_s=60\text{m/s}$,每一组试验参数的磨削结果均为四次实验的平均值。

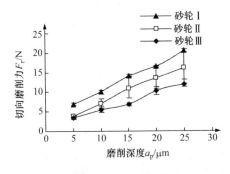

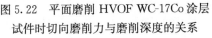

图 5.22 平面磨削 HVOF WC-17Co 涂层
试件时切向磨削力与磨削深度的关系

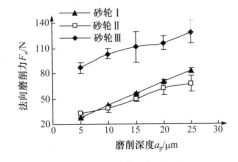

图 5.23 平面磨削 HVOF WC-17Co 涂层
试件时法向磨削力与磨削深度的关系

从图 5.22 和图 5.23 可以看出，各数据点基本呈现线性趋势。对于切向磨削力，陶瓷结合剂 120♯砂轮Ⅰ最大，其次是树脂结合剂 400♯砂轮Ⅱ，而树脂结合剂 120♯砂轮Ⅲ最小。这是因为砂轮磨粒越大，最大未变形切屑厚度也越大，所以砂轮Ⅰ的切向磨削力大于砂轮Ⅱ。然而，砂轮Ⅲ的切向磨削力最小、法向磨削力最大，说明砂轮Ⅲ的切削能力差，有效磨粒数量少，磨粒难以有效地切入工件，实际磨削深度较小，接触面法向磨削力较大。

图 5.24 为三片砂轮的磨削分力比随磨削深度的变化关系。由图可知，砂轮Ⅰ、Ⅱ的磨削分力比相对稳定，维持在 4.5 左右；而砂轮Ⅲ的磨削分力比非常大，且随着磨削深度增加，从 26 下降到 13，降幅显著，说明磨削深度增加后，砂轮Ⅲ的切向磨削力的增速高于法向磨削力。

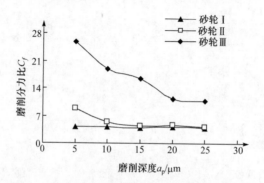

图 5.24　磨削分力比随磨削深度的变化关系
($v_s = 60\mathrm{m/s}, v_w = 1\mathrm{m/min}$)

由以下两方面来解释磨削力产生上述变化趋势的机理：

（1）在其他磨削参数不变的情况下，当砂轮磨削深度增大时，单颗磨粒的最大未变形切屑厚度随之增大，砂轮与工件的接触弧长增大，实际参加工作的磨粒数增多，所以磨削力增大。

（2）当砂轮磨削深度增大时，磨削中砂轮结合剂、磨屑、被磨工件表面三者间的滑擦作用增大，因此磨削力也随之增大（切向磨削力增大得更多些）。

5.3.3　工作台速度对磨削力的影响

图 5.25 为对 HVOF WC-10Co-4Cr 涂层试件进行平面磨削工艺试验时，采用 400♯树脂结合剂砂轮磨削涂层工件，磨削液为 HOCUT 795 乳化液（浓度 4%），在工作台速度为 1.2m/min、磨削深度为 0.01mm、砂轮线速度为 160m/s 条件下的法向磨削力实测图。经 MATLAB 滤波处理后可看出，法向磨削力约为 18N。

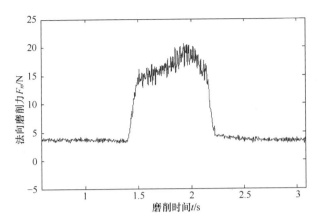

图 5.25　$v_s = 160\text{m/s}$、$v_w = 1.2\text{m/min}$、$a_p = 0.01\text{mm}$ 时的法向磨削力

图 5.26 和图 5.27 为平面磨削 HVOF WC-10Co-4Cr 涂层试件时,在 $v_s = 160\text{m/s}$、$a_p = 0.01\text{mm}$ 的条件下,磨削力随工作台速度的变化情况。每一组加工参数均进行三次试验,由三次试验结果取平均值得到最终结果。

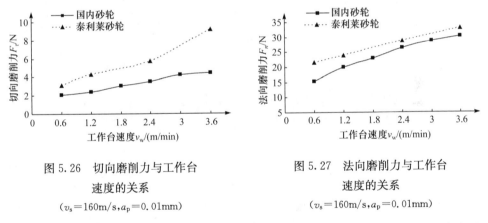

图 5.26　切向磨削力与工作台
　　　　速度的关系

（$v_s = 160\text{m/s}$, $a_p = 0.01\text{mm}$）

图 5.27　法向磨削力与工作台
　　　　速度的关系

（$v_s = 160\text{m/s}$, $a_p = 0.01\text{mm}$）

图 5.28 和图 5.29 为平面磨削 HVOF WC-17Co 涂层试件时,不同工作台速度条件下三片砂轮磨削力的检测结果平均值（$a_p = 0.015\text{mm}$、$v_s = 90\text{m/s}$）,其测量次数应不低于 4 次。

由图 5.26～图 5.29 可以看出,涂层试件的磨削力均随着工作台速度的增加而增大。这是因为工作台速度提高,使金属磨除率加大,使得单位时间内的磨削厚度加大,最大未变形切屑厚度也增大,所以磨削力相应增加。

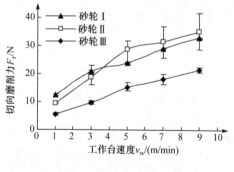

图 5.28 切向磨削力与工作台
速度的关系

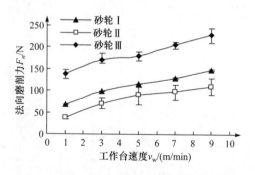

图 5.29 法向磨削力与工作台
速度的关系

5.4 表面粗糙度

5.4.1 砂轮线速度对表面粗糙度的影响

图 5.30 为平面磨削 HVOF WC-10Co-4Cr 涂层试件时,在工作台速度为 3.6m/min、磨削深度为 0.01mm、砂轮线速度为 160m/s 条件下的表面粗糙度实测图。从图中可以看出,在该组磨削参数下,获得的磨削表面粗糙度 $R_a = 0.21\mu m$。

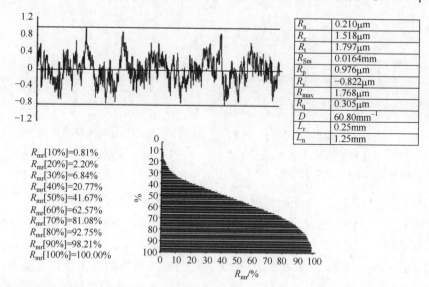

图 5.30 $v_s = 160m/s$、$v_w = 3.6m/min$、$a_p = 0.01mm$ 时的表面粗糙度

表 5.18 和表 5.19 为不同砂轮线速度条件下 HVOF WC-10Co-4Cr 涂层试件磨削表面粗糙度的试验结果。每一组加工参数均进行三次试验,由三次试验结果

取平均值得到最终结果。

表 5.18 不同砂轮线速度条件下磨削结果之一

序号	砂轮	磨削液	砂轮线速度/(m/s)	工作台速度/(m/min)	磨削深度/mm	表面粗糙度/μm
1			60			0.419
2			80			0.389
3	三磨所 400#	HOCUT 795	100	3.6	0.01	0.374
4	树脂结合剂金刚石砂轮		120			0.36
5			140			0.358
6			160			0.338

表 5.19 不同砂轮线速度条件下磨削结果之二

序号	砂轮	磨削液	砂轮线速度/(m/s)	工作台速度/(m/min)	磨削深度/mm	表面粗糙度/μm
1			60			0.35
2			80			0.312
3	泰利莱 400#	HOCUT 795	100	3.6	0.01	0.28
4	树脂结合剂金刚石砂轮		120			0.249
5			140			0.245
6			160			0.22

图 5.31 是工作台速度为 3.6m/min、磨削深度为 0.01mm 时磨削工件表面粗糙度随砂轮线速度的变化关系。从图可看出,随砂轮线速度增加,表面粗糙度降低。

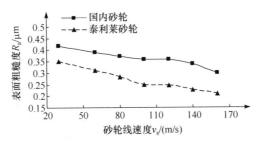

图 5.31 HVOF WC-10Co-4Cr 涂层试件表面粗糙度随砂轮线速度的变化

$(v_w=3.6\text{m/min}, a_p=0.01\text{mm})$

表 5.20 为平面磨削 HVOF WC-17Co 涂层试件时,不同砂轮线速度下三片砂轮所磨表面粗糙度的检测结果平均值,磨削液采用 HOCUT 795。

表 5.20　不同砂轮线速度下所磨表面粗糙度试验结果

序号	砂轮线速度 /(m/s)	工作台速度 /(m/min)	磨削深度 /mm	砂轮Ⅰ所磨表面 粗糙度/μm	砂轮Ⅱ所磨表面 粗糙度/μm	砂轮Ⅲ所磨表面 粗糙度/μm
1	30			0.753	0.335	0.407
2	60			0.725	0.300	0.370
3	90	2.5	0.02	0.643	0.285	0.371
4	120			0.626	0.282	0.332
5	150			0.563	0.281	0.284

　　将表 5.20 中的数据绘制成三片不同砂轮磨削 HVOF WC-17Co 涂层试件时切向磨削力和法向磨削力随砂轮线速度的变化曲线,如图 5.32 所示。

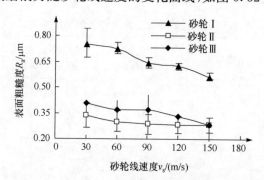

图 5.32　HVOF WC-17Co 涂层试件表面粗糙度随砂轮线速度的变化
($v_w=2.5\mathrm{m/min}, a_p=0.02\mathrm{mm}$)

　　从图 5.31 和图 5.32 可以看出,砂轮线速度的变化对表面粗糙度的影响较大,随着砂轮线速度的提高,表面粗糙度均呈下降趋势,表面粗糙度在砂轮线速度变化范围内的降幅在 $0.06\sim0.18\mu\mathrm{m}$。同粒度的陶瓷结合剂砂轮的磨削表面粗糙度高于树脂结合剂砂轮,粒度大的砂轮磨削表面糙度更小。

5.4.2　磨削深度对表面粗糙度的影响

　　图 5.33 是采用泰利莱砂轮磨削 HVOF WC-10Co-4Cr 涂层试件时,在工作台速度为 $3.6\mathrm{m/min}$、磨削深度为 $0.03\mathrm{mm}$、砂轮线速度为 $160\mathrm{m/s}$ 条件下的表面粗糙度实测图。从图中可以看出,在该组磨削参数下,获得的磨削表面粗糙度 $R_a=0.317\mu\mathrm{m}$。

　　为了研究不同磨削深度对 HVOF WC-10Co-4Cr 涂层材料磨削加工表面粗糙度的影响,试验中选择了如表 5.21 和表 5.22 所示的磨削参数。每一组加工参数均进行三次试验,由三次试验结果取平均值得到最终试验结果。

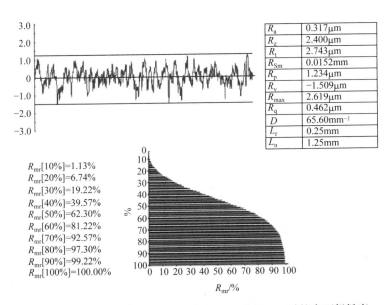

R_a	0.317μm
R_z	2.400μm
R_t	2.743μm
R_{Sm}	0.0152mm
R_p	1.234μm
R_v	−1.509μm
R_{max}	2.619μm
R_q	0.462μm
D	65.60mm^{-1}
L_r	0.25mm
L_n	1.25mm

$R_{mr}[10\%]$=1.13%
$R_{mr}[20\%]$=6.74%
$R_{mr}[30\%]$=19.22%
$R_{mr}[40\%]$=39.57%
$R_{mr}[50\%]$=62.30%
$R_{mr}[60\%]$=81.22%
$R_{mr}[70\%]$=92.57%
$R_{mr}[80\%]$=97.30%
$R_{mr}[90\%]$=99.22%
$R_{mr}[100\%]$=100.00%

图 5.33　v_s＝160m/s、v_w＝3.6m/min、a_p＝0.03mm 时的表面粗糙度

表 5.21　不同磨削深度的磨削参数

序号	砂轮	磨削液	砂轮线速度 /(m/s)	工作台速度 /(m/min)	磨削深度 /mm	表面粗糙度 /μm
1	三磨所 400# 树脂结合剂 金刚石砂轮	HOCUT 795	160	3.6	0.002	0.3
2					0.005	0.315
3					0.01	0.335
4					0.02	0.34
5					0.03	0.357

表 5.22　不同磨削深度的磨削参数

序号	砂轮	磨削液	砂轮线速度 /(m/s)	工作台速度 /(m/min)	磨削深度 /mm	表面粗糙度 /μm
1	泰利莱 400# 树脂结合剂 金刚石砂轮	HOCUT 795	160	3.6	0.002	0.2
2					0.005	0.197
3					0.01	0.215
4					0.02	0.25
5					0.03	0.276

将以上结果绘制成曲线如图 5.34 所示。表 5.23 为 HVOF WC-17Co 涂层试件在不同磨削深度下三片砂轮所磨表面粗糙度的检测结果平均值。磨削液采用 HOCUT 795。

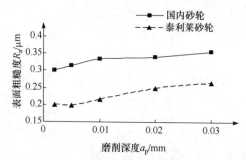

图 5.34　HVOF WC-10Co-4Cr 涂层试件表面粗糙度随磨削深度的变化

($v_s = 160\text{m/s}, v_w = 3.6\text{m/min}$)

表 5.23　不同磨削深度下所磨表面粗糙度试验结果

序号	磨削深度 /mm	工作台速度 /(m/min)	砂轮线速度 /(m/s)	砂轮 I 所磨表面 粗糙度/μm	砂轮 II 所磨表面 粗糙度/μm	砂轮 III 所磨表面 粗糙度/μm
1	0.005			0.555	0.273	0.311
2	0.01			0.559	0.266	0.323
3	0.015	1	60	0.555	0.279	0.309
4	0.02			0.574	0.288	0.294
5	0.025			0.571	0.264	0.288

　　将表 5.23 中的数据绘制成三片不同砂轮磨削 HVOF WC-17Co 涂层试件时表面粗糙度随磨削深度的变化曲线,如图 5.35 所示。

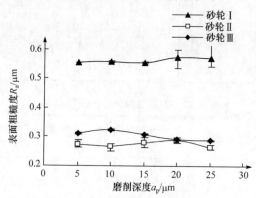

图 5.35　HVOF WC-17Co 涂层试件表面粗糙度随磨削深度的变化

($v_s = 60\text{m/s}, v_w = 1\text{m/min}$)

由图 5.35 可见,当磨削深度变化时,表面粗糙度的变化率较小。

5.4.3　工作台速度对表面粗糙度的影响

　　图 5.36 为磨削 HVOF WC-10Co-4Cr 涂层试件时,在磨削深度为 0.01mm、砂轮线速度为 160m/s 的条件下,工作台速度对磨削表面粗糙度的影响。在较低的工作台

速度下,磨削过程的材料去除方式和磨削工艺参数成为影响表面粗糙度的主导因素。随着工作台速度的增加,加工表面粗糙度值也随之增加,但是增加的趋势不太明显。

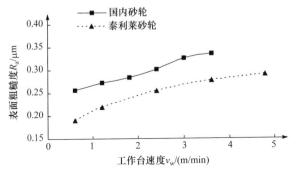

图 5.36　WC-10Co-4Cr 工件表面粗糙度随磨削深度的变化

($v_s = 160 \text{m/s}, a_p = 0.01 \text{mm}$)

表 5.24 为 HVOF WC-17Co 涂层试件在不同工作台速度下三片砂轮所磨表面粗糙度的检测结果平均值,其测量次数不低于 4 次。磨削液采用 HOCUT 795。

表 5.24　不同工作台速度下所磨表面粗糙度试验结果

序号	工作台速度 /(m/min)	磨削深度 /mm	砂轮线速度 /(m/s)	砂轮 I 所磨表面粗糙度 $R_a/\mu m$	砂轮 II 所磨表面粗糙度 $R_a/\mu m$	砂轮 III 所磨表面粗糙度 $R_a/\mu m$
1	1			0.554	0.253	0.321
2	3			0.531	0.266	0.325
3	5	0.015	90	0.508	0.292	0.314
4	7			0.565	0.231	0.329
5	9			0.555	0.258	0.347

将以上结果绘制成曲线如图 5.37 所示。

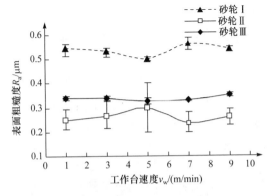

图 5.37　HVOF WC-17Co 涂层试件表面粗糙度随工作台速度的变化

($v_s = 90 \text{m/s}, a_p = 0.015 \text{mm}$)

由图 5.37 可以看出,在不同工作台速度下磨削 HVOF WC-17Co 涂层试件后所测表面粗糙度几乎没有差异,和不同磨削深度下表面粗糙度变化的状况相似,原因也与其有异曲同工之处。

5.5　磨削温度与残余应力

5.5.1　磨削温度的采集

磨削温度的测量方法目前有如下几种:夹置式热电偶测量法[11]、顶置式热电偶测量法[12]、三明治式测温法[13]、热成像技术测温法[14]、光纤红外测温仪测量法[15]等。本研究采用顶置式热电偶测量法,其结构如图 5.38 所示。

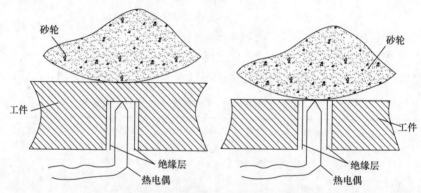

图 5.38　顶置式热电偶测温法结构图

顶置式热电偶能够测量距离磨削区以下不同深度的湿磨和干磨热电势,热电偶破坏之前能够测量出磨削区的热电势,因此可以换算出磨削区和磨削区以下不同深度下工件的磨削温度。

5.5.2　磨削温度的测量

由于涂层磨削温度测量的特殊性,磨削温度的确定有以下过程:

工件准备和热电偶制作　→　磨削试验,测量磨削力和温度　→　有限元仿真,推导出磨削表面及涂层-基体结合面温度

采用电火花加工在工件上打一盲孔,盲孔深度尽量接近工件厚度;对工件待喷涂表面进行喷砂处理,以增加涂层与基体的结合面积,增加结合强度;对工件表面进行热喷涂,获得涂层工件。由热电偶电焊机将热电偶材料镍铬和镍硅焊接成热电偶,如图 5.39 所示。

将热电偶埋入事先打好的盲孔内,一起装夹到磨床夹具;将热电偶连接到信号放大器,由数据采集卡对热电势数据进行采集,并最终换算为温度数据;同时用测力仪测量磨削力数据,磨削温度测量系统如图 5.40 所示。

图 5.39　镍铬-镍硅热电偶

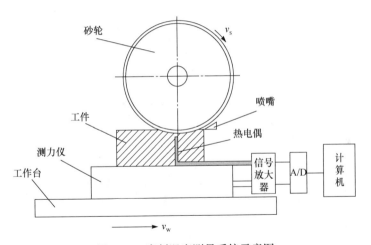

图 5.40　磨削温度测量系统示意图

由于试验采集到的温度是涂层-基体结合面以下某一深度处的温度,所以要得到涂层表面和涂层-基体结合面的温度还需要利用 ANSYS 对磨削温度进行仿真,根据测量到的温度和磨削力确定涂层表面和涂层-基体结合面的温度。

温度仿真的步骤如下:

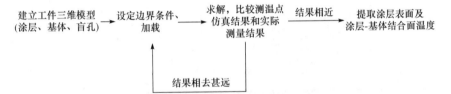

5.5.3 磨削温度的检测

1. 测温优化设计

对 HVOF 涂层试件(涂层为 WC-10Co-4Cr,基体为 45♯钢,涂层厚度为 0.2mm)的顶置式热电偶测温方法进行优化设计。

1) 采用顶置式热电偶测量磨削温度

在磨削条件和热电偶性能一定的情况下,对磨削温度产生影响的因素只有盲孔的直径和深度。

2) HVOF WC-10Co-4Cr 涂层工件材料热性能参数(表 5.25)

表 5.25　工件材料热性能参数

材料	密度/(kg/m³)	比热容/[J/(kg·K)]	热导率/[W/(m·K)]
涂层	12508	312	16.1
基体	7850	480	50.2
空气	1.29	1000	0.024

3) 磨削工艺参数与磨削条件(表 5.26)

表 5.26　工艺参数和磨削条件

砂轮线速度/(m/s)	工作台速度/(m/min)	磨削深度/mm	磨削液	磨削方式	切向磨削力/N
120	0.6	0.01	HOCUT 795	逆磨	9.3

4) 磨削温度仿真

假设基体上没有盲孔,由 ANSYS 对磨削温度进行仿真可以得到如图 5.41 所示的结果。

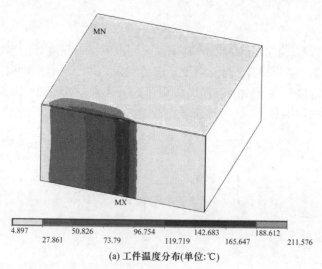

| 4.897 | 50.826 | 96.754 | 142.683 | 188.612 |
| 27.861 | 73.79 | 119.719 | 165.647 | 211.576 |

(a) 工件温度分布(单位:℃)

(b) 工件横截面温度分布(单位:℃)

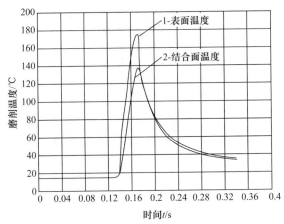

(c) 涂层表面、涂层-基体结合面温度随时间的变化
(表面温度176℃、涂层-基体结合面温度139℃)

图 5.41 基体上没有盲孔时的工件温度分布

图 5.41(a)~(c)依次为工件温度分布图、工作横截面温度分布图、涂层表面和涂层-基体结合面温度随时间的变化曲线(曲线 1 为涂层表面温度曲线、曲线 2 为涂层-基体结合面温度曲线)。从图中可以看出,曲线 1 涂层表面的温度为176℃、涂层-基体结合面温度为 139℃。

假设用于放置热电偶的盲孔深度等于基体高度,孔径为 1mm,由 ANSYS 对磨削温度进行仿真可以得到如图 5.42 所示的结果。

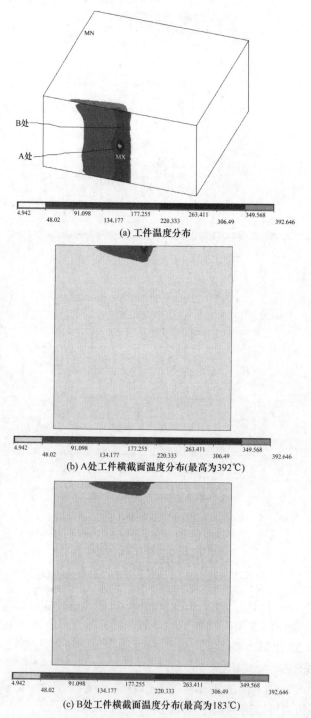

(a) 工件温度分布

(b) A处工件横截面温度分布(最高为392℃)

(c) B处工件横截面温度分布(最高为183℃)

图 5.42 盲孔直达涂层-基体结合面时的工件温度分布(单位:℃)

　　图 5.42(a)~(c)依次为工件温度分布图、A 处(盲孔中心)工件横截面温度分布图、B 处(盲孔中心与边界面的中间位置)工件横截面温度分布图。由图看出,盲孔顶端出现局部高温,温度较其他位置高出 200℃左右。产生这种现象的原因主要是 HVOF WC-10Co-4Cr 涂层和盲孔内部材料(空气)的热性能相距甚远,导致该处散热条件极差,造成热量积累产生局部高温。

　　针对上述情况,分别选择不同的孔径和盲孔深度建模,获得最佳的孔径和孔深,将测温方法造成的磨削温度误差降至最小。

　　(1) 开孔深度对磨削温度的影响。以孔径为 1mm,孔顶端距离涂层-基体结合面为 0.2mm、0.3mm、0.5mm、0.8mm,建立分析实体模型。采用 ANSYS 有限元分析软件对磨削温度进行仿真,可以得出测量点、涂层表面和涂层-基体结合面温度曲线如图 5.43 所示,其中曲线 1 为盲孔顶部涂层表面温度曲线、曲线 2 为盲孔顶部涂层-基体结合面温度曲线、曲线 3 为盲孔顶部(测量点)温度曲线。

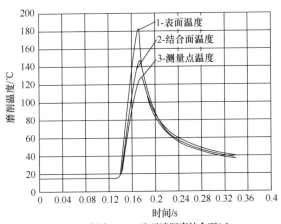

(a) 孔径为1mm,孔顶端距离结合面0.2mm
(表面温度186℃、结合面温度144℃、测量点温度130℃)

(b) 孔径为1mm,孔顶端距离结合面0.3mm
(表面温度178℃、结合面温度144℃、测量点温度115℃)

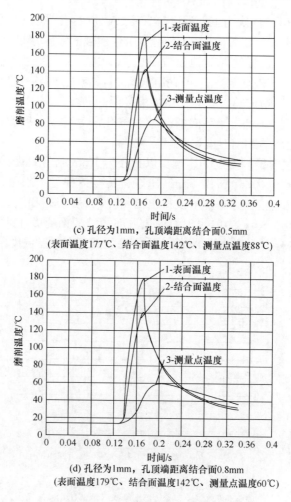

(c) 孔径为1mm，孔顶端距离结合面0.5mm

(表面温度177℃、结合面温度142℃、测量点温度88℃)

(d) 孔径为1mm，孔顶端距离结合面0.8mm

(表面温度179℃、结合面温度142℃、测量点温度60℃)

图 5.43　开孔深度对磨削温度的影响

图 5.43 与图 5.41 相比较有如下结果：

① 孔顶端距离结合面为 0.2mm 时，表面温度和结合面温度与基体上没有盲孔时的情况有较大差别；

② 孔顶端距离结合面为 0.3mm、0.5mm、0.8mm 时，表面温度和结合面温度与基体上没有盲孔时的情况没有太大差别；

③ 随着孔顶端与结合面距离的增大，测量点温度随之降低，当距离为 0.8mm 时测量点温度只有 60℃。

因此，为了保证顶置式测温方法不影响涂层表面和涂层-基体结合面实际温度，且测量获得的温度信号有足够的强度，用于放置热电偶的盲孔顶端与涂层-基体结合面的距离不能太小(影响实测温度)也不能太大(获得的温度信号强度不大),选择 0.3~0.5mm 比较合理。

(2) 孔径大小对磨削温度的影响。以孔径分别为 0.8mm、1mm、1.2mm、1.5mm,孔顶端距离涂层-基体结合面为 0.3mm,建立分析实体模型。采用 ANSYS有限元分析软件对磨削温度进行仿真,可以得出测量点、涂层表面和涂层-基体结合面温度曲线如图 5.44 所示,其中曲线 1 为盲孔顶部涂层表面温度曲线、曲线 2 为盲孔顶部涂层-基体结合面温度曲线、曲线 3 为盲孔顶部(测量点)温度曲线。

图 5.44 与图 5.41 相比较有如下结果:随着孔径的增大,表面温度、结合面温度、测量点温度都随之增大,当孔径达到 1.5mm 时,表面温度和结合面温度较图 5.41结果有较大差异,因此盲孔直径越小,测量的温度越接近实际温度。但是热电偶有一定的直径,受盲孔加工工艺的限制,盲孔直径也不能太小,因此孔径选择 0.8~1.2mm 比较合理。

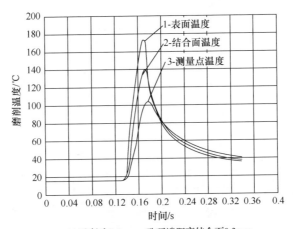

(a) 孔径为0.8mm,孔顶端距离结合面0.3mm
(表面温度173℃、结合面温度140℃、测量点温度107℃)

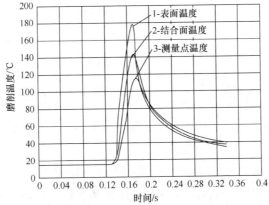

(b) 孔径为1mm,孔顶端距离结合面0.3mm
(表面温度178℃、结合面温度144℃、测量点温度115℃)

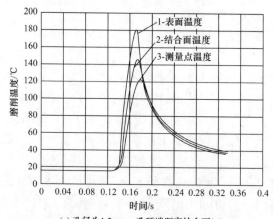

(c) 孔径为1.2mm，孔顶端距离结合面0.3mm

(表面温度181℃、结合面温度147℃、测量点温度125℃)

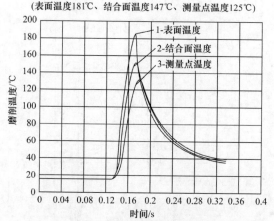

(d) 孔径为1.5mm，孔顶端距离结合面0.3mm

(表面温度191℃、结合面温度154℃、测量点温度134℃)

图 5.44　孔径大小对磨削温度的影响

2. 测温结果

为了测量涂层磨削温度，制作了如图 5.45 所示的涂层试件，试件基体为 45#
钢，尺寸为 40mm×20mm×20mm，涂层厚度为 0.2~0.3mm。

从图 5.45 可以看出，采用顶置式热电偶测量出的磨削温度只是涂层-基体结
合面以下 0.5mm 处的平均磨削温度。

试验采用 400# 树脂结合剂金刚石砂轮磨削，以浓度为 4% 的 HOCUT 795 乳
化液作为磨削液，表 5.27 列出了不同磨削参数条件下测出的磨削温度。

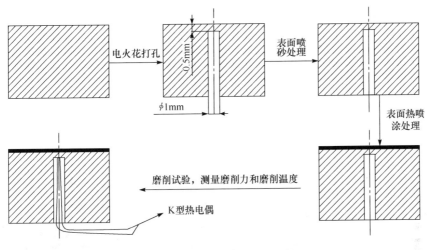

图 5.45　涂层顶置式测温试件

表 5.27　磨削温度测量结果

序号	砂轮线速度 $v_s/(m/s)$	工作台速度 $v_w/(m/min)$	磨削深度 a_p/mm	磨削温度 $T/℃$	切向磨削力 F_τ/N
1	60	3.6	0.01	62	9.6
2	120	3.6	0.01	110	8.3
3	160	3.6	0.01	80	5.7
4	160	3.6	0.005	90	5.2
5	160	3.6	0.02	201	12.4
6	160	3.6	0.03	340	23
7	160	1.2	0.01	150	4.5
8	160	4.8	0.01	108	9.7

3. 加工后表面涂层厚度测量

试件表面本身存在的涂层厚度很小,用肉眼或用普通的测量工件很难准确测量出试件表面保留的涂层厚度,因此利用 VHX-1000 超景深显微镜观察试件的横截面,可以准确地测量出涂层厚度。

具体测量过程如图 5.46 所示。图 5.47 为按照磨削参数磨削后,由 VHX-1000 超景深显微镜放大 500 倍所观察到的试件横截面,可见涂层保留厚度分别约为 169μm 和 125μm。

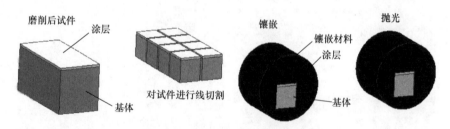

图 5.46　涂层保留厚度测量过程

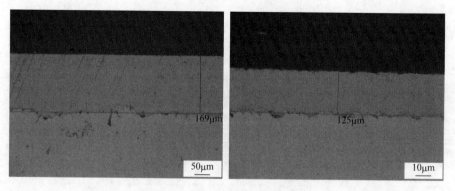

图 5.47　涂层保留厚度测量结果

表 5.28 列出了不同磨削参数磨削条件下获得的涂层保留厚度。

表 5.28　涂层保留厚度测量结果

序号	砂轮线速度 v_s/(m/s)	工作台速度 v_w/(m/min)	磨削深度 a_p/mm	涂层保留厚度/μm
1	60	3.6	0.01	120.1
2	120	3.6	0.01	143.4
3	160	3.6	0.01	169
4	160	3.6	0.005	100
5	160	3.6	0.02	106
6	160	3.6	0.03	120
7	160	1.2	0.01	114
8	160	4.8	0.01	154

5.5.4　磨削温度的有限元分析

利用 ANSYS 进行温度仿真的步骤如下：

（1）前处理，即有限元建模。利用 ANSYS 前处理程序 PREP7，经过单元类型选择、材料参数确定、根据涂层保留厚度和基体尺寸建立几何建模、网格划分等步骤，建立磨削温度场分析的有限元模型。

（2）加载和求解。利用 ANSYS 求解程序 SOLUTION，包括定义分析类型、设置求解参数、定义约束、利用循环语句加载、设置求解器求解等步骤。

（3）后处理。利用后处理程序 POSTPREP，可得到相应的输出量，包括结点温度、温度梯度等。

1. 涂层磨削温度模型

由于磨削区砂轮、工件、磨削液、磨屑的相互作用，磨削区总的热流量 q_t 可以用下式表示[16~18]：

$$q_t = q_w + q_s + q_f + q_{ch} \tag{5-1}$$

其中，q_w 为传入工件的热流；q_s 为传入砂轮的热流；q_f 为磨削液带走的热流；q_{ch} 为磨屑带走的热流。

假设磨削过程中所有的能量消耗都转化为磨削区的磨削热，则有下式成立：

$$q_t = \frac{P}{l_c b} \tag{5-2}$$

$$P = F_\tau v_s \tag{5-3}$$

其中，P 为消耗的总能量；l_c 为砂轮与工件的接触弧长；b 为砂轮宽度；F_τ 为切向磨削力；v_s 为砂轮线速度。引起工件温度上升的热流 q_w 可以表示为

$$q_w = \frac{\varepsilon P}{l_c b} \tag{5-4}$$

其中，ε 为传入工件的热流量占总热流量的比例。

对磨削温度进行有限元仿真有如下假设：磨削过程是许多磨粒随机切削的过程，许多随机磨削点热源的集合可近似看作是一个连续分布的面热源。由于磨削深度很小，假设它是一个持续发热的均匀而恒定的面热源，其单位时间单位面积的发热量为 q_w。

工件与砂轮间的接触长度为几何接触弧长，该长度为面热源的宽度，且由下式计算：

$$l_c = \sqrt{a_p d_s} \tag{5-5}$$

其中，a_p 为磨削深度；d_s 为砂轮直径。

假设所有的能源消耗都转换为砂轮和被磨工件接触区的热量,热流密度可由下式计算:

$$q_{\mathrm{t}} = \frac{F_{\tau} v_{\mathrm{s}}}{b l_{\mathrm{c}}} \tag{5-6}$$

假设磨削过程中砂轮没有磨损,热源以工作台速度 v_{w} 向前移动。

2. 单元类型选择

在 ANSYS 软件中,热分析涉及的单元约有 40 种,其中纯粹用于热分析的有 14 种,包括线性单元(LINK32、LINK33、LINK34、LINK31)、二维实体单元(PLANE55、PLANE77、PLANE35、PLANE75、PLANE78)、三维实体单元(SOLID70、SOLID90、SOLID87、SOLID57)、壳单元(SHELL57)、点单元(MASS71)。

八节点六面体单元 SOLID70 具有三个方向的热传导能力,每个单元有 8 个节点,每个节点具有一个自由度即温度,可用于三维稳态瞬态传热分析。本试验应用此单元进行传热计算,则温度可表示为

$$T = \sum_{i=1}^{n_e} N_i T_i = N T^e \tag{5-7}$$

其中,n_e 为每个单元的节点数;N 为单元形函数矩阵;T^e 为结点温度矩阵。

对于八节点六面体单元,其形函数为

$$
\begin{aligned}
N = \frac{1}{8} \big[& (1-\zeta)(1-\eta)(1-\xi) + (1-\zeta)(1-\eta)(1+\xi) \\
& + (1-\zeta)(1+\eta)(1+\xi) + (1-\zeta)(1+\eta)(1-\xi) \\
& + (1+\zeta)(1-\eta)(1-\xi) + (1+\zeta)(1-\eta)(1+\xi) \\
& + (1+\zeta)(1+\eta)(1+\xi) + (1+\zeta)(1+\eta)(1-\xi) \big]
\end{aligned} \tag{5-8}
$$

其中,ξ、η、ζ 为自然坐标系中节点坐标值。

3. 几何模型建立和网格划分

由于整个工件的表面和基体材料特性差别很大,且每一个工件的涂层厚度各不相同,在对磨削区域进行几何建模时,先分别对 WC 涂层和 45# 钢基体进行建模,再分别对两种材料赋予不同的参数,最后用体黏结命令将其黏合成一个整体。

对于磨削温度仿真分析,网格划分是其中非常关键的一个步骤,网格划分的好坏直接影响到解算的精度和速度。一般来讲,随着网格数量的增加,仿真结果计算

精度将有所提高,但同时计算规模也会增加,导致仿真运算时间大大增加。因此,在磨削温度场的仿真中,对几何模型进行网格划分时,需要对精度与计算量这两方面的问题进行详细的考虑。在本试验涉及的涂层材料磨削温度仿真中,首先工件表层是一个随热源移动快速升温、迅速降温的区域,此区域存在很大的温度梯度,如果划分的单元过大,计算结果将产生较大的误差,甚至计算中会在一个单元内部出现温度不连续的情况,这是不允许发生的现象;其次涂层材料和基体材料的热性能参数相差较大,在涂层-基体结合面两侧温度分布存在很大的差异,温度梯度大,该区域又是本试验温度仿真中讨论的重点区域;再次为了节省计算时间,在建立几何模型时,应使用尽量少的单元和节点。综合考虑后,由于表面涂层材料直接用于

磨削过程,温度梯度变化很大,因此使其网格划分密度较大,以使得仿真精度能够有所保证。由于基体本身与工件的加工表面有一段距离,磨削热量对其影响相对较小,因此把工件基体的网格划分得略粗一些,以节省计算机资源,提高工作效率。但为了保证结合面温度分布的可靠性,基体网格采用了沿深度方向渐变的形式,即距结合面越近网格越密集。其前处理结果如图 5.48 所示。

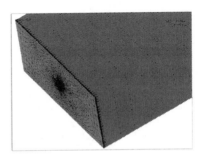

图 5.48　涂层网格划分结果

4. 移动载荷的加载

进入 ANSYS 求解模块定义分析类型、设置初始温度及载荷加载等。利用 *DO 循环语句将热流密度载荷施加于磨削工件表面。利用 APDL 编写的程序,依次读取所要加载表面的节点坐标,利用 ANSYS 数组和函数功能,定义相应节点位置的面载荷值,然后通过循环语句在节点上施加面载荷。具体做法如下:沿磨削方向将磨削划分成 N 段,每一段的长度为 L/N,利用坐标选择的方法,选择一个接触弧长内的所有节点,加载热流密度,经过 $L/N/v_w$ 的时间,删除上一刻的热流密度而选择下一个接触弧长内的所有节点加载热流密度,而且将上一次加载计算的温度值作为下一段加载的初始值。如此依次循环,即可模拟热源的移动,实现磨削区瞬态温度场的计算。

5. 磨削温度有限元分析结果

图 5.49 是砂轮线速度为 60m/s、工作台速度为 3.6m/s、磨削深度为 0.01mm 时的温度仿真结果。

图 5.50 是砂轮线速度为 160m/s、工作台速度为 3.6m/s、磨削深度为 0.02mm 时的温度仿真结果。

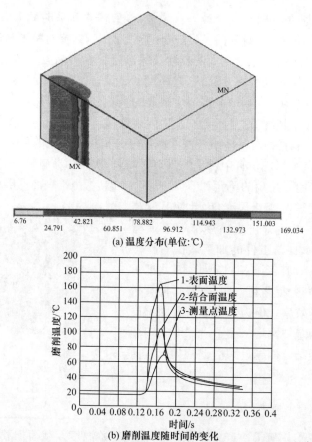

(a) 温度分布(单位:℃)

(b) 磨削温度随时间的变化

图 5.49　$v_s = 60\text{m/s}$、$v_w = 3.6\text{m/s}$、$a_p = 0.01\text{mm}$ 时的温度仿真结果

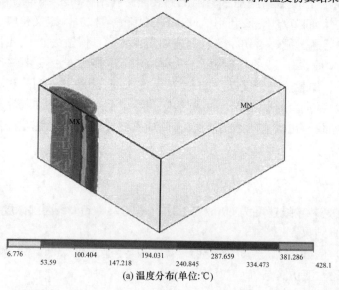

(a) 温度分布(单位:℃)

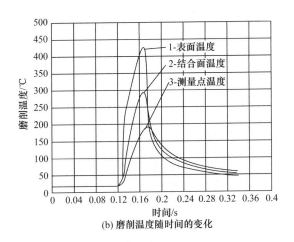

(b) 磨削温度随时间的变化

图 5.50　$v_s = 160 \mathrm{m/s}$、$v_w = 3.6 \mathrm{m/s}$、$a_p = 0.02 \mathrm{mm}$ 时的温度仿真结果

通过 ANSYS 仿真，8 组不同磨削参数条件下测量点温度的结果如表 5.29 和图 5.51 所示。

由表 5.29 和图 5.51 对比发现，实际测量结果与仿真结果能很好地吻合，二者误差的平均值为 6.64%，这也证明采用有限元仿真预测磨削温度和涂层-基体结合面温度的方法是可行的。

表 5.29　测量点仿真温度

序号	砂轮线速度 $v_s/(\mathrm{m/s})$	工作台速度 $v_w/(\mathrm{m/min})$	磨削深度 a_p/mm	磨削温度 $T/℃$	测量点仿真温度 $T_1/℃$	误差 /%
1	60	3.6	0.01	62	71	14.52
2	120	3.6	0.01	110	114	3.64
3	160	3.6	0.01	80	96	20
4	160	3.6	0.005	90	102	13.33
5	160	3.6	0.02	201	189	5.97
6	160	3.6	0.03	340	320	5.88
7	160	1.2	0.01	150	155	3.33
8	160	4.8	0.01	118	130	10.17

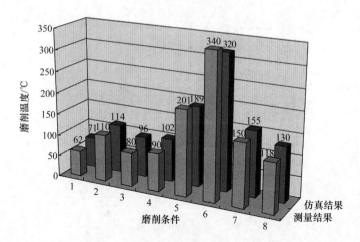

图 5.51　磨削温度测量结果和仿真结果

5.5.5　磨削条件对磨削温度的影响

为了研究不同加工参数对磨削表面和涂层-基体结合面磨削温度的影响,试验中选择了如表 5.29 所示的几组磨削参数进行温度仿真,有限元模型的尺寸为 20mm×10mm×20.2mm,其中 20.2mm 为基体厚度 20mm 加涂层厚度 0.2mm,10mm 为砂轮宽度,20mm 为工件宽度即热源移动距离。

利用有限元仿真的方法,可以得出如图 5.52 和图 5.53 所示不同磨削参数条件下涂层表面和涂层-基体结合面的温度。

如图 5.52 所示,磨削温度随着磨削深度的增加而增大,有以下两方面的原因:

一是因为磨削深度增大,法向磨削力也随之增大,所以磨削过程中消耗的能量增大,转化为热能的能量也随之增大。

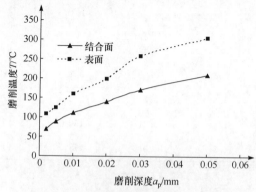

图 5.52　磨削温度随磨削深度的变化

$(v_s = 160\text{m/s}, v_w = 3.6\text{m/min})$

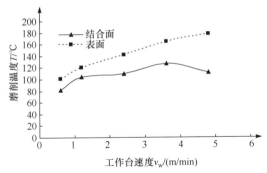

图 5.53　磨削温度随工作台速度的变化

($v_s = 160\text{m/s}, a_p = 0.01\text{mm}$)

二是因为磨削深度增大,使砂轮与工件的接触弧长变大,砂轮与工件之间的滑擦作用增大,引起磨削温度增大。

图 5.53 为砂轮线速度和磨削深度不变的情况下,涂层-基体结合面及磨削表面平均温度随工作台速度变化的趋势。可以看出,工作台速度越快,磨削温度越高。这是因为工作台速度加快,未变形切屑厚度加大,磨削同样深度所耗费的能量就越多,所以产生的热量越大。而进一步提高工作台速度后,基体-涂层结合面磨削温度有下降的趋势。这主要是因为提高工作台速度之后,磨削温度在工件上停留的时间变短,热源快速通过磨削工件表面,降低了工件表面热渗透深度;同时大量的磨削热可被磨屑和磨削液带走,使工件表面温度降低,从而减低了磨削温度。

5.5.6　磨削温度与残余应力的影响

1. 残余应力的测量

本试验中残余应力的测量采用 X 射线衍射法。使用德国 Siemens D5000 型 X 射线衍射仪,如图 5.54 所示。该仪器的重复精度达到 $0.001°$,测量时使用铜靶 Cu-Kα 射器,X 射线入射波长为 1.54056nm。衍射晶面为 WC101 晶面,通过查阅 PDF 卡可知,无应力衍射角 $2\theta_0 = 48.266°$,测量垂直于磨削方向的 $2\theta_i$,试验时所选取的峰位 φ_i 分别为 $0°、10°、15°、20°$。取 WC 物相的弹性模量为 $E = 53.44\text{GPa}$、泊松比为 0.22,并将各

图 5.54　X 射线衍射仪

峰位 φ_i 衍射峰值谱导入软件 MDI Jade 6，经计算即可得出材料表面的残余应力。

2. 磨削温度检测结果

磨削涂层材料为 HVOF WC-17Co，其元素含量见表 5.30 和图 5.55。

表 5.30　涂层材料元素及含量

元素	质量分数/%	原子分数/%
C	13.76	68.76
Co	4.45	4.54
W	81.79	26.70

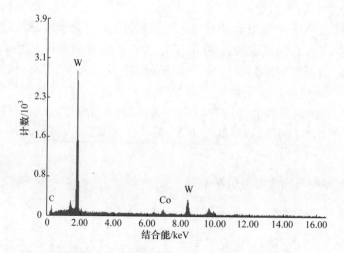

图 5.55　已磨削涂层表面材料元素成分分析

采用三片砂轮磨削 HVOF WC-17Co 材料时，磨削温度随砂轮线速度的变化如图 5.56 所示。由图可见：

涂层表面材料元素成分中不包含 O 元素，即涂层表面材料在 800℃以上的高温作用下未发生氧化现象。

磨削温度均随砂轮线速度的提高而上升，这是因为随着砂轮线速度的升高，工件与砂轮的相互作用频率增加，比磨削能增加，磨削区所产生的总热量增加，在其他条件不变的情况下磨削温度也相应增加。

相同磨削工艺条件下，不同砂轮的磨削温度存在差异：砂轮 I 的湿磨温度较低，仅 100℃左右，砂轮 I 的干磨温度比湿磨温度高，并且随着砂轮线速度的提高，

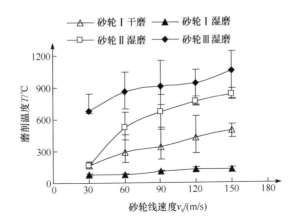

图 5.56　磨削温度随砂轮线速度的变化

($v_w = 2.5\text{m/min}, a_p = 0.02\text{mm}$)

干磨温度呈直线增长。由于砂轮 I 磨粒尺寸较大,并且结合剂为陶瓷,所以容屑空间较大,磨削液比较容易进入磨削区,所以磨削温度较低。砂轮 II 的磨削温度随着砂轮线速度的变化呈大幅增长的趋势,高速/超高速磨削时磨削温度超过了 700℃。在同等磨削参数条件下,砂轮 III 的磨削温度最高,在 700～1200℃,这主要是因为砂轮 III 磨削时磨粒钝化甚至脱落,磨粒切削性能变差,接触区摩擦加剧,磨削区温度较高。WC-17Co 涂层材料的磨屑近似粉末状,极易堵塞砂轮,磨削加工难度较大,比磨削能非常高。这一方面使砂轮处于较差的切削状态,磨削区内产生的总热量增加;另一方面使磨削区内热交换条件变差,尤其是在砂轮线速度较高时,甚至可能出现磨削液"薄膜沸腾"现象而产生干磨。二者的综合作用使磨削温度急剧升高。

3. 残余应力检测结果

使用软件 MDI Jade 6 将峰位 φ_i 与 $\sin^2\psi$ 用最小二乘法拟合,得到斜率 M,再由胡克定律乘以应力常数 K 即可得到残余应力 σ_ψ。未磨削的涂层表面残余应力检测值如图 5.57 所示。可以看出,斜率 M 为负值,即残余应力状态为压应力,残余应力 $\sigma_\psi = -671\text{MPa}$。砂轮 II 超高速磨削后的涂层表面残余应力检测值如图 5.58 所示。可以看出,斜率 M 为正值,即残余应力状态为拉应力,残余应力 $\sigma_\psi = 499\text{MPa}$。

鉴于砂轮 II 所磨涂层磨削温度变化幅度较大、表面粗糙度较低、表面/亚表面损伤层较浅,选取砂轮 II 磨削的涂层作为残余应力检测对象,可以直观地对比不同工艺参数条件下,表面完整性较好的涂层表面残余应力的状态。未磨削的涂层表

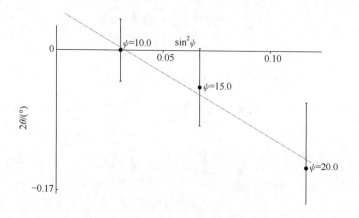

图 5.57　未磨削的涂层表面残余应力

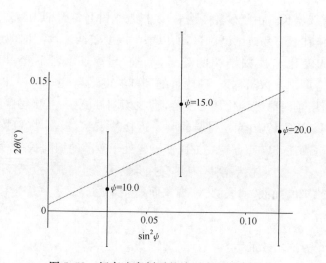

图 5.58　超高速磨削后的涂层表面残余应力

面和不同线速度条件下砂轮 Ⅱ 所磨涂层表面的残余应力如表 5.31 所示。由表可见,未磨削和低速磨削涂层表面残余应力为压应力,而高速/超高速磨削涂层表面残余应力转变为拉应力,并且拉应力的大小基本上随着砂轮线速度的提高而增加。根据残余应力的产生机理,磨削力、磨削温度和材料相变都有可能使残余应力状态发生改变。一方面,HVOF WC-17Co 涂层物质组成和物理性能接近硬质合金,耐高温能力较强、热稳定性良好,难以在磨削力和磨削热作用下产生相变;另一方面,磨削力引起的机械应力更趋向于产生残余压应力,因此磨削热最有可能是涂层表面残余应力变化的主要诱因。

表 5.31　砂轮 Ⅱ 所磨涂层表面残余应力

砂轮线速度 v_s/(m/s)	磨削深度 a_p/mm	工作台速度 v_w/(m/min)	残余应力 σ_ϕ/MPa
未磨削			−671
30	0.02	2.5	−595
60	0.02	2.5	327
90	0.02	2.5	584
150	0.02	2.5	499

图 5.59 为砂轮 Ⅱ 所磨涂层表面残余应力与磨削温度的关系。由图可见,磨削温度对涂层表面残余应力状态具有显著的影响作用。随着磨削温度的升高,表面残余应力由起初的压应力逐渐转化为拉应力状态,并在磨削温度为 700℃ 左右时达到最大值,其后略有下降,但仍保持拉应力。这是因为涂层表面残余应力状态是由其初始应力状态和机加工效应叠加而成的。磨削时,磨粒作用范围的涂层表面瞬态温度可达上千摄氏度,涂层材料产生较大的热膨胀,而此时基体的热膨胀却相对有限,两者间产生不均匀的热变形;同时,由于磨削液的作用,试件迅速冷却,涂层与基体的热变形向相反方向进行,不均匀性进一步加强,这种交变热冲击就产生了残余拉应力。磨削热引起的热塑性变形和瓷相的变化是产生陶瓷材料磨削表面残余应力的主要影响因素,即交变热冲击要远大于机械应力的作用,因此磨削加工所带来的效应以产生残余拉应力为主。在较低的磨削温度时,交变热冲击的作用相对较弱,随之产生的拉应力较小,与初始残余压应力相叠加,涂层表面残余应力呈现出压应力状态;而当磨削温度较高时,产生的拉应力较大,经叠加后,呈现出拉应力状态。WC 在一定条件下会产生塑性变形,主要表现形式为晶格畸变。当 WC 所受拉应力超过一定值时,晶格可能产生破碎或裂纹,同时涂层材料出现应力释放现象,所以在磨削温度超过 700℃ 后,残余拉应力有所下降。

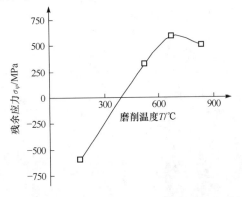

图 5.59　砂轮 Ⅱ 所磨涂层表面残余应力随磨削温度的变化

5.6　表面和亚表面特征分析

对涂层表面和亚表面特征分析包括涂层表面三维形貌与亚表面损伤分析两部分。

表面粗糙度是表面微观形貌二维评价指标，R_a反映了被测表面的光滑程度，但无法描述涂层表面耕犁条纹的分布状态和裂纹、烧伤、剥落等细微缺陷。即使表面粗糙度相同，材料的疲劳性能也存在较大差异，因此表面三维形貌能更清晰地体现出涂层的表面缺陷，同时，观察涂层表面形貌有助于分析材料去除机理。

WC涂层的高硬度和耐磨性使得其加工比一般材料要困难得多，材料在磨削过程中大多会产生亚表面损伤，损伤的形式主要有：亚表面裂纹、表面微破碎、材料粉末化、气孔坍塌等。亚表面损伤的产生会对工件的使用性能产生较大的影响，如能显著降低涂层工件的断裂强度、疲劳强度，影响零件的使用寿命、长期稳定性。

表面和亚表面特征分析材料为 HVOF WC-17Co 涂层。

5.6.1　涂层表面三维形貌分析

1. 三维形貌检测

涂层表面三维形貌检测采用了光学显微镜法和扫描电子显微镜相结合的检测方法。光学显微镜放大倍数小、操作简便、视野较广，适用于表面宏观缺陷（裂纹、剥落）的观察，试验中使用的光学显微镜为日本基恩士公司的超景深三维显微系统（VHX-1000），如图 5.60 所示。该设备放大倍数为 20～5000，其纵向测量范围为 $60～100\mu m$。试验中使用的扫描电子显微镜为 FEI 公司生产的型号为 Quanta 200 的扫描电镜，如图 5.61 所示。扫描电子显微镜检测具有图像分辨率高、放大倍数范围大、景深大等优点，并且可以进行物相分析。

图 5.60　超景深三维显微系统

图 5.61　Quanta 200 扫描电镜

2. 磨削参数对表面微观形貌的影响

1) 砂轮线速度对表面微观形貌的影响

图 5.62 为采用砂轮 Ⅱ 以不同砂轮线速度磨削的涂层表面 SEM 照片。由图 5.62(a)可见,当 $v_s=30m/s$ 时,涂层材料磨削表面主要由大片的崩碎区 1、气孔 2 和微观裂纹 3 构成,几乎未发现耕犁现象,表明此时涂层材料主要以脆性断裂的方式去除。由图 5.62(b)可见,当 $v_s=90m/s$ 时,涂层材料所磨表面已出现明显的耕犁区 4。当然,其上仍存在着崩碎区、微观裂纹和气孔等,表明涂层材料的去除已由脆性断裂为主逐渐向延性域去除转化。而由图 5.62(c)可见,当 $v_s=150m/s$ 时,涂层材料除了上述的耕犁纹路更细腻、延性域去除趋势更强以外,还出现了大片的涂覆区 5,这是由支离破碎的 WC 晶粒与黏结相 Co 在磨削高温和载荷的双重作用下产生变形和重铸而形成的。

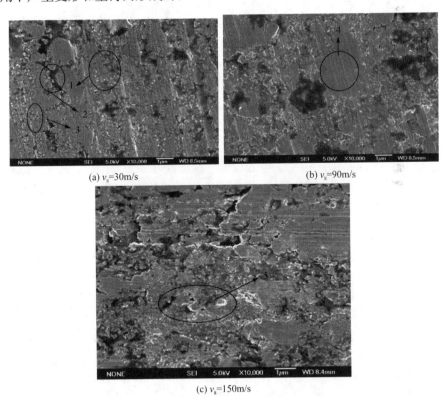

(a) $v_s=30m/s$ (b) $v_s=90m/s$

(c) $v_s=150m/s$

图 5.62 砂轮 Ⅱ 磨削涂层表面 SEM 照片

($v_w=2.5m/min, a_p=0.02mm$)

图 5.63 为采用砂轮 Ⅰ 以不同砂轮线速度磨削的涂层表面 SEM 照片。由图

可以看出,当 $v_s=60\mathrm{m/s}$ 时,涂层材料磨削表面主要由大片的崩碎区组成,未见明显的耕犁痕迹;当砂轮线速度升高到 $120\mathrm{m/s}$ 时,磨削表面出现了清晰的耕犁条痕,每条耕犁条痕两边都散布着条状的崩碎区,同时磨削表面还分布着一大片涂覆区。可见,当砂轮线速度较低时,涂层材料绝大部分是脆性去除,提高砂轮线速度,材料延性去除比例有所提高,但所占比例仍然较少。

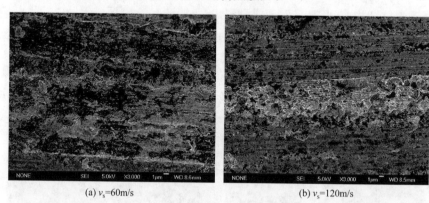

(a) $v_s=60\mathrm{m/s}$　　　　　　　　　　　(b) $v_s=120\mathrm{m/s}$

图 5.63　砂轮 I 磨削表面 SEM 照片

$(v_w=2.5\mathrm{m/min},a_p=0.02\mathrm{mm})$

图 5.64 为采用砂轮 III 以不同砂轮线速度磨削的涂层表面 SEM 照片。由图可以看出,砂轮 III 所磨涂层表面形貌与砂轮 I、II 的差异明显,砂轮 III 所磨涂层表面相对光滑,未见明显的崩碎区域,也未见较深的耕犁条痕,主要由成片的涂覆区构成。破碎的晶粒在磨削热和磨削力的作用下,组成较厚的破碎层和变形层,并在砂轮反复摩擦和挤压下形成相对光滑的涂覆区,重塑了磨削表面。

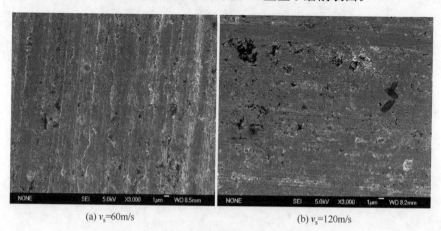

(a) $v_s=60\mathrm{m/s}$　　　　　　　　　　　(b) $v_s=120\mathrm{m/s}$

图 5.64　砂轮 III 磨削涂层表面 SEM 照片

$(v_w=2.5\mathrm{m/min},a_p=0.02\mathrm{mm})$

2) 工作台速度对表面微观形貌的影响

图 5.65 和图 5.66 为分别为采用砂轮 Ⅱ 和 Ⅰ 以不同工作台速度磨削的涂层表面 SEM 照片。由图 5.65 可以看出,砂轮 Ⅱ 所磨涂层表面存在明显的大面积的耕犁区,同时有一部分崩碎区和气孔;当工作台速度从 1m/min 提高到 5m/min 时,磨削表面微观形貌未发生明显变化。由图 5.66 可以看出,砂轮 Ⅰ 所磨涂层表面由脆性断裂形成的崩碎区、塑性去除形成的耕犁区以及涂层材料本征气孔组成;当工作台速度从 1m/min 提高到 9m/min,耕犁条痕两旁堆积的崩碎晶粒有所增加。

(a) v_w=1m/min　　　　　　(b) v_w=5m/min

图 5.65　砂轮 Ⅱ 磨削涂层表面 SEM 照片

(v_s=90m/s,a_p=0.015mm)

(a) v_w=1m/min　　　　　　(b) v_w=9m/min

图 5.66　砂轮 Ⅰ 磨削涂层表面 SEM 照片

(v_s=90m/s,a_p=0.015mm)

3）磨削深度对表面微观形貌的影响

图 5.67 为采用砂轮 I 以不同磨削深度磨削的涂层表面 SEM 照片。由图可以看出，磨削表面由塑性耕犁区、脆性断裂区和气孔、裂纹等缺陷组成，磨削表面微观形貌并未随磨削深度的增大而发生明显变化。

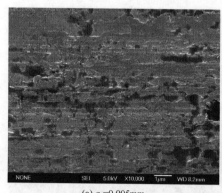

　　　(a) a_p=0.005mm　　　　　　　　　　　(b) a_p=0.025mm

图 5.67　砂轮 I 磨削涂层表面 SEM 照片
(v_s=60m/s, v_w=1.5m/min)

5.6.2　涂层表面/亚表面损伤

1. 表面/亚表面损伤检测

对涂层表面/亚表面损伤层深度的检测采用表面显微法和破坏性的截面显微法。表面显微法即采用显微镜直接观察试件表面。截面显微法检测试样的制作过程如图 5.46 所示。首先将磨削后的试件垂直涂层表面分割成若干份，接着使用镶嵌机将其镶嵌到电木或树脂材料中，然后使用抛光机对截面进行抛光，最后采用 VHX-1000 超景深三维显微镜对抛光后的试件截面进行观察，并测量出亚表面损伤层深度。

2. 涂层截面显微观测

图 5.68 为采用砂轮 I 以不同砂轮线速度磨削涂层的截面显微照片。由图可以看出，磨削表面有一层由破碎的 WC 晶粒和黏结相 Co 重铸而成的损伤层，损伤层厚度随砂轮线速度不同而存在差异。损伤层的形态也略有差异：有的由支离破碎的晶粒完整地覆盖在整个磨削表面上，有的只是部分覆盖；有的破碎层中间形成了凹坑，有的形成了孔洞；有的磨削表面只是微破碎，有的却是崩碎状；有的破碎晶粒体积较大，有的却成了粉末状。涂层表面的轮廓线跌宕起伏，可见，涂层表面粗糙度较大。

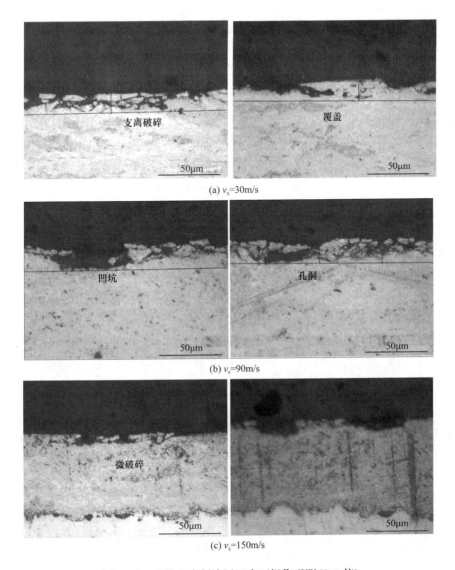

(a) v_s=30m/s

(b) v_s=90m/s

(c) v_s=150m/s

图 5.68　砂轮 I 磨削涂层亚表面损伤观测(200 倍)

(v_w=2.5m/min, a_p=0.02mm)

　　图 5.69 为采用砂轮 II 以不同砂轮线速度磨削涂层的截面显微照片。由图可以看出,涂层亚表面损伤形式与砂轮 I 磨削有所不同,砂轮 I 的磨削损伤主要是材料破碎,而砂轮 II 的主要是裂纹,一些裂纹从表面扩展到亚表面,有的则延伸到气孔中,有的裂纹单刀直入,有的裂纹却纵横交错。涂层表面的轮廓线比较平直,可见,涂层表面粗糙度较小。

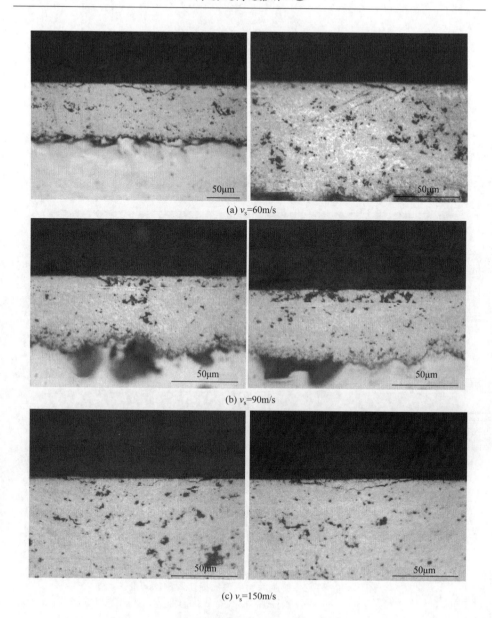

(a) v_s=60m/s

(b) v_s=90m/s

(c) v_s=150m/s

图 5.69　砂轮Ⅱ磨削涂层亚表面损伤观测(200 倍)

(v_w=2.5m/min，a_p=0.02mm)

　　图 5.70 为采用砂轮Ⅲ以不同砂轮线速度磨削涂层的截面显微照片。由图可以看出,砂轮Ⅲ低速磨削时的损伤主要是裂纹,而高速/超高速磨削时的损伤主要是材料破碎,有些表面破碎成大小不一的碎块,有些表面则由体积较大的碎块堆积和重铸形成较厚的涂覆层。

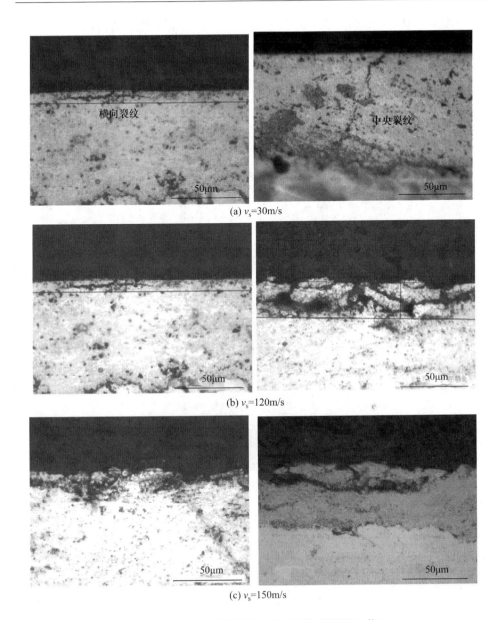

图 5.70　砂轮Ⅲ所磨涂层亚表面损伤观测（200 倍）

$(v_w=2.5\text{m/min}, a_p=0.02\text{mm})$

3. 涂层表面显微观测

图 5.71 为采用三片砂轮高速磨削涂层表面的超景深显微照片。由图可以看出，砂轮Ⅰ、Ⅱ所磨涂层表面纹理清晰，偶见几处气孔，未观测到裂纹和划痕等损

伤;砂轮Ⅲ所磨涂层表面出现了两处划痕。砂轮Ⅰ、Ⅱ在其他磨削参数条件下所磨涂层表面均未检测到划痕,而砂轮Ⅲ在线速度超过 90m/s 时均检测到此类划痕。经超景深显微系统测量,划痕宽度约 40μm,深度约 3μm。鉴于 240♯砂轮磨粒尺寸在 50~63μm,划痕的产生应该是由于磨削区在磨削高温和磨削力作用下发生磨粒脱落,磨粒受砂轮挤压在涂层表面滑擦产生划痕。砂轮Ⅲ高速/超高速磨削时磨粒脱落是磨削力异常和表面出现划痕的共同原因。

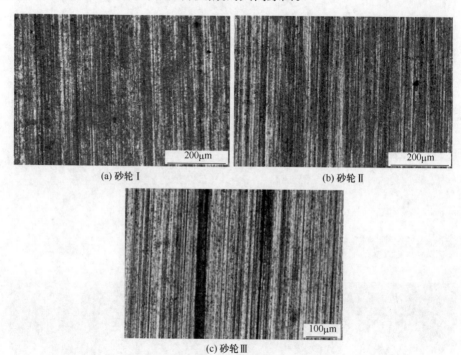

(a) 砂轮Ⅰ　　　　　　　　　　　(b) 砂轮Ⅱ

(c) 砂轮Ⅲ

图 5.71　磨削表面损伤

$(v_s=120\text{m/min}, v_w=2.5\text{m/min}, a_p=0.02\text{mm})$

4. 最大未变形切屑厚度与亚表面损伤层深度的关系

涂层表面/亚表面磨削损伤是由涂层材料与磨粒之间相互作用产生的应力所致。由于该涂层材料含有硬质相 WC、黏结相 Co 和气相,该涂层材料的类型属于陶瓷材料。在陶瓷材料的磨削方面,许多研究者使用了"压痕断裂力学"模型来近似处理[13,19]。根据该模型,只要磨粒上的载荷超过临界值,材料就会产生裂纹,并以脆性断裂的方式去除。单颗磨粒所受载荷取决于磨削用量、磨粒和砂轮几何形状、有效磨粒密度等,而这些因素也决定了最大未变形切屑厚度 $h_{\max}$。张璧[20] 等提出了一种基于 $h_{\max}$ 的预测陶瓷磨削亚表面损伤的分析模型,损伤深度 δ 的计算公式如下：

$$\delta=(\psi_1 h_{\max})^\psi \tag{5-9}$$

其中，ψ_1 和 ψ 是由材料性能和磨削参数决定的。最大未变形切屑厚度 $h_{\max}$ 的表达式见式(1-2)。单位面积有效磨粒数 C 的测量根据文献[21]的测量方法，通过观测和统计砂轮表面单位面积上静态磨粒数量 C_j，然后乘以有效磨粒系数 j，得到单位面积有效磨粒数 C。砂轮表面静态磨粒数量统计是采用超景深三维显微镜在砂轮表面任取 10 个半径一定的圆形区域，如图 5.72 所示，统计磨粒数量的平均值，然后计算出单位面积内的磨粒数。有效磨粒系数 j 取 50%，计算出砂轮Ⅰ、Ⅱ、Ⅲ的单位面积有效磨粒数分别为 $C_{\rm I}=30.8$ 个/mm²、$C_{\rm II}=65.5$ 个/mm²、$C_{\rm III}=23.7$ 个/mm²。得出最大未变形切屑厚度与观测的亚表面损伤层深度之间的关系如图 5.73 所示。

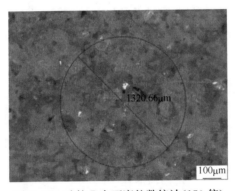

图 5.72　砂轮Ⅰ表面磨粒数统计(150 倍)

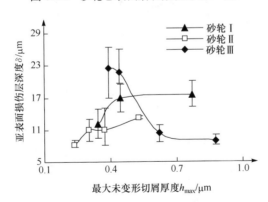

图 5.73　最大未变形切屑厚度与亚表面损伤层深度的关系

由图 5.73 可见，随着最大未变形切屑厚度的增大，砂轮Ⅰ、Ⅱ的损伤层深度逐渐增大，符合式(5-9)所描述的正比关系，而砂轮Ⅲ损伤层深度却逐渐减小，原因是砂轮Ⅲ磨削速度提高后虽然最大未变形切屑厚度减小，但法向磨削力异常增大，过大的法向磨削力加剧了涂层表面/亚表面损伤。

5. 总结

研究结果表明:

(1) HVOF WC-17Co 涂层材料的去除方式是脆性去除与塑性去除并存,且脆性去除占主导地位;提高砂轮线速度,涂层表面延性域去除迹象增多,而提高工作台速度和增大磨削深度,涂层表面形貌未出现明显变化。

(2) 涂层表面/亚表面损伤形式以表面划痕、表层材料破碎和表面/亚表面裂纹为主。砂轮Ⅰ所磨涂层表面/亚表面损伤主要表现为表层材料破碎;砂轮Ⅱ所磨涂层表面/亚表面损伤主要表现为表面/亚表面裂纹;砂轮Ⅲ低速磨削涂层表面/亚表面损伤以表面/亚表面裂纹为主,而高速/超高速磨削时损伤以表层材料破碎和表面划痕为主;随着最大未变形切屑厚度增加,砂轮Ⅰ、Ⅱ所磨涂层亚表面损伤层深度增加,而砂轮Ⅲ却减小。

5.7　模拟件工艺优化

在上述材料试验的基础上,综合以上材料的平面磨削试验,利用对材料试件平面磨削后优化得到的工艺参数,在外圆磨床上对模拟件进行磨削工艺试验;研究外圆纵向磨削参数(包括砂轮线速度、磨削深度、工件每转进给量、头架转速)对加工质量的影响,寻求优化的加工效率与质量。

5.7.1　工艺优化与方案设计

试验研究对象为 HVOF 硬质合金 WC-10Co-4Cr 涂层外圆模拟件。对材料平面磨削试验的结果进行优化后,选择试验参数如表 5.32 所示。

表 5.32　外圆模拟件试验方案

试验序号	磨削参数			
	砂轮线速度/(m/s)	磨削深度/mm	工件每转进给量/mm	头架转速/(r/min)
A1	30	0.002	0.4	100
A2	30	0.005	0.8	150
A3	30	0.01	1.2	200
A4	30	0.015	1.6	250
A5	30	0.02	2	275
A6	60	0.002	0.8	200

试验序号	磨削参数			
	砂轮线速度/(m/s)	磨削深度/mm	工件每转进给量/mm	头架转速/(r/min)
A7	60	0.005	1.2	250
A8	60	0.01	1.6	275
A9	60	0.015	2	100
A10	60	0.02	0.4	150
A11	90	0.002	1.2	275
A12	90	0.005	1.6	100
A13	90	0.01	2	150
A14	90	0.015	0.4	200
A15	90	0.02	0.8	250
A16	120	0.002	1.6	150
A17	120	0.005	2	200
A18	120	0.01	0.4	250
A19	120	0.015	0.8	275
A20	120	0.02	1.2	100
A21	150	0.002	2	250
A22	150	0.005	0.4	275
A23	150	0.01	0.8	100
A24	150	0.015	1.2	150
A25	150	0.02	1.6	200

金刚石砂轮分别采用五种不同磨粒粒度、不同结合剂、不同厂家生产的砂轮，具体参数如表 5.33 所示。

表 5.33　外圆模拟件磨削砂轮参数

磨料	粒度（#）	埋入率	磨料层厚度/mm	结合剂类型	砂轮直径/mm	砂轮宽度/mm	最高线速度/(m/s)	供应商
金刚石	400	2/3~4/5	10	树脂	400	15	160	三磨所
金刚石	400	2/3~4/5	10	陶瓷	400	15	160	三磨所
金刚石	240	2/3~4/5	10	树脂	400	15	160	鑫轮
金刚石	400	2/3~4/5	10	树脂	400	15	160	鑫轮
金刚石	400	2/3~4/5	10	树脂	400	15	160	泰利莱

对每一片砂轮均进行四因素五水平正交试验,选取的因素水平如表 5.34 所示。

表 5.34　砂轮正交试验表

水平	因素			
	砂轮线速度/(m/s)	磨削深度/mm	工件每转进给量/mm	头架转速/(r/min)
1	30	0.002	0.4	100
2	60	0.005	0.8	150
3	90	0.01	1.2	200
4	120	0.015	1.6	250
5	150	0.02	2	275

金刚石砂轮用 SUS304 不锈钢材料修整法整形,用油石进行修锐,参数如表 5.35 所示。

表 5.35　软钢修整参数

名称	修整参数
修整材料	SUS304 不锈钢 $\phi30\text{mm}\times200\text{mm}$
砂轮线速度/(m/s)	30
头架转速/(r/min)	100
纵向进给速度/(mm/min)	200
进给量/μm	2
总进给量/mm	0.2

5.7.2　试验结果

1. 表面粗糙度试验结果

砂轮 A 在不同磨削参数下得到的表面粗糙度结果如表 5.36 所示。

表 5.36　模拟件表面粗糙度结果 1

试验砂轮 A:上海鑫轮 400# 树脂结合剂金刚石砂轮					
试验序号	磨削参数				试验结果
	砂轮线速度/(m/s)	磨削深度/mm	工件每转进给量/mm	头架转速/(r/min)	表面粗糙度/μm
A1	30	0.002	0.4	100	0.448
A2	30	0.005	0.8	150	0.265
A3	30	0.01	1.2	200	0.310
A4	30	0.015	1.6	250	0.696

续表

试验砂轮 A:上海鑫轮 400# 树脂结合剂金刚石砂轮				
试验序号	磨削参数			试验结果
	砂轮线速度/(m/s)	磨削深度/mm	工件每转进给量/mm	头架转速/(r/min)	表面粗糙度/μm
A5	30	0.02	2	275	0.430
A6	60	0.002	0.8	200	0.222
A7	60	0.005	1.2	250	0.237
A8	60	0.01	1.6	275	0.272
A9	60	0.015	2	100	0.233
A10	60	0.02	0.4	150	0.163
A11	90	0.002	1.2	275	0.227
A12	90	0.005	1.6	100	0.212
A13	90	0.01	2	150	0.217
A14	90	0.015	0.4	200	0.157
A15	90	0.02	0.8	250	0.220
A16	120	0.002	1.6	150	0.172
A17	120	0.005	2	200	0.210
A18	120	0.01	0.4	250	0.146
A19	120	0.015	0.8	275	0.155
A20	120	0.02	1.2	100	0.115
A21	150	0.002	2	250	0.213
A22	150	0.005	0.4	275	0.142
A23	150	0.01	0.8	100	0.087
A24	150	0.015	1.2	150	0.129
A25	150	0.02	1.6	200	0.151

　　从表 5.37 中的极差分析结果可以看出,砂轮线速度对表面粗糙度的影响最大,其次为头架转速和工件每转进给量,磨削深度对表面粗糙度的影响最小。

表 5.37　砂轮 A 极差分析结果(单位:μm)

因素	砂轮线速度	磨削深度	工件每转进给量	头架转速
均值 1	0.430	0.256	0.211	0.219
均值 2	0.225	0.213	0.189	0.189
均值 3	0.207	0.206	0.204	0.210
均值 4	0.160	0.274	0.301	0.302
均值 5	0.144	0.216	0.261	0.245
极差	0.286	0.068	0.112	0.113

砂轮 B 在不同磨削参数下得到的表面粗糙度结果如表 5.38 所示。

表 5.38　模拟件表面粗糙度结果 2

试验砂轮 B:郑州三磨所 400♯树脂结合剂金刚石砂轮

试验序号	磨削参数				试验结果
	砂轮线速度/(m/s)	磨削深度/mm	工件每转进给量/mm	头架转速/(r/min)	表面粗糙度/μm
B1	30	0.002	0.4	100	0.141
B2	30	0.005	0.8	150	0.163
B3	30	0.01	1.2	200	0.211
B4	30	0.015	1.6	250	0.352
B5	30	0.02	2	275	0.325
B6	60	0.002	0.8	200	0.169
B7	60	0.005	1.2	250	0.200
B8	60	0.01	1.6	275	0.245
B9	60	0.015	2	100	0.394
B10	60	0.02	0.4	150	0.172
B11	90	0.002	1.2	275	0.174
B12	90	0.005	1.6	100	0.162
B13	90	0.01	2	150	0.234
B14	90	0.015	0.4	200	0.133
B15	90	0.02	0.8	250	0.160
B16	120	0.002	1.6	150	0.241
B17	120	0.005	2	200	0.247
B18	120	0.01	0.4	250	0.178
B19	120	0.015	0.8	275	0.206
B20	120	0.02	1.2	100	0.314
B21	150	0.002	2	250	0.222
B22	150	0.005	0.4	275	0.171
B23	150	0.01	0.8	100	0.109
B24	150	0.015	1.2	150	0.168
B25	150	0.02	1.6	200	0.163

从表 5.39 中的极差分析结果可以看出,工件每转进给量对表面粗糙度的影响最大,其次为砂轮线速度和磨削深度,头架转速对表面粗糙度的影响最小。

表 5.39 砂轮 B 极差分析结果(单位:μm)

因素	砂轮线速度	磨削深度	工件每转进给量	头架转速
均值 1	0.238	0.189	0.159	0.224
均值 2	0.236	0.189	0.161	0.196
均值 3	0.173	0.195	0.213	0.185
均值 4	0.237	0.251	0.233	0.222
均值 5	0.167	0.227	0.284	0.224
极差	0.071	0.062	0.125	0.039

砂轮 E 在不同磨削参数下得到的表面粗糙度结果如表 5.40 所示。

表 5.40 模拟件表面粗糙度结果 3

试验序号	磨削参数				试验结果
	砂轮线速度/(m/s)	磨削深度/mm	工件每转进给量/mm	头架转速/(r/min)	表面粗糙度/μm
E1	30	0.002	0.4	100	0.201
E2	30	0.005	0.8	150	0.239
E3	30	0.01	1.2	200	0.317
E4	30	0.015	1.6	250	0.412
E5	30	0.02	2	275	0.746
E6	60	0.002	0.8	200	0.323
E7	60	0.005	1.2	250	0.335
E8	60	0.01	1.6	275	0.392
E9	60	0.015	2	100	0.355
E10	60	0.02	0.4	150	0.231
E11	90	0.002	1.2	275	0.250
E12	90	0.005	1.6	100	0.235
E13	90	0.01	2	150	0.319
E14	90	0.015	0.4	200	0.195
E15	90	0.02	0.8	250	0.266
E16	120	0.002	1.6	150	0.336
E17	120	0.005	2	200	0.328
E18	120	0.01	0.4	250	0.217
E19	120	0.015	0.8	275	0.212
E20	120	0.02	1.2	100	0.208
E21	150	0.002	2	250	0.226
E22	150	0.005	0.4	275	0.146
E23	150	0.01	0.8	100	0.135
E24	150	0.015	1.2	150	0.181
E25	150	0.02	1.6	200	0.203

试验砂轮 E:泰利莱 400# 树脂结合剂金刚石砂轮

从表 5.41 中的极差分析结果可以看出,砂轮线速度对表面粗糙度的影响最大,其次为工件每转进给量和头架转速,磨削深度对表面粗糙度的影响最小。

表 5.41 砂轮 E 极差分析结果(单位:μm)

因素	砂轮线速度	磨削深度	工件每转进给量	头架转速
均值 1	0.383	0.267	0.198	0.227
均值 2	0.327	0.257	0.235	0.261
均值 3	0.253	0.276	0.258	0.273
均值 4	0.26	0.271	0.316	0.291
均值 5	0.0178	0.331	0.395	0.349
极差	0.205	0.074	0.197	0.122

2. 工艺参数优化与试验

根据正交试验结果,得出不同磨削参数条件下的表面粗糙度,如图 5.74 所示。

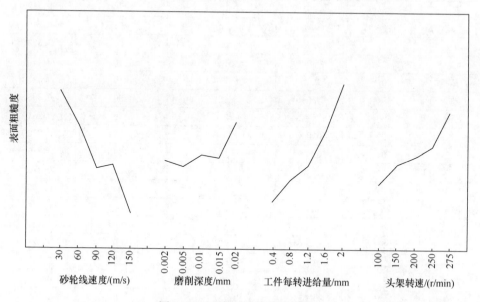

图 5.74 正交试验效应曲线图

为了综合研究外圆纵向磨削参数(包括砂轮线速度、磨削深度、工件每转进给量、头架转速)对加工质量的影响,设计了如表 5.42 所示的试验方案,磨削用砂轮为泰利莱 400♯树脂结合剂金刚石砂轮。

表 5.42　工艺参数规律试验方案

影响因素	砂轮线速度 /(m/s)	磨削深度 /mm	工件每转进给量 /mm	头架转速 /(r/min)	工作台速度 /(mm/s)	表面粗糙度 /μm
砂轮线速度	30	0.01	0.4	150	60	0.212
	60	0.01	0.4	150	60	0.187
	90	0.01	0.4	150	60	0.165
	120	0.01	0.4	150	60	0.143
	150	0.01	0.4	150	60	0.118
	30	0.005	1.2	150	180	0.309
	60	0.005	1.2	150	180	0.207
	90	0.005	1.2	150	180	0.191
	120	0.005	1.2	150	180	0.165
	150	0.005	1.2	150	180	0.154
磨削深度	60	0.002	0.8	150	120	0.157
	60	0.005	0.8	150	120	0.174
	60	0.01	0.8	150	120	0.186
	60	0.015	0.8	150	120	0.200
	60	0.02	0.8	150	120	0.211
	150	0.002	0.8	150	120	0.121
	150	0.005	0.8	150	120	0.133
	150	0.01	0.8	150	120	0.144
	150	0.015	0.8	150	120	0.147
	150	0.02	0.8	150	120	0.150
工件每转进给量	60	0.005	0.4	150	60	0.135
	60	0.005	0.8	150	120	0.144
	60	0.005	1.2	150	180	0.167
	60	0.005	1.6	150	240	0.174
	60	0.005	2	150	300	0.181
	150	0.01	0.4	150	60	0.125
	150	0.01	0.8	150	120	0.138
	150	0.01	1.2	150	180	0.149
	150	0.01	1.6	150	240	0.153
	150	0.01	2	150	300	0.162

影响因素	砂轮线速度 /(m/s)	磨削深度 /mm	工件每转进给量 /mm	头架转速 /(r/min)	工作台速度 /(mm/s)	表面粗糙度 /μm
头架转速	60	0.005	0.8	100	80	0.123
	60	0.005	0.8	150	120	0.161
	60	0.005	0.8	200	160	0.178
	60	0.005	0.8	250	200	0.191
	60	0.005	0.8	275	220	0.197
	150	0.01	0.8	100	80	0.115
	150	0.01	0.8	150	120	0.127
	150	0.01	0.8	200	160	0.134
	150	0.01	0.8	250	200	0.150
	150	0.01	0.8	275	220	0.160

根据表 5.42 测量结果,得到如图 5.75~图 5.78 的试验结果。

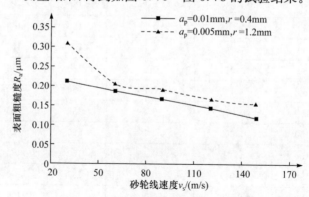

图 5.75　表面粗糙度随砂轮线速度的变化

($n=150\text{r/min}$)

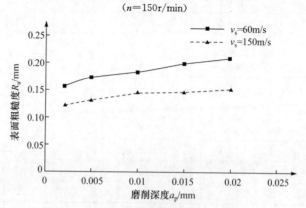

图 5.76　表面粗糙度随磨削深度的变化

($r=0.8\text{mm}, n=150\text{r/min}$)

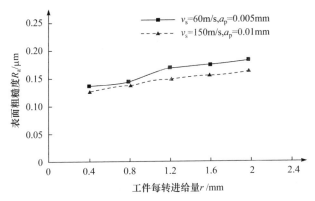

图 5.77　表面粗糙度随工件每转进给量的变化

($n=150\text{r/min}$)

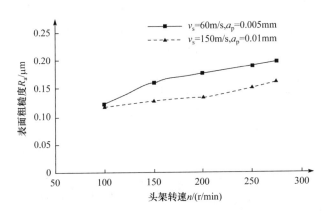

图 5.78　表面粗糙度随头架转速的变化

($r=0.8\text{mm}$)

从以上结果可以看出,外圆磨削模拟件表面粗糙度随砂轮线速度的增加而降低,随磨削深度、工件每转进给量、头架转速的增加而升高,规律试验的结果与正交试验分析结果一致。

3. 神经网络表面粗糙度预测

外圆纵向磨削是砂轮旋转(砂轮线速度 v_s)、工件反向旋转(头架转速 n),以及与磨床工作台一起做直线往复运动,即纵向进给运动(工作台速度 v_w)。每一纵向行程结束时,砂轮按给定的磨削深度做一次横向进给(单程磨削深度 a_p)。采用三层 BP 神经网络模型,其网络拓扑结构如图 5.79 所示。该网络是一个典型的前馈型层次网络,其输入层含有 4 个神经元节点,是影响工件表面粗糙度的各个因素;隐含层含有 n 个节点;输出层含有一个节点(表面粗糙度 R_a)。隐含层的节点数可根据需要设定。

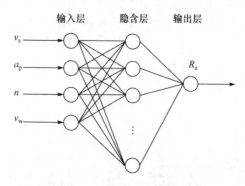

图 5.79　三层 BP 神经网络模型

　　将泰利莱 400♯树脂结合剂金刚石砂轮纵向外圆磨削 WC 涂层的正交试验结果，即 E 组试验结果作为 BP 神经网络的训练样本，设计如下的网络训练过程：

　　(1) 用小的随机数对每一层的权值 w 和偏差 b 初始化，以保证网络不被大的加权输入饱和，同时还要进行以下参数的设定和初始化。

　　① 设定期望误差最小值：err_goal＝0.001。

　　② 设定最大循环次数：max_epoch＝1000。

　　③ 设置修正权值的学习速率：L.P.Lr＝0.1。

　　(2) 计算网络各层输出矢量以及网络误差。

　　(3) 计算网络各层反向传播的误差变化，并计算各层权值的修正值及新的权值。

　　(4) 再次计算权值修正后的误差平方和。

　　(5) 检查误差平方和是否小于设定期望误差最小值，若是，训练结束；否则继续。

表 5.43 的试验数据作为 BP 神经网络的训练样本。

表 5.43　BP 神经网络训练样本

试验序号	磨削参数				试验结果
	砂轮线速度 /(m/s)	磨削深度 /mm	工件每转进给量 /mm	头架转速 /(r/min)	表面粗糙度 /μm
E1	30	0.002	0.4	100	0.201
E2	30	0.005	0.8	150	0.239
E3	30	0.01	1.2	200	0.317
E4	30	0.015	1.6	250	0.412
E5	30	0.02	2	275	0.746
E6	60	0.002	0.8	200	0.323
E7	60	0.005	1.2	250	0.335

续表

试验序号	磨削参数				试验结果
	砂轮线速度 /(m/s)	磨削深度 /mm	工件每转进给量 /mm	头架转速 /(r/min)	表面粗糙度 /μm
E8	60	0.01	1.6	275	0.392
E9	60	0.015	2	100	0.355
E10	60	0.02	0.4	150	0.231
E11	90	0.002	1.2	275	0.250
E12	90	0.005	1.6	100	0.235
E13	90	0.01	2	150	0.319
E14	90	0.015	0.4	200	0.195
E15	90	0.02	0.8	250	0.266
E16	120	0.002	1.6	150	0.336
E17	120	0.005	2	200	0.328
E18	120	0.01	0.4	250	0.217
E19	120	0.01	0.8	275	0.212
E20	120	0.02	1.2	100	0.208
E21	150	0.002	2	250	0.226
E22	150	0.005	0.4	275	0.146
E23	150	0.01	0.8	100	0.135
E24	150	0.015	1.2	150	0.181
E25	150	0.02	1.6	200	0.203

表 5.44 的试验数据作为神经网络的检验样本。

表 5.44　神经网络检验样本

序号	砂轮线速度 /(m/s)	磨削深度 /mm	工件每转进给量 /mm	头架转速 /(r/min)	工作台速度 /(mm/min)	表面粗糙度 /μm
1	60	0.01	0.4	150	60	0.187
2	90	0.01	0.4	150	60	0.165
3	120	0.005	1.2	150	180	0.165
4	150	0.005	1.2	150	180	0.154
5	60	0.002	0.8	150	120	0.157
6	150	0.01	0.8	150	120	0.144
7	150	0.015	0.8	150	120	0.147

序号	砂轮线速度 /(m/s)	磨削深度 /mm	工件每转进给量 /mm	头架转速 /(r/min)	工作台速度 /(mm/min)	表面粗糙度 /μm
8	150	0.01	1.2	150	180	0.149
9	150	0.01	1.6	150	240	0.153
10	150	0.01	2	150	300	0.162
11	60	0.005	0.8	250	200	0.191
12	60	0.005	0.8	275	220	0.197
13	150	0.01	0.8	200	160	0.134
14	150	0.01	0.8	250	200	0.150

　　由图 5.80 和图 5.81 的结果可以看出,在训练样本充足的情况下,采用本节设计的三层 BP 神经网络能够非常准确地预测外圆纵向磨削表面粗糙度。

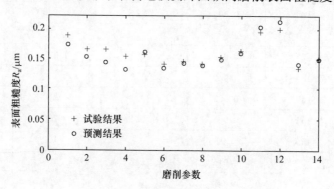

图 5.80　检验样本预测结果与试验结果对比

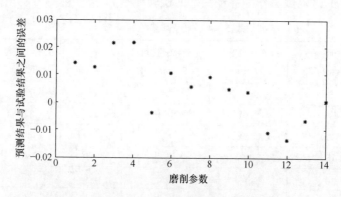

图 5.81　检验样本预测结果与试验结果之间的误差

对所有可能的磨削参数组合下的磨削表面粗糙度进行预测,得到表 5.45~表 5.47 的结果,其中表 5.45 为砂轮线速度较低时满足加工要求的磨削参数;表 5.46 为表面粗糙度最低的前 20 组磨削参数;表 5.47 为满足加工要求且加工时间最短的前 20 组磨削参数。

表 5.45　砂轮线速度较低时满足加工要求的磨削参数

序号	砂轮线速度 /(m/s)	磨削深度 /mm	工件每转 进给量/mm	头架转速 /(r/min)	工作台速度 /(mm/min)	表面粗糙度 /μm	加工时间 /min
1	60	0.002	0.4	100	40	0.141	125
2	60	0.005	0.4	100	40	0.145	50
3	60	0.002	0.8	100	80	0.150	62.5
4	60	0.002	0.4	150	60	0.150	83.3333
5	60	0.01	0.4	100	40	0.152	25
6	60	0.005	0.8	100	80	0.154	25
7	60	0.005	0.4	150	60	0.155	33.3333
8	30	0.002	0.4	100	40	0.157	125
9	60	0.002	1.2	100	120	0.160	41.6667
10	60	0.015	0.4	100	40	0.160	16.6667
11	60	0.002	0.8	150	120	0.161	41.6667
12	60	0.002	0.4	200	80	0.162	62.5
13	30	0.005	0.4	100	40	0.162	50
14	60	0.01	0.8	100	80	0.163	12.5
15	60	0.01	0.4	150	60	0.164	16.6667
16	60	0.005	1.2	100	120	0.166	16.6667
17	60	0.005	0.8	150	120	0.167	16.6667
18	60	0.005	0.4	200	80	0.168	25
19	30	0.002	0.8	100	80	0.169	62.5
20	30	0.002	0.4	150	60	0.170	83.3333

表 5.46　表面粗糙度最低的前 20 组磨削参数

序号	砂轮线速度 /(m/s)	磨削深度 /mm	工件每转 进给量/mm	头架转速 /(r/min)	工作台速度 /(mm/min)	表面粗糙度 /μm	加工时间 /min
1	150	0.002	0.4	100	40	0.120	125
2	150	0.005	0.4	100	40	0.121	50
3	150	0.002	0.8	100	80	0.122	62.5
4	150	0.002	0.4	150	60	0.122	83.3333

序号	砂轮线速度 /(m/s)	磨削深度 /mm	工件每转 进给量/mm	头架转速 /(r/min)	工作台速度 /(mm/min)	表面粗糙度 /μm	加工时间 /min
5	150	0.01	0.4	100	40	0.123	25
6	150	0.005	0.8	100	80	0.123	25
7	150	0.005	0.4	150	60	0.124	33.3333
8	120	0.002	0.4	100	40	0.124	125
9	150	0.002	1.2	100	120	0.125	41.6667
10	150	0.015	0.4	100	40	0.125	16.6667
11	150	0.002	0.8	150	120	0.125	41.6667
12	150	0.002	0.4	200	80	0.126	62.5
13	120	0.005	0.4	100	40	0.126	50
14	150	0.01	0.8	100	80	0.126	12.5
15	150	0.01	0.4	150	60	0.126	16.6667
16	150	0.005	1.2	100	120	0.127	16.6667
17	150	0.005	0.8	150	120	0.127	16.6667
18	150	0.005	0.4	200	80	0.127	25
19	120	0.002	0.8	100	80	0.127	62.5
20	120	0.002	0.4	150	60	0.128	83.3333

表 5.47　加工时间最短的前 20 组磨削参数

序号	砂轮线速度 /(m/s)	磨削深度 /mm	工件每转 进给量/mm	头架转速 /(r/min)	工作台速度 /(mm/min)	表面粗糙度 /μm	加工时间 /min
1	150	0.02	1.6	150	240	0.157	2.08333
2	150	0.015	1.6	200	320	0.160	2.08333
3	150	0.02	1.2	200	240	0.158	2.08333
4	150	0.025	1.2	150	180	0.155	2.22222
5	150	0.015	2	150	300	0.160	2.22222
6	150	0.025	1.6	100	160	0.154	2.5
7	150	0.025	0.8	200	160	0.156	2.5
8	150	0.02	2	100	200	0.156	2.5
9	150	0.02	0.8	250	200	0.159	2.5
10	150	0.02	1.2	150	180	0.147	2.77778
11	150	0.015	1.6	150	240	0.149	2.77778

续表

序号	砂轮线速度 /(m/s)	磨削深度 /mm	工件每转 进给量/mm	头架转速 /(r/min)	工作台速度 /(mm/min)	表面粗糙度 /μm	加工时间 /min
12	150	0.03	0.8	150	120	0.153	2.77778
13	150	0.015	1.2	200	240	0.150	2.77778
14	150	0.03	1.2	100	120	0.152	2.77778
15	150	0.015	0.8	275	220	0.156	3.0303
16	150	0.01	1.2	275	330	0.159	3.0303
17	150	0.02	1.6	100	160	0.146	3.125
18	150	0.02	0.8	200	160	0.148	3.125
19	150	0.01	1.6	200	320	0.152	3.125
20	150	0.01	2	150	300	0.151	3.33333

参 考 文 献

[1] 陈利斌,王雪元,徐群飞,等. 超声速火焰喷涂技术的发展和应用. 浙江冶金,2012,1:1-4

[2] 谭美田,魏永胜. 难加工材料的高速磨削. 机床,1981,1:24-29

[3] 周文. AZ91镁合金超涂层砂带磨削特性试验研究. 工具技术,2008,42(2):15-17

[4] 孟鉴,谢万刚,张璧. 纳米结构陶瓷涂层的外圆磨削力以及磨削表面精度的试验研究. 纳米技术与精密工程,2004,2(4):266-273

[5] Dey K D. An experimental investigation of the grinding forces and surfaces finish on nano-structured ceramic coatings. Connecticut:University of Connecticut,2001

[6] 邓朝晖. 纳米结构金属陶瓷(n-WC/Co)涂层材料精密磨削的试验研究. 金刚石与磨料磨具工程,2003,(1):12-17

[7] 刘伟香. 纳米结构陶瓷涂层的磨削机理. 机械制造,2007,(10):42-45

[8] 尚振涛,郭宗福,谢桂芝,等. 金属陶瓷材料高速超高速磨削性能试验研究. 制造技术与机床,2012,(7):142-148

[9] 钱源,徐九华,傅玉灿,等. CBN砂轮高速磨削镍基高温合金磨削力与比磨削能研究. 金刚石与磨料磨具工程,2011,(6):33-37

[10] 郭力,易军. 超声速火焰喷涂WC-Co涂层磨削试验研究. 湖南大学学报,2012,(9):23-27

[11] Matsuno Y, Yamada H, et al. The microtopography of the grinding wheel surface with SEM. CIRP Annals—Manufacturing Technology,1975,24(1):127-135

[12] 戴道宣. 扫描隧道显微镜. 物理,1985,14(4):235-238

[13] 易军. 超声速火焰喷涂碳化钨涂层磨削试验研究. 长沙:湖南大学硕士学位论文,2011

[14] Lucca D A,Brinksmeier E,Goch G. Progress assessing surface and subsurface integrity. CIRP Annals—Manufacturing Technology,1998,47(2):669-693

[15] Malkin S, Ritter J E. Grinding mechanism and strength degradation for ceramics. ASME Journal of Engineering for Industry, 1989, 111:167-173

[16] 田晓, 林彬, 张建刚. 杯形砂轮平面磨削温度场的有限元分析. 精密制造与自动化, 2004, 2(158):23-25

[17] Snoeys R, Maris M, Peters J. Thermally induced damages in grinding. CIRP Annals—Manufacturing Technology, 1978, 27(2):571-581

[18] Liao Y S, Luo S Y, Yang T H. A thermal model of the wet grinding process. Journal of Materials Processing Technology, 2000, (101):137-145

[19] Malkin S, Hwang T W. Grinding mechanisms for ceramics. CIRP Annals—Manufacturing Technology, 1996, 45(2):569-580

[20] Zhang B, Howes T D. Subsurface evaluation of ground ceramics. CIRP Annals—Manufacturing Technology, 1995, 44(1):263-266

[21] 李可夫. 齿轮高效成型磨削机理研究. 长沙:湖南大学硕士学位论文, 2013